打开心世界·遇见新自己
HZBOOKS PSYCHOLOGY
华章心理

如何
高效记忆
(原书第2版)

[美] 肯尼思·希格比（Kenneth L. Higbee）著
余彬晶 译

✷ ✷ ✷

YOUR MEMORY
How It Works and How to Improve It, 2nd Edition

机械工业出版社
China Machine Press

图书在版编目（CIP）数据

如何高效记忆（原书第 2 版）/（美）肯尼思·希格比（Kenneth L. Higbee）著；余彬晶译. —北京：机械工业出版社，2017.2（2021.3 重印）

书名原文：Your Memory: How It Works and How to Improve It

ISBN 978-7-111-56159-0

I. 如… II. ①肯… ②余… III. 记忆术 IV. B842.3

中国版本图书馆 CIP 数据核字（2017）第 032200 号

本书版权登记号：图字：01-2017-0152

Kenneth L. Higbee. Your Memory: How It Works and How to Improve It, 2nd Edition.

Copyright © 1977, 1988, and 1996 by Kenneth L. Higbee.

Simplified Chinese Translation Copyright © 2017 by China Machine Press.

Simplified Chinese translation rights arranged with Da Capo Press through Bardon-Chinese Media Agency. This edition is authorized for sale in the People's Republic of China only, excluding Hong Kong, Macao SAR and Taiwan.

No part of this book may be reproduced or transmitted in any form or by any means, electronic or mechanical, including photocopying, recording or any information storage and retrieval system, without permission, in writing, from the publisher.

All rights reserved.

本书中文简体字版由 Da Capo Press 通过 Bardon-Chinese Media Agency 授权机械工业出版社在中华人民共和国境内（不包括香港、澳门特别行政区及台湾地区）独家出版发行。未经出版者书面许可，不得以任何方式抄袭、复制或节录本书中的任何部分。

如何高效记忆（原书第 2 版）

出版发行：机械工业出版社（北京市西城区百万庄大街 22 号　邮政编码：100037）

责任编辑：单秋婷

责任校对：殷　虹

印　　刷：中国电影出版社印刷厂

版　　次：2021 年 3 月第 1 版第 15 次印刷

开　　本：147mm×210mm　1/32

印　　张：10.5

书　　号：ISBN 978-7-111-56159-0

定　　价：59.00 元

客服电话：（010）88361066　88379833　68326294　　投稿热线：（010）88379007
华章网站：www.hzbook.com　　　　　　　　　　　　读者信箱：hzjg@hzbook.com

版权所有·侵权必究
封底无防伪标均为盗版　　本书法律顾问：北京大成律师事务所　韩光/邹晓东

你，也可以拥有一台摄像机一般的记忆！有了这个新的奇迹般的记忆系统，你将永远不再忘记任何事情。它不需要任何工作或意志力，任何人都可以立即使用它。一旦你掌握了这个超级记忆力的秘密，你将能够完美地、轻松地学习一切！

{ 赞 誉 }

  这本书从心理学角度讲解了记忆如何运作，详细介绍了记忆法体系。欧洲的"最强大脑"们运用这些方法创造了多少记忆奇迹，中国读者阅读本书可以洋为中用。我通过十多年自我训练记忆和教学的经验得知：每个人都有超强的大脑潜能，科学的方法加上系统的训练，你也可以成为记忆高手，让你的生活更美好！

——袁文魁（特级记忆大师、《最强大脑》脑王教练）

  作者系统阐述记忆的前因后果，让我们去了解记忆的实质，解开记忆的神秘面纱。凡事皆有方法，记忆也不例外，掌握科学正确的记忆方法往往能事半功倍，彬晶在《最强大脑》中的表现并不是因为他天赋异禀，而是他有自己的方法和窍门，我想这也是他想在书里告诉大家的！

——王峰（2010、2011年世界脑力锦标赛总冠军，《最强大脑》第一季脑王）

  彬晶兄很早就拿到了"世界记忆大师"称号，对记忆法的理解和应用自然非常深刻和娴熟。本书是美国心理学教授肯尼思·希比格的著作，除了记忆法的科普，本书绍了众多高效的记忆系统，非常值得阅读和研究。

——申一帆（世界记忆大师、《最强大脑》第二季选手、第四季名人堂选手）

广大读者不仅可以从本书学习到世界记忆大师运用的记忆方法，而且会学习到很多更高效实用的记忆方法。

——苏泽河（国际特级记忆大师、世界纪录保持者）

"方法不对，努力白费"，任何事找到正确的方法，就能事半功倍；我们常说"博学多才"，博学是多才的前提，然而记忆又是博学的先决条件。此书将引领你探索大脑记忆的奥秘，你必将有所收获！

——陈浩（世界记忆大师、《最强大脑》第四季选手"轨迹追猎者"）

钛牛哥是我非常尊敬的一位脑力前辈。舞台上他光芒万丈，舍己其谁；台下和蔼可亲，满腹经纶。钛牛哥翻译的这本书，无论从内容上，还是形式上都非常适合脑力爱好者学习。选择钛牛，没错！

——谢超东（世界记忆大师，《最强大脑》第四季选手"国风少年"）

一切的知识都来源于记忆，好的记忆方法必然有着事半功倍的成效！讲述记忆的书籍有很多，但这本书显然是我读过的很有趣的一本，本书深入浅出地阐述记忆系统，将记忆方法用于学习生活的多个方面，简单实用，值得推荐！

——尤东梅（珞忆教育研究院联合创始人，《最强大脑》第四季选手）

本书系美国最权威的记忆教程教材，在美国畅销了很多年，受到许多青少年学生，甚至老年人的喜爱。读者愿意买它，源于它的独特性，市面上的记忆教程教材很多，但其只能帮助读者提升到一定的高度，较难继续发展，而本书从读者的思想根源出发，能够在读者脑内预先种下记忆的种子，通过各方面的养分使它生根，发芽，长大，使根基牢牢地固定在脑子里，对读者的记忆水平提高有很显著的效果。所以，我认为这是一本很值得阅读的记忆教程教材。

——黄政（《最强大脑》第四季选手"超眼少年"）

本书系统地介绍了记忆和记忆术，理论和技术相结合，不仅为读者呈现了记忆术清晰而完整的全貌，也详细地讲解了获得强大记忆力的科学方法。这本严谨而实用的教程值得你去仔细研读。

——余奕沛（《最强大脑》第四季选手"逐影少年"）

余彬晶是我的学生，他的这篇译作，关注高效记忆的内涵外延、方法策略，于人的学习和发展都极有裨益！值得一读！

——袁灿英（省特级教师、株洲市戴家岭小学校长）

信息量庞大且碎片化的今天,这本以心理学为基础的记忆"指南",能够帮助到大量"围城"外的普通读者,看完这本书再回过头来看"大脑明星们",能从看热闹进步到看门道。

——刘宽成(新启航教育集团创始人,校长)

{ 目录 }

赞誉

译者序

序言

引言

001 第1章 你应该对记忆有什么样的期待？10大传说

传说1：记忆是真实存在的事物 // 002

传说2：好的记忆有秘诀 // 004

传说3：有一个简单的方法来帮助记忆 // 006

传说4：有些人只能拥有不好的记性 // 007

传说5：有些人拥有上天赋予的照相式记忆 // 009

传说6：有些人因为太老或太年轻无法提高记忆力 // 011

传说7：记忆，如同肌肉，多用便会更强 // 013

传说8：一个记忆训练有素的人永远不会忘记 // 015

传说9：记得太多可能会使大脑一团糟 // 016

传说10：人们只使用了大脑潜能的10% // 017

020 第 2 章　认识你的记忆：什么是记忆

记忆的阶段和过程是什么 // 021
什么是短期记忆 // 023
什么是长期记忆 // 028
记忆是如何被测量的 // 032
什么是"知而不能言"现象 // 036

040 第 3 章　认识你的记忆：记忆是如何运行的

我们为什么会遗忘 // 041
遗忘的速度有多快 // 044
我们如何记住图片和文字 // 046
超常的记忆如何运行 // 049
睡眠学习的效果真的很好吗 // 053

056 第 4 章　如何记住几乎所有的东西：基本原则

意义："毫无意义" // 056
组织："把这一切联系在一起" // 061
联想："这提醒了我" // 065
意象："所有东西历历在目" // 070
专注："我没有注意到它" // 072

076 第 5 章　如何记住几乎所有的东西：更多基本原则

重复："那又是什么？" // 076
放松："慢慢来" // 079

环境："我在哪里？" // 082
兴趣："你是什么？" // 085
反馈："你怎么做？" // 088

090　第 6 章　有效学习策略：学习方法

减少干扰 // 091
留出空间 // 095
分散？ // 098
背诵 // 101
建立学习系统 // 103
这些方法和策略运用得怎样 // 111

114　第 7 章　用记忆创造奇迹：记忆术引言

什么是记忆术 // 115
首字母和关键词 // 122
记忆术的基本原理 // 127
如何创造有效的视觉联想 // 130
更多关于高效记忆术的内容 // 135

141　第 8 章　记忆术是真的吗：局限性和伪局限性

记忆术的一些局限性 // 143
记忆术的一些伪局限性 // 151

163　第 9 章　大脑档案系统：关联和故事记忆法

你的大脑档案系统 // 164
什么是关联系统 // 166

什么是故事系统 // 168
关联系统和故事系统是如何运行的 // 170
你如何运用关联和故事系统 // 173

181　第 10 章　大脑档案系统：定位记忆法

什么是定位系统 // 181
定位系统的记忆效果有多好 // 187
如何使用定位系统记忆 // 192

197　第 11 章　大脑档案系统：限定记忆系统

什么是限定记忆系统 // 198
限定记忆系统的效果有多好 // 205
如何使用限定记忆系统 // 209

216　第 12 章　大脑档案系统：语音记忆系统

什么是语音记忆系统 // 216
语音记忆系统的效果有多好 // 225
如何使用语音记忆系统 // 228

237　第 13 章　记忆术实用：人名头像记忆

我们如何记住人名和头像 // 239
人名头像的记忆系统 // 244
人名头像的记忆效果如何 // 252

256　第 14 章　记忆术实用：精神不集中和教育

精神不集中 // 257

前瞻性记忆 // 258
回顾性记忆 // 263
教育中的记忆术 // 266
教育中的记忆 // 270

274 附录：语音记忆系统关键词

279 章节注释

{ 译者序 }

400多个凌晨邂逅7年的全脑探索之路

所有的故事都是从某个时间开始的,这个故事也不例外。2015年12月10日晚12点,我像往常一样打开知乎,私信中有一段特别长的文字,细看才知道是机械工业出版社心理图书策划发来的译书邀请。接下来的几天,我和策划来往了几封邮件便应承了这份差事,由此开启了这次压力山大又非常幸运的翻译之路。

创业期间,公司的事情本来就自顾不暇,几乎每天都是凌晨睡觉,为何还会接下这份差事呢?大概有两个方面的原因。

其一,我2009年开始全脑探索,2010年简单培训后系统自学,2011年自我训练后参加中国脑力锦标赛、世界脑力锦标赛,2012年全脑教育创业,2013年转入互联网行业。不管在什么行业,我始终怀揣着传播全脑教育的信念,希望帮助更多的人了解、学习全脑记忆。期间也有出版社和朋友建议我将全脑学习的经验和方法集结成书,但我一直以经验不够为由婉言拒绝了，其实是工作无法分身。此次翻译，不需要自己写，想必花费的时间也不会太多，也正是在书本策划的这种"诱惑"下答应了此事，回头想想，我还真是无知者无畏，其后的翻译经历是既费时间，又困难重重，这些后面再说。

其二，策划给我介绍时，提到本书是美国心理学家希格比教授的巨著，在美国畅销了 40 年，再版了很多次。我也通过策划发来的电子稿细看了部分章节，书中介绍的理论、方法、实操方式等对于学生、白领，甚至专业的脑力锦标赛选手都是非常值得学习和研读的。惊叹于如此好的一本全脑教育佳作居然不能为更多国人所学习，我觉得非常有必要将其翻译成中文，于是更加坚定了我要翻译此书的想法。

字斟句酌，深入浅出

因为工作太忙的原因，翻译本书基本是在凌晨或者机场候机厅、高铁候车室等候的时间段完成的。真正开始翻译之后，才发现翻译比想象中要困难很多，例如书中有大量只有进行过记忆训练实践的人才能理解的"专业词语"，这些词如果翻译成中文也很好译，但难点在于如何译得让没有训练过的人也能一眼看得明白，因此一个词经常需要反复琢磨，也许按照一种翻译，前几章都很合适，但是到了某一章就行不通了。为了遵循同一个词同一个翻译的基本原则，直到整本书第一遍译完，其实还是有非常多的地方不顺畅，好在有众多朋友和出版社编辑的帮助，才得以让这本希格比教授的全脑巨著在历时 400 多个凌晨的翻译后,以中文的形式完整地呈现给大家。因为是第一次完整地翻译一本书,想必仍有不完善之处,还希望各位读者不吝指教,可与出版社编辑联系。

谁该读这本书

本书不管是对于想要提升学习成绩的中小学生群体,还是对于高校师生,亦或是对于工作中想要提高效率的人,又或是年龄渐长经常感觉记不住事的长者……都值得反复研读并实践。本书到底有哪些值得期待的地方呢?

我简单列举一二。首先,本书解答了很多人对记忆的误解,例如有的人认为自己的年龄大了,记忆自然就衰退了,或者认为记忆好的人就永远不会忘记……重新认识了记忆之后会发现,很多以前看来不可能完成的任务都变得简单很多,尽管我花在记忆教育和传播上的时间不算多,但是7年多以来,我一直希望能让更多的人认识什么是记忆,本书将是一个非常好的途径,这也是我对本书的期待之一。

其次,这本书也包含了希格比教授记忆教学过程中的很多学生案例,相信很多读者都会从本书的案例中找到自己的影子。记忆如何通过可操作的训练得到提升,书中的案例为大家给出了榜样。如果你读了这些案例,并能坚持按照书中的方法训练和提升,相信"好记忆"这个词将不再是"别人家的孩子""我有一个同事""以前听说过一个节目",而是真正发生在自己身上。让更多人通过本书提升自己的学习能力和记忆能力,这是我对本书的期待之二,相信也是大多数读者的期待。

再次,本书第 12 章所描述的理论和方法是绝大多数参加世界脑力锦标赛,以字母为语言的国家选手使用的方法,据我所知,目前中国还没有使用这种方法的人,但是其背后的理论和记忆高效性都是中国人,特别是中国选手值得借鉴的。不管是参加比赛的职业选手,还是对自己的记忆没有信心的人,都有必要反复研读这一章,这其中关于记忆的理论和方法运用得非常精妙。让"加法"变成了"乘法"。这是我对本书的期待之三。

最后一点期待,我从 2009 年开始接触全脑记忆,特别是 2011 年参加完比赛之后,一直有很多人建议我将个人全脑记忆学习和传播过程中的经验与感悟写成书,帮助更多人,这其中有曾经的学生,有出版社,有一起比赛的队友,也有从未谋面的网友……但是我大多以经验不够为由拒绝了。这一次接到出版社的邀请也是一种幸运,让我得以将个人 7 年多全脑记忆学习、传播、教育、训练、感悟等经验融合到本书中,有了一次系统面向读者和记忆爱好者的窗口。

致谢

惯例,完成一本书的翻译通常不是一个人的力量就可以做到的。何况我还是第一次翻译整本书。前面有写,翻译本书过程中确实遇到了非常多、非常大的困难,但是依然坚持到了本书出版的一天,这里有一大串想要感谢的名单，实在太多，我只能向与本书翻译直接相关的一些朋友在这里正式表示感谢。

从下定决心应承下本书的翻译，我的母亲就一直关注翻译的进度，她虽不是老师，但是对教育的事情一直看得很重。翻译中间遇到各种问题找人解答，最开始，大学同学余多、许钰梅、魏美芹给了我很多专业的建议，远在硅谷的朋友唐觅经常收到我在凌晨（美国时间早上）发给他的对美国英语地道表达的询问。

一些朋友听说我在翻译这么重要的一本书，也自主地给予了支持，这其中有复旦大学汉语国际教育硕士颜佳欣、徐娇、谢文瑛、张闵雪、四川大学金融学硕士张建伟、中国科学院化学研究所硕士刘仁啸，等等，其中很多处的翻译，出于他们有海外留学经验或其他原因，帮助我在初期的翻译上减少了很多麻烦。第8章是本书翻译上非常难的部分，这里要感谢中国电商企业家俱乐部周可人，她以前在英语节目做主持及同传翻译的工作经验，为这本书多处的精确翻译给出了专业建议。

还有一个不得不感谢的人，400多个凌晨，翻译过程中虽然从未想过放弃，但确实有过松懈的时候，多少次都是因妻子的加油鼓劲而让我一直坚持到完稿，当翻译遇到问题实在找不到人交流的时候，也是余夫人给了我支持。篇幅所限，给予本书帮助的远不止以上这些人，未能一一表述的还请见谅。

最后，这是我完整翻译的第一本书，对读者，这是我希望送给所有爱好记忆、想要提升记忆的人的礼物；对我自己，这是我送给今年5月将要出生的宝宝的礼物。希望读者重识记忆，提升自我；希望孩子健康成长，拥抱世界。

{序言}

本书首次出版在 1977 年，第 2 版在 1988 年。基于最近的调查和读者反馈，本书的内容（误区、原理、方法、技巧和系统）和结构仍然适用。本书唯一能代表其年龄的是书后的参考文献，记忆研究者对它们更感兴趣，而对于大多数读者来说，他们希望提高他们的记忆。

我不断收到许多读者的反馈意见。这些读者包括我教授的超过 36 个记忆提高班的数百名学生、成百上千的函授课学生、其他记忆提高班的老师，还有一些通过阅读本书自学提高记忆力的读者。引言中提到的那些来自学生的评论，描述了读者从本书及基于本书的课程中获得的好处，我可以再列出一些：

"我完全被震惊了。我从来不知道我的头脑有这么大的能量。"

"学完这门课，我仿佛发现了一个全新的世界。"

"我一直认为自己记忆力非常差。拥有了这些技能，我的世界仿佛拨云见日。"

> "这门课是目前为止我整个受教育过程中有过的最好的经历。"
>
> "我感到惊讶和兴奋的是这套系统的使用是如此容易和有趣。"
>
> "我教过我的几个孩子一些记忆方法。对我有轻度阅读障碍的女儿,这些方法特别有帮助。"

来自其他记忆培训师和研究人员的反馈也支持这本书的持续有效性。以下是迈克尔·格鲁内贝格博士在威尔士大学最近发表的评论,尤其具有代表性(格鲁内贝格博士是记忆和认知领域国际应用研究协会前会长):

> 希格比教授的书很可能是关于记忆方法价值的最广泛的科学分析。但本书远不止如此,因为它的书写思路能让零基础的读者也意识到:每个人的记忆力都有非常大的提升空间。这些都基于科学事实的严谨思考,而不是单纯的艺人炒作。希格比教授做了比其他心理学家更多的工作,表明每一个认真的记忆学习者都应该严肃地对待记忆方法的科学学习。

除了记忆提升的教学,我也在继续研究记忆提升。这使我能保持学术基础以及我的教学实践基础(本书独一无二的特点之一在引言中有提到)。自从本书第 2 版第 1 次印刷,我在美国 7 个州和其他 4 个国家超过 12 个研究会议上对我的记忆研究做了报告。部分研究结果作为选定文章的代表,我已经在书的末尾添加到章节注释中。这些文章涵盖了我记忆课程的主题,同时也是本书的一些标题:10大传说(第1章)、关联和故事记忆(第9章)、限定记忆系统(第11章)、语音记忆系统(第12章),以及记忆的概述(第7~13章)。

我很高兴能在你的人生历程中指导提高你的记忆力。我想你会觉得这段经历愉快而有价值。

肯尼思·希格比

2000年9月

{ 引言 }

你对本书有什么期待

　　什么是记忆？为什么你会记住一些事情，忘记另一些事情呢？如何记住更多？这取决于你学习的内容吗？还是取决于你如何学习呢？好的或坏的记忆是与生俱来的吗？记忆不好可以提升吗？能开发照相式记忆吗？如何更有效地学习？什么是记忆术？[一]记忆术可以提升日常生活中的记忆力吗？如何建立和使用自己的大脑档案系统？记忆术能帮助你记住别人的名字、克服精神无法集中，并在学校取得好成绩吗？这些是将在本书得到解答的一部分问题。

我为什么写这本书

　　我对以上这些问题的兴趣，开始于上高中时读到了一本关于记忆

[一] 在第7章中我定义、讨论了记忆术。然而，由于记忆术在前6章中频繁使用，这里先给一个简短的定义。术语"记忆术"的意思是"帮助记忆"。因此，字面上来说，记忆术系统或者说记忆术技能，就是能够帮助记忆的系统或者技能。然而，通常长期记忆术指的是非寻常的、人为的记忆辅助。

提升的书。我为通过记忆技巧能够做到的事情感到惊讶。多年来，我个人图书馆的记忆类书籍一直在增加，我也一直在学习和使用新的记忆体系和技巧。我所阅读的记忆提升方面的通俗读物，对我成为一名心理学家的相关学术研究和专业训练有非常大的帮助，并在推广普及记忆训练和科学研究的学习与记忆之间，给了我一个平衡点。这一平衡体现在这本书中。我是一个对记忆提升的教学与研究很有兴趣的大学心理学教授：我并不是一个记忆表演者或自封的"世界上最伟大的记忆"专家。（这样的"专家"我们身边已经有很多！）

1971年以来，我已经在全美国和世界上的另外六个国家讲授了上百节学术课、学期专业课，并开展了工作坊。我讲授的主要内容是如何提高记忆技能，并且我把关于记忆方面的研究报告分享给了很多领域的人群，包括心理学家、记忆研究者、商业人群、相关专业人群、学生、孩子和老年人。在这段时期内，我还在大学里开展了一个记忆提高的课程。

我的教学和研究经历让我意识到，关于记忆，人们想知道的以及需要知道的是哪些内容。事实上，1976年，我写这本书的第1版的主要原因，是我无法找到一本让我心仪的教科书，这本教科书理应包括所有我需要在课堂上讲授的关于记忆的知识。大概十几年之后，大多数关于记忆的书依然倾向于两个领域：关于学习和记忆的大学教科书，以及关于记忆术和记忆训练的畅销书。

这本书在教科书和畅销书之间达到一个很好的平衡。我倾向于将这本书看作思考者的记忆书籍。本书的方法、原则和体系都在一定程度上与相关研究文献相关联，以保证本书内容的正确性（这样才能保证本书之于心理学家的有效性），但另一方面，本书的内容也是非常易于理解的（这样才能保证本书之于普通大众的可读性）。第 1 版出版后的反馈表明，这种结合学术严谨性和可读性的尝试是非常成功的。

虽然写作本书的原动力来自我想在我的记忆课程上给学生提供一本教科书，但我写作本书也是为了它可以被任何对记忆有兴趣的人所使用。这种考虑决定了我在本书中选择什么主题、如何描述它们，以及按照什么顺序来编排它们。这本书非常具有实用性，适合自学，你可以自己阅读来理解、提高你的记忆。

你为什么要读这本书

我从读完了这本书，并上了我的记忆课程的学生所写的上百条评论中选取了一些有代表性的意见。你可以从学生对本书的这些评价中得出本书的内容能够从哪些方面来帮助你。

> 在运用记忆法的过程中，我发现自己变得更有效率，做事更有条理，并有相当的自信，这是我之前从来没有过的。
>
> 如果在我读大学的时候，能早点学到这些东西，会节省很多时间，而且会有一个更好的成绩。
>
> 说实话，现在我已经离开了学校，我真的没指望任何有关这项记忆的成果会对我有帮助，然而事实上，真的有。
>
> 这套体系使学习看起来更像是一场游戏，而不是任务。我

> 几乎要感到内疚,因为我让它变得太有趣。
>
> 说实话,我一直对记忆装置持怀疑态度,特别是鉴于我使用记忆装置的能力并不高。但现在我觉得它们很有用,也很有趣。
>
> 我现在可以意识到人类思想的某些能力(具体来说,是参考我自己),而以前,我始终认为这是不可能的。

当你学完本书后,你会对自己的记忆是什么以及它能做什么,有一个更好的理解;你会知道一些能指导你提高记忆的基本原则;而且在学习策略和记忆上,你会获得极大的提升,这能让你运用一些你可能以前觉得不可思议的思维能力。具体地说,这本书有五个特点,能够帮助你达到这些效果。

它在学习和记忆方面的讲解比课本更实用。关于记忆的教科书,一般都是面向记忆理论和研究的学术讲解,关于如何提高记忆能力的内容则微乎其微,记忆术技巧并不会在这种书里讨论,或是仅仅在介绍一些有趣的怪异现象时被简单地提及,没有使用价值。本书避免了那些只有院士和研究人员才会感兴趣,但对于大多数普通读者来说并不重要的许多理论和侧面问题的讨论。在我的教学生涯中,我发现,大多数人都更为关心如何提高他们的记忆能力,而不是他们的记忆系统如何运转。

本书的目的是能够真正指导大家了解和改善自己的记忆,因此,本书的重点主要是如何做,而不是学术和理论问题方面的记忆理论。所以,只有前3章主要讲解了如何理解记忆("记忆是如何工作"部分），并且前 3 章也只介绍了其他章节中有所提及的相关理论，并没有囊括知识体系上的所有内容（"如何提升"部分）。

在学习和记忆的相关理论上，它和教科书相比，更为通俗易懂。由于内容源于严谨的研究，大部分记忆方面的教科书往往非常学术、过于专业，对于那些没有心理学背景的人来说，缺乏趣味性和可读性。这些读者几乎需要一位心理学家向他们解释这些书籍，才能够理解其内容。而本书却是为聪明的学生和没有学习和记忆相关理论的心理学研究背景的普通读者写的，并且它的目的是在科学家和普通读者之间建立沟通的桥梁。因此，本书尽可能地避免了在许多教科书中都会用到的专业术语，对那些不可避免的必须使用的术语，也都做出了非常通俗易懂的解释。

在记忆训练上，本书比畅销书更具有实用性。这本书的主要目的是进行指导，而不是娱乐（虽然我并不反对娱乐，并且尽量把两者结合起来）。因此，我们应该研究学习本书，而不是简单地阅读，像对待小说或杂志文章一样。它更加针对那些真正想提高自己记忆的人，而不是那些简单想阅读一下的人。

此外，尽管本书的重点是提高你的记忆能力，也有一些内容涉及如何了解你的记忆。真正认真的读者不仅学习如何使用记忆技巧，也会去理解记忆是如何工作的，以及为什么这样工作的。关于这一点，大多数畅销书中并没有很好地进行介绍。

在记忆训练上，它比其他的畅销书更为客观。许多畅销书在记忆训练方面往往哗众取宠，在表述中还存在一些不切实际的方面。例如，它们给读者这样的印象，就是记忆术技巧对每一个可能遇到的学习任务都会有帮助，如果你使用正确的技巧，你将永远不会忘记任何事情。此外，它们给人这样一种印象，即记忆技巧是非常强大的，并且没有任何限制节点。很多书都充斥着类似"超级记忆力""计算机的头脑""惊人的精神力量"这样哗众取宠的术语，而本书则从一个更为现实的角度来呈现这些问题。

在许多情况下，记忆术对记忆都有很大的帮助，但有些原则和方法（本书中所讨论的）也是可以应用在其他情形下的。此外，虽然记忆术技巧对于多种不同的学习来说，功能都非常强大，但它也有其自身的局限性。本书在这两方面都有所介绍。我不能保证当你读完这本书（或任何其他书）后，在第一次看到或听到任何事情时，都能够迅速学习一切，并且永远不会忘记任何你学过的东西。然而，我可以向你保证，如果你运用本书中所描述的方法，你的记忆能力将大大提高，你将能够凭借你的记忆做许多读本书前，你并不能做到的事情。

本书基于最新的研究理论。许多关于记忆训练的畅销书并不会列出非常具有说服力的、关于记忆技巧是真实存在的证据。因此，在许多人的印象中，记忆术和其他一些技巧只不过是和表演者串通好的噱头而已，或者说这些技巧是不实用的，或者说这些技巧并不值得人们付出这么多的努力。读完这样一本书，人们可能会说，"好吧，那很有趣"，并一成不变地继续他们的生活方式，因为他们并不打算真正运用这些记忆方法。本书中提出的研究证据表明了我们所讨论的理论、技巧和系统的优势及弱点。因此，本书中讨论的是那些已经被发现并被证明是真正有用的内容，而不是那些某些人认为应该有效，或者是那些看起来似乎应该有效的内容。这些内容应该可以帮助你意识到这些技巧都是建立在健全的科学原则的基础上的：它们可以对日常生活中的记忆任务给出非常有用的帮助。

这本书中的研究证据都是最新的，而不是那些关于记忆的10年前或更早的理论。1976年，本书的第1版出版之后，本书中超过3/4的引用文献都注明了日期，过去5年中刚刚出现的新的参考文献则有2/3都标注了日期。

你会从本书中发现什么

1977年以来，记忆训练领域发生了很多大事。在20世纪80年代，十几本25年前首次出版的记忆训练方面的书又一次被出版，其中有两本都是心理学家或者记忆研究者面向普通读者所写的书，而另一半则专门针对特定的受众——企业高管、老年人或者学生。（这些仅仅是我读过的书。毋庸置疑，一定还有其他我并没有注意到的相关书籍！）

在过去的10年中，记忆研究者和心理学家也显示出对记忆术和其他关于记忆的实践方面内容（例如，学校作业、名字和面孔、日常经验、精神恍惚、目击者证词）的兴趣。这些逐渐得到重视的研究领域在1978年记忆实践方面的第一次国际会议上得到反映；第二次会议在1987年举行（两次会议我都参与了）。一些新的期刊也出现了和记忆相关的一些贴近生活实际的内容，一些关于记忆术和相关内容的研究也开始出现。这一切都意味着，1988年，人们对记忆的兴趣起码与1977年的时候，也就是本书出版的年份一样多，也许甚至超过了1977年。

第1章阐明了一些记忆误区——人们关于他们记忆的一些误解。第2章和第3章给出了记忆本质的基本概念，回答了一些关于你的记忆可能会有的一些问题。前3章是理解和使用本书其他章节的基础。第4章和第5章讨论了一些关于建立有效记忆策略的基础原则（包括大多数记忆术）。第6章介绍了一些学习策略，这些策略可以帮助你学习可能不是特别匹配记忆术的内容。第7章和第8章系统介绍记忆术，包括记忆术技巧和系统的优点、缺点。第9～12章解释具体记忆系统作为心理档案系统的各项性质和使用方法。第13章和第14章介绍了记忆术在日常生活的三个领域中的一些实际用法：记住别人的名字、克服精神恍惚、做功课。

鉴于第1版之后的10年内我所增长的各种经历，我在内容和组织上做了许多小改动，使第2版得到更好的编排。在第1版中涉及的许多主题在第2版中得到了展开，又增加了许多新的主题。一些新的主题分散在整本书中，例如我记忆术课程的学生如何使用记忆术和一些辅助记忆来帮助老年人、儿童、学生与学习障碍者。其他的新课题都已安排在具体章节内，它们是：另外一些记忆误区（第1章），"思考周边"策略以及相关作用（第4章），焦虑和环境对记忆的影响（第5章），如何巩固新学到的记忆技巧（第8章），记忆术和记忆在教育中的作用（第14章）。

第2版的另一个主要变化是参考文献的更新，所以这本书仍然反映的是最新的研究结果。在第2版中，我花了很多时间发现和阅读自

1976年以来的相关研究。为了第2版的出版，我读的书和文章几乎和我第1版时读的书目相同（700～800），然而，只有不到一半的我这次读过的书的内容包括在本书里。

自第一个版本之后，理解和改善记忆的研究活动一直在加速发展。上千的研究文章和学术书籍都与本书所涵盖的主题相关。（事实上，所有相关的书都写在本书的一个章节中）。引用所有相关的研究是不适当的（不管之于我，还是之于读者），所以我使用了两种策略来限制引用的数量。首先，当几项研究都涉及某一点时，我会引用最近研究中的一两例。其次，综述类的文章或书籍经常被引用，而不是原本的单项研究。

第 1 章
chapter1

你应该对记忆有什么样的期待？10大传说

多年来，类似上文这样的声明已经出现在许多记忆训练的书籍和课程的广告里。事实上，我看过很多现实生活中包含类似声明的广告。如果你认为这些声明听起来太好了，以至于不像是真的，那么，你是对的。然而，它们仍然非常吸引人，因为它们中都包含着许多人相信能够改善记忆的神奇说法。

本章讨论一些有关记忆的传说，给你一个基于现实的想法，这个想法会让你知道基于你的记忆，你可以期待什么，不可以期待什么。在某些方面，人们对他们的记忆期待太多；在其他方面，则期待太少。一种极端是人们相信这种神奇的声明，像那些广告上的话；另一种极端则是人们认为他们永远都拥有一个"坏"

的记忆，并且他们无力改变这一点。关于你记忆的潜力到底是什么这样一个切合实际的理解可以帮助你实现这一潜力。

当你读到下面的传说，记住它们中的一些可能都是真的。然而，所有的传说都足以误导人，产生新的误解。让我们看看一些记忆的传说，这些传说会影响你对记忆的期望。

传说 1：记忆是真实存在的事物

人们经常谈论他们的记忆，就好像记忆是他们所拥有的一种物质。他们谈论拥有一个好记性或者是坏记性，就好像谈论有良好的牙齿和健康的心脏；或者他们谈论记忆力强或是弱，就像谈论肌肉一样（见传说 7）；或者他们说他们的记忆在减弱，就像他们的视力在减弱。记忆不在一种物质上（物体、器官、腺体等）被看到、感觉到，它没有重量，也不能用 X 光检查到。我们不能切开一个人的头说，"这是一个好的、健康的记忆"或"记忆看起来不好，必须把它拿出来"或"这个人肯定需要一个记忆内存移植"。

记忆指的是一个抽象的过程，而不是一种结构。最近一个有经验的记忆研究员写道："在过去的 10 年里，我对记忆的看法从一种结构系统——大脑中固定的东西，日益转变为记忆是一种动态的活动。"[1] 记忆不仅不是一个可识别的结构，并且记忆这个过程甚至不能被定位在大脑中的一个可识别的地方：在大脑中没有一个特定的部分发生所有的记忆行为。（研究者甚至不知道我们识记的过程发生了什么，更不要说记忆是在哪个部位发生的。）

因此，记忆被视为一个抽象的过程更为恰当，而不是一个有形的东西。然而事实上，记忆可能甚至不是一个单一的过程，而是许多不同的过程进行结合（活动、技能、属性等）。[2] 最新的关于记忆的研究成果认为，记忆是围绕许多独立子系统建立的。在这里，许多心理学家认为至少有三个记忆系统——感觉、短期和长期，长期记忆是由几种不同类型的记忆组成的（见第 2 章）。

即使是一个特定对象的特定记忆，都可能包含许多不同的属性或类别。[3] 例如，你可能还记得在一个教室里的特定的椅子（家具），它的特征（大）、它的功能（坐）和它的位置（客厅）。记忆也可以被储存在不同的感官中。记得一个东西看起来是什么样的，听起来是什么样的，感觉起来是什么样的，或者闻起来、尝起来是什么样的，都是不同的。即使在同一个感官上，也可以有不同的差异。例如，一个人可以重复一次他已经听到的谈话，但不能够重现一个简单的旋律，甚至也有不存储在大脑的意识水平的运动记忆（例如，尽量描述你如何系鞋带，或者特定的键盘部位位于打字机的哪个位置）。

鉴于记忆的复杂性，面对心理学家必须测量好几个特征才能初步描述一个人的记忆这件事，你不必感到惊讶。例如，使用最广泛的记忆量表，即韦氏记忆量表，包括 7 个不同的分别测量，必须把它们都加在一起，才能给人的记忆功能一个总分。然而，心理学家总是不能对什么特征应该测量达成一致：一个分析了 9 个记忆度量标准的量表发现，这 9 个标准测量了 18 个不同的记忆特征，但没有一个标准能够测量 10 个以上的特征。[4]

因此，当我们谈论改善"记忆"时，我们并不是说一些我们正在做的更大或更强的事情。我们已经看到，在第一个秘密中，有两个错误的伪概念。一是记忆是**一种客观存在的"事物"**（一种有形的结构，而不是抽象的过程），另一个是记忆是**"一种"**客观存在**的事物**（一种记忆，而不是很多记忆）。这一秘密背后隐藏着许多其他的秘密。

传说 2：好的记忆有秘诀

关于记忆改善，最常见的问题之一，就是"做到记性好，有什么秘诀？有些人读了一本书或是上了一个关于记忆训练的课程，就希望能找到记忆的奥秘——能使他们完全掌握自己记忆的关键所在。他们希望，如果他们能做到这一点，他们将永远不会忘记他们看到或听到的任何事情。这是一个不切实际的期望。

假设你在木匠课上给人们看了一个叫"锤子"的工具。你证明它能做的惊人的工作是不能直接徒手做到的。有人说："是的，但你如何用这个工具锯开木板？"你解释说："这个工具不是用来锯木板的。还有另外一种被称为锯子的工具用于锯开木板。锤子的力量非常强，但它不应该被认为是万能的。"人们期望一种工具能完成所有的工作，这不是不切实际吗？

同样，没有任何一个工具能处理所有的记忆工作；没有一个"秘诀"能让你拥有一个好记性。许多技术和系统可以作为工具，建立一个有效的记忆，使我们能够做许多伟大的事情，如果不做训练，这些事情都是无法完成的。这些记忆工具所做的工作，都是非常强大的，但没有任何工具能够独立完成整个工作。你不可能用一个单独的记忆工具建立一个完整的记忆，就像你不能只用一个木工工具就建造一个完整的建筑物。

如果没有一个单独的记忆方法能够完成所有的事情，那么有没有一种记忆方法是最好的？这个问题是类似于问：是否有一个最好的高尔夫俱乐部？答案是：随情况变化。不同的情况决定了哪种记忆方法是最好的。例如：

1.谁在学？一个化学教授和一个刚开始学化学的学生可以使用不同的方法来学习一本新的化学书。

2.要学什么？不同的方法可以用来学习单词表、无意义的音节、数字、诗歌、演讲和书籍的章节。

3.记忆将如何测量？为一个认知任务而做准备相比于回忆一件事情，可能需要一种不同的方法。

4.需要什么样的记忆？对事件的死记硬背相比于对事件进行理解、对事件做出回应，可能需要不同的方法，仅仅逐字逐句地记下来，与记住主旨、概念也需要不同的方法。

5.识记需要多长时间？在学习后立即准备回忆内容，与一周后再进行回忆，可能需要一种不同的方法。

这种考虑的实际意义，是当一个人询问，他如何能提高自己的记忆，在不能使他的问题更具体的情况下，他不能期望得到一个有用的答案。[5]他需要记住什么样的材料？用什么方式？在什么情况下？想记住多长时间？在本书中，我会介绍一些方法和原则，适用于几乎任何类型的学习情况，但没有一个方法或原则可以适用于所有情况。

掌握你的记忆不仅没有唯一的秘诀，而且大多数的记忆技巧都不是"秘密"。许多记忆训练的作者和讲师给人的印象，是他们让你进入到他们自己的秘密记忆技巧中，但是，这些技巧仅仅在人们没有意识到它们的时候，才称得上是秘密。它们不是某人发现或发明的秘诀，任何人也都没有一个相关的专利，也没有人能够有权控制谁学会这些秘诀或使用这些秘诀。一个广泛被使用的记忆系统

(在第 10 章中讨论）已经有 2500 年的历史了，另外其他一些秘诀已经有 300 多年的历史了（见第 11 章和第 12 章）。

传说 3：有一个简单的方法来帮助记忆

这个传说与传说 2 关联非常密切。许多人不只是希望找到一个能拥有好记忆的关键方法，更期望能够通过好的记忆来完成更多的工作。事实上，这就是为什么他们要寻找秘诀。然而，记忆是艰苦的工作，并且记忆技巧并不能让记忆的过程变得更加简单，只是它会让你的记忆更加高效。你还是得去为之付出努力，但你得到的回报会更多。有些人谈论记忆"招数"，就好像这些方法已经被用在"真实的"记忆过程中一样，但记忆技巧并不是取代学习的心理学基本原理（如在第 4 章和第 5 章中讨论的），而是利用学习的心理学基本原理（见第 7 章）。

有些人认为，一个聪明的人（一个高智商的人）会比一个低智商的人更容易记忆。确实，智力和记忆能力之间存在某种关系。如果给两组没有进行过正规记忆训练的人进行记忆测试，一组高智商和一组低智商，大多数情况下高智商的人测试成绩会更好。其中一个原因，是聪明的人可能会更容易自己学习和使用有效的记忆方法。（有研究发现，在学校，相比于差生，好学生在使用辅助记忆上，能采用更多的主动性和学习策略。）[6] 然而，如果一群还没有学会有效的记忆方法的高智商的人，与学会了有效的记忆技巧但智商平平的人进行比较，智商平平的人会有更好的表现。记忆是一种可被学习的技能。

因为记忆是一种可被学习的技能，提高记忆就像开发任何其他技能一样。你必须通过学习适当的技术，并不断练习。假设你希望非常擅长高尔夫、数学、快速阅读或是其他什么，你会希望只学到一个秘诀，并且固定这种技能水平，再也没有任何提高吗？当然不会。你会期待学习原则和技巧，运用它们，练习它们，从而逐步提升这项技能。

不幸的是，当它涉及记忆，很多人并不这样认为，他们不想为之而努力。有些作者故意吸引这样的人；例如，20世纪80年代出版的至少两本记忆训练的书在标题上使用了"容易"这个词。当人们发现提高记忆力其实是需要付出努力的时候，他们往往会认为他们能够始终保持现在的记忆水平就很好。如果你真的想从这本书中讨论的原则和系统中受益，那么你要计划花费一些精力。（研究学生在学校中使用的学习策略的相关实验证明了这一想法：提高学习效率和在学校的表现都不容易，但这取决于广泛的培训，以及学习技能和学习策略的实践。）[7]

我的经验和观察表明，懒惰可能使很多人无法学习和记忆，以及做他们想做的事情。他们不习惯于把必要的精力投入到学习中去，无法在学校做他们必须做的事情。他们已经没有了学习的习惯，不愿意把它用在工作中，做到有效的记忆。研究显示，在中年妇女中，许多年的学校教育和目前正在接受的学校教育都对记忆能力和记忆技巧的使用非常有帮助，相比于那些不肯保持思维活跃的成年人，那些通过阅读和学习习惯来保持思维活跃的成年人能更好地记住他们读的东西。[8]

传说4：有些人只能拥有不好的记性

"我的记性烂透了"你听过这句话吗？你说过这句话吗？首先，

记忆并不是你能拥有的（见传说1）。但是，即使我们把记忆当作一种能力或技能，而不是一种物质，这个传说仍然适用。如果人们在他们说"我的记性烂透了"时，意思是说他们没有学会一些记忆技巧，但其他人学会了，那么这句话就不会是一个传说。但是人们说他们"我的记性烂透了"时，常常意味着"我的记忆能力有天生的劣势"，这句话意味着，任何事情都不能帮助我们提高记忆力。

记忆是所有人共同的一个基本心理过程，除了脑损伤或有严重精神障碍的人。记忆训练的一些畅销书中认为，并没有好的或坏的记忆之说，只有经过训练的记忆或未经训练的记忆。虽然这句话可能会有一些道理，但也不是完全准确的。人与生俱来的记忆能力有一定的差异，在这个意义上，可能有一个好的记忆和一个坏的记忆。然而，最重要的一点是，在记忆方面，即使有这样的先天差异，除了一些极端的情况，这些先天的差异对记忆能力的影响远没有后天学习记忆技巧重要。

你的记忆容量是一个记忆技巧的函数，而不是你可以使用的任何一个在记忆能力上的函数。因此，提高你的技术也就是提高你的能力。为了说明这一点，让我们拿一个比较大的纸板箱和一个小的3英寸[⊖]×5英寸的文件盒。在它可以容纳多少的容积，哪一个拥有更多的"容量"？纸板箱。但是假定一个人在3英寸×5英寸的卡片上写注释，然后把它们扔到纸板箱里。第二个人在3英寸×5英寸的卡片上写笔记，然后把它们按字母排序，放在文件盒里。现在，假设每个人都要找到一张特定的卡片。哪一个人能更容易地找到它？即使纸板箱可以容纳更多的卡，但文件盒实际上具有较大的可用容量，因为卡片随时都可以被找到。同样，你的记忆的可用容量更加依赖于你如何存储信息，相比于天生的"存储

⊖ 1英寸 = 2.54厘米。

空间"。(事实上,我们会在第 2 章中看到你的长期记忆有无限的能力。)不幸的是,大多数人使用他们的记忆就像一个大纸箱,他们只是把信息扔进去,并且希望当他们需要它的时候,他们能够找到它。

我们在传说 1 中看到,记忆中包含了许多不同的活动。这意味着没有一个单一的标准来判断一个"好"或"坏"的记忆。例如,一个自称已经拥有好的记忆的人可能意味着他可以做一些非常不同的事情中的任何一件:读一本书,然后告诉你书里的全部内容;阅读一个段落,然后逐字逐句背诵给你;关于一个特定的主题,告诉你任何你想知道的相关内容;从他童年的经历中,回忆出很多事情;永远不会忘记周年纪念日和约会;或者是依旧可以做些别的什么事情,比如下棋或讲外语,尽管他已经很多年都没有做过了。[9] 很多人都会擅长上面所列出的一些领域,但在另一些领域,他们的记忆力则显得很糟糕。

传说 5:有些人拥有上天赋予的照相式记忆

拥有一个像照相机拍摄的照片一样清晰的记忆是不是很棒?你可以迅速地描绘一个场景,或打印出一页内容,然后在心中回忆,并在心中调出快照,随时描述它的完整细节。有人能做到这一点吗?如果你能这样做,它能解决所有的记忆问题吗?大多数心理学家不相信这种过目不忘的能力,虽然有一个常见的现象称为全现心象,有点类似这种能力(见第 3 章)。

作为一个致力于改善记忆的老师,我很担心照相式记忆的能力使人们相信,一个记忆力很好的人拥有其他人并不拥有的东西

（见传说1）。每当看到有人表演一个惊人的记忆壮举，他们可能会把它模糊地看作"照相式记忆"，因为他们不知道如何解释它。在看到一个人完成一个美妙的记忆壮举，他们耸耸肩膀说："他有着惊人的记忆力，而我没有。这就是我从来都做不到的原因。"这个人有照相式记忆的传说，似乎给了他们一个无法做到某件事的方便借口。

从某种意义上说，照相式记忆的传说只是差的记忆传说的一面。两者都使人们强调记忆能力与生俱来的差异，而不是后天学习的记忆技巧。可能照相式记忆确实是存在的。我不能完全否认其存在的可能性，因为就像在第3章所描述的，确实存在类似的罕见例子。然而，当有着惊人记忆的人在控制研究中被测试，通常可以发现，人们在照相式记忆中运用的并不是与生俱来的东西，而仅仅是熟练应用的强大的记忆技巧，如在本书中讨论到的，如果他真的想学习的话，这是几乎任何人都可以使用和实践的技巧。

我做了几次演讲示范，说明了照相式记忆和强大的记忆技巧应用的差异。演示包含完全记住一本50页的杂志，直到可以回答这样的问题：第32页是什么？关于通信的文章在第几页？一个塔的图片背面是什么？第46页有多少张照片？在第9页的左下角有多少个人，他们正在做什么？谁写的关于宽容的文章？在第17页开始的故事中的主要人物的名字是什么？第19页上发生了什么？我可以回答几乎所有的问题。

当我完成这样的演示，有人几乎总是问我是否有照相式记忆。我解释说，我没有这样的能力，我只是利用在这本书中解释过的强大的记忆技巧。（顺便说一句，我的女儿在她13岁的时候做过同样的演示。）关于我能记住一本50页的杂志，并知道每一页上都是什么，谁写了全部的内容，谁拍了所有的照片，图片和文章中都有哪些内容，其实并不神奇，但也不是轻易就可以做到的。背一本杂志到这个程度，我需要大约 3 个小时的学习时间。事实上，从一个偶然被问到而我不能回答的问题上就可以体现我没有照相式记忆，如第 21 页上，有多少人戴眼镜？或者，第 42 页的第三个字是什么？一方面，如果我不自觉地记录这些信息，在我第一遍学习时，我就不能回答这个问题；另一方面，如果我有照相机般的记忆，那我就可以在我的脑海里记起第 21 页或第 42 页上的图片，数数有多少个人戴着眼镜，或者读读上面的文字。

传说 6：有些人因为太老或太年轻无法提高记忆力

你可能听过这句话：你不能教一只老狗新的把戏。事实上，还有另一种说法可能更准确，但不是那么为人所知："成为一只老狗的最快方法是放弃学习新的把戏。"最近有很多研究都对老年人的记忆感兴趣。从 20 世纪 70 年代中期到 80 年代中期，关于成人发展研究的已发表文献数量翻了一番，一年的增长达到 1000 篇以上；研究中的 2/3 是关于记忆的，另外，20 世纪 80 年代上半叶，这些关于记忆的文献至少有 17 篇发表在学科杂志上。[10]

最令人惊讶的是，大多数的研究已经表明，老年人不论是学习还是记忆都不能和年轻的成年人一样有效。然而，自从 20 世纪 70 年代以来，在这方面的研究已经不那么消极了，这表明对于大多数人来说，智力下降开始出现在更晚的时候，并且是在更少的一些方面上有所表现。

在老年人明显的记忆力衰退方面，应牢记几点重要的考虑因素。

1．一般来说，老年人指的是60～70岁的人（可能还包括一些刚满60岁和80岁的人）；通常情况下，他们与20岁的年轻人进行比较。并没有很多关于30～50岁的成年人的研究。

2．与通常想象中的不同，随着年龄的增长，记忆的下降并不那么明显。中年人和老年人往往对自己的记忆能力有不科学的认知。记忆困难在所有年龄段的人中都可能发生，中老年人中发生的例子被过于强调，并被归因于年龄，这导致了老年人不再相信自己的能力，也出现了更多相关记忆问题的报告。

3．所有的记忆技能并不是平均下降的，例如，大多数成年人从20～60岁，视觉和空间技能通常会下降，但口头的技能（如记忆名字、故事、文字、数字）如果有下降的话，表现得也不会很明显。

4．我曾经读过一句话：年轻人的错误在于认为智力是经验的替代者，而老年人的错误则认为经验是智力的替代品。虽然智力和经验都不能完全替代，但研究表明，丰富的经验和知识基础可以帮助许多老年人在同一个或更高水平上进行一些脑力劳动，即使他们可能无法快速学习。这样的"实践智慧"可以弥补许多年龄方面的负面影响。[11]

5．研究人员并不赞同老年人记忆能力下降的原因是年龄。大多数研究人员都同意，在记忆方面可能没有一个单一的过程是年龄的差异引起的。一些看起来属于年龄的记忆能力差异可能是由于生理原因（例如，细胞损失或中枢神经系统功能障碍），但许多影响可能是由于心理原因或其他原因，而这些原因是可以改变的。研究表明的类似这样原因的例子包括动机、注意力不集中、反应速度、运动机能、懒惰心理的习惯、兴趣、抑郁、健康、教育、焦虑这些新的方面,以及涉及时间压力的方面。注意,大多数这些因素并不直接与心理能力相关:这导致了一些研究人员对中老年人的记忆能力和记忆表演以及其他脑力劳动做了区分。

不去考虑为什么老年人比年轻人记得少,一个更重要的问题,是老年人是否能提高记忆能力。也就是说,对于一个老年人来说,"你能和20岁的年轻人的记忆力一样好吗?"这个问题可能不如下个问题重要:"你的记忆力还能提升吗?"后一个问题的回答是肯定的!大量研究表明,老年人可以学习和使用本书的记忆方法,来有效地提高自己的记忆能力,我在教学中教授老年学员的经验也支持了这一观点。[12]

相对于非常年老的,就是非常年轻的。关于青少年的记忆能力,也有大量的研究学习。[13]大多数年轻的儿童比早期的青少年更难阅读和理解一本书,也很难有效地独立使用一些记忆技巧。然而,大量的研究表明,在成人的帮助下,8岁或7岁的孩子可以使用这本书中的大部分技巧和系统,即使是学龄前儿童也可以使用一些技巧来学习。我已经给一些大概8岁的儿童教授了记忆课程,并且我在我的孩子3岁和4岁的时候教他们定位系统(见第11章)。也有一些关于婴儿记忆的实验研究,虽然,很明显,他们不能学会本书中所讲授的一些技巧。

传说7:记忆,如同肌肉,多用便会更强

记忆训练的一些畅销书表明,记忆就像一块肌肉。如果你想让肌肉变得更强壮,你可以锻炼它。同样,他们说,如果你想让你

的记忆变得更强大，你所要做的就是训练它。事实上，有些人认为，训练就是那个简单的改善记忆的"钥匙"（见传说 2）：你需要做的就是训练，这样你的记忆就会变得更强。例如，在一本书中，一章题为"如何开发你未利用的脑力"，其认为"等距训练"（根据健身方面的等长练习命名）是"学得更快，记得更多的秘诀"。另一本书中关于学习章节的标题是"加强你的脑力肌肉"，其中讲道："在某种意义上说，心智就像一组肌肉，而这些肌肉永远不会获得增强——可用性，直到它们得到适当的锻炼。"这一脑力训练被认为是我们如何可以解锁我们脑力潜能的"其他 80 或 90 个百分点"这个问题的答案（见传说 10）。[14]

在 19 世纪后期，威廉·杰姆斯，通常被称为美国心理学之父，测试了他是否能通过训练提高自己的记忆。他背了一些雨果的作品，然后练习背诵了 38 天的《弥尔顿》(Milton)。经过这次训练，他记忆雨果作品的效果更好，并且发现，其实他记忆的速度比以前慢了一点；他还报道了其他几个做了一样的任务，并达到了类似结果的人。与此类似，一个 12 岁的女孩练习每天背诵诗歌、科学公式和地理距离 30 分钟，每周 4 天，持续了 6 周。这项练习并没有促成她的记忆能力有什么提高。更近的一项研究发现，在 20 个月中每周训练几个小时后，一个大学生能够提高他的短期记忆广度，从 7 个数字发展到 80 个数字。然而，他没有表现出在其他记忆任务上的能力增强，包括字母或单词的短期记忆：他改善了他的数字记忆，因为他已经学会了运用记忆方法记忆数字，而不是因为他增加了短时记忆容量。[15]

并没有证据表明，仅仅训练就可以大大改善记忆。确实，记忆训练可以帮助提高记忆力，但你在训练中做了什么比训练的数量更为重要。一个经典的研究（在第 6 章讨论）发现，训练 3 个小时的记忆并不能改善长期记忆，但训练3个小时的记忆技巧确实能够改善长期记忆。

在教育领域，记忆-肌肉的传说已经表现为心智训练。"正式纪律学说"表明，头脑可以通过锻炼来加强。这一概念在世纪之交的教育中普遍存在，并被用在教育论证中，如希腊语和拉丁语的教学。有人认为，关于这些科目的研究能够锻炼并维持心灵的训练，由此让学生在其他科目也做得更好，并观察到，那些学习比较难的科目的学生往往在他们的其他学校科目上也做得更好。然而，在20世纪上半期，对上千名高中学生做的一项研究发现，学习希腊语的学生在学校里做得更好的原因，是那些选修希腊语的本身都是比较聪明的学生。并不是希腊语让他们变得更优秀。一些教育工作者仍然坚持心智训练的概念，尽管这并没有被研究证据所证明。[16]

传说8：一个记忆训练有素的人永远不会忘记

那些知道我已经写了记忆方面的书，并教授记忆方面的课程的人，当他们发现我忘记了一些东西时，他们会感到惊讶。（当我不记得一些事情时，我说"我不知道"而不是"我不记得了"；这样，大多数人并不会把我和骗子关联起来，并指责我是"遗忘"骗子）。一个著名的记忆专家和演讲者同样指出，人们有时会来问他，例如，"你看了今天的报纸吗？"当他说看了，他们就会问："嗯，第6页，第4行写了什么？"而他并不能回答。或者是，人们跟他聊了几分钟后，他们要求他重复他们交谈的内容，而他并不能做到。为什么不能呢？因为他读报纸的时候，并不是抱着记忆的目的；他参与谈话的时候，也并没有抱着记忆的目的。[17]

许多人都没有意识到，一个记忆受过训练的人不一定记得每一件事。正如我在传说2中所提到的，他们期待着一旦他们学会了一个好的记忆秘诀，他们将永远不会忘记任何事情。但是，一个训练有素的记忆的优点，是你可以记住你想记住的，而不是一定要记住每一件事。实际上，即使有一个训练有素的记忆，你仍然有可能忘记一些你想记住的事情。你只是不会忘记太多，或者像你曾经忘记的那么多。

事实上，我们永远不可能真正"忘记"东西，因为它已经被记录在我们的大脑中——不管是经过训练的，还是未经训练的记忆。然而，当我们谈论"记忆"时，我们的实际关注点通常是当我们需要它时，能够从我们的大脑中提取信息。如果我们不能把它提取出来，我们就不知道我们需要的信息是在哪里。记忆训练可以帮助你在你的大脑中储存信息，让你更有可能在你想要的时候找到它，并把它提取出来（就像在考试或演讲的过程之中，而不是在你考完之后）。

传说9：记得太多可能会使大脑一团糟

当人们看到有人展示记忆——涉及记忆大量有用或没用的信息时，人们会想到这个传说。他们认为，人的头脑会因为无用的信息变得混乱，当他真的需要记住东西的时候，这些信息会扰乱他的思路。

其实，说记得太多会扰乱你的头脑是一个非常讽刺的关于记忆的传说，因为大多数人的头脑已经混乱，他们不记得了！你要记住的东西更多地取决于你有多少内容储存在你的记忆里，而不是你是如何学会它的（见第4章中的"组织"部分内容）。让我们回忆一下传说4中的例子，那个大的散乱的纸板箱和很小但非常整齐的文件盒。那些思维像小但有组织性的文件盒的人，相比拥有思维像大但散乱的纸板箱的人，可以更好地找到所需的信息。纸板箱是混乱的，但并不是大箱子的材料总量在阻碍记忆。一个大的有组织的文件盒相比于一个小的随意提取材料的文件盒，将是非常有效率的。

在某种程度上，你学到的东西越多，它实际上可以更好地帮助记忆。我们将在第 4 章中看到，你越是了解某个特定的话题，就越容易学习与之相关的新事物。我们也将在后面的章节中看到，大多数记忆法实际上都是增加你需要记住的数量，但他们这样做，是会提高你的记忆能力的。

"大脑一团糟"传说的另一个方面，可以通过更进一步地探讨文件盒的比喻来说明。假设你只是把材料扔到纸板箱里，很快箱子就会被填满。提交任何更多的材料将意味着把它填充进去，而有些东西就不得不从箱子的另一端掉出来，以腾出空间给它。这就是一些人认为储存大量物质的记忆的方式。不仅这些东西会扰乱记忆，而且它们会占用宝贵的存储空间，占用你可能要使用的更重要的信息的内存。这是完全不对的，因为你的记忆容量实际上几乎是无限的（见第 2 章）。因此，记得太多并不会使大脑一团糟或塞满你的记忆。

传说 10：人们只使用了大脑潜能的 10%

有人经常抱怨，我们只使用了 10% 的潜能在记忆和其他脑力活动方面。这里有三个公开发表的例子："心理学家说，我们中的大多数人，使用我们原始记忆能力不超过 10%。""你可能听说过我们只使用了我们的大脑潜能的 10% 或 20%。那怎么可能？是否有一些秘诀让我们释放其他的 80%～90%？""如果你像大多数人一样,你只使用了你的脑力的 10%。"[18]

虽然声称的潜在使用量一般在 10% 左右,一些科学家认为,实际的百分比甚至可能更小。作者观察到,一个经常被引用的统计表明,我们只使用了 10% 的大脑潜能,但在过去的 10 年里,更多的心理学家研究发现,他们很难量化我们的大脑潜能。到目前为止,研究进展是顺利的,但他们得出了惊人的结论:"唯一一致的结论,是我们已开发的大脑潜能的比例可能接近 4%,而不是 10%。那么,我们中的大多数人,96% 的大脑潜能未被使用。"为什么停止在 4%？另一位作者写道:"最常听到的情况是,一般我们只使用了大脑的 1% 很可能是不对的,因为现在看来,我们使用的甚至还不到 1%。"[19]

使用的是 1% 还是 10% 还不确定。通常有这种说法,大脑能力的大幅度改善是因为这样的改善只需大脑使用非常小的提高。例如,如果你已经使用了 10% 的潜能,你只需要使用剩下的 2% 的潜力,就可以让你的能量增加 20%(对于原来只使用 1% 的人来说,提升了 200%)。在一本书中表明,平均智商是 100,天才的水平是 160,而普通人可能使用他们的潜在智力是 4%,然后问:"如果普通人能学会使用他们的大脑从 4% 提高到 7%,他就能达到天才的水平吗？"当然,提高 75%(从 4% 到 7%)相当于智商提高了 75%,从 100 到 175。[20]

另一本书给出了一个精密科学的假设,通过大脑使用率(MPR)的数学公式计算推论,MPR 也就是你所使用的大脑容量所占的比重。假设一个用了 10% 脑力的人,智商为 140;他的"学习力"就是 14.0(智商 140 × 10MPR)。现在假设一个智商为 120 的人(约为大多数大学毕业生的平均值)只可以增加 1/5 脑力的使用（从 10% 到 12%），他的学习能力将高于智商 140 的人（智商 120 × 12MPR=14.4 学习力）。[21]

　　10% 的说法和表明以上复杂计算推理的原因到底有什么问题？主要的问题，是没有一个这些作者（或任何其他我曾读过的著作），提出任何证据来支持 10% 这个数字。事实上，我从来没有找到任何实际的研究支持 10% 这个说法，也没有见过任何大脑研究人员提出这样的说法（我可能已经使用了超过 10% 的我的潜在搜索能力寻找这样的证据）。我甚至还给我的学生安排了任务，他们中的很多人都听了这个 10% 的说法，让他们帮我找到证据，甚至是为了额外的奖励！但还没有人能找到！

　　有可能会有一些研究证据支持这个 10% 的说法，但基于几个原因，我持怀疑态度。首先，我怀疑研究者能不能在"大脑潜能"或"潜在的智能"的概念上真正达成共识。其次，即使研究人员能够确定大脑潜能的定义，我怀疑他们是否能够测量它，以确定一个人的总潜力到底是多少。最后，即使他们能够定义和测量大脑潜力，我依旧质疑研究人员可以定义"已使用"我们的大脑潜能意味着什么，并会不会有什么方式来衡量所占的百分比。

　　我个人认为，我们确实有更多的大脑潜能还没有被我们使用。这就是我写这本书的原因：为了帮助你更了解你的学习和记忆能力。然而，我不认为我们可以量化我们的潜能，或者下结论我们使用的潜能百分比到底是 1%、10%、50%，还是 99%。

第 2 章 chapter2

认识你的记忆：什么是记忆

人们可以学到很多不同的东西。我们可以学会走路、跳舞、游泳；我们可以学习打字、修理手表和编写计算机程序；我们可以学习驾驶汽车、骑自行车和驾驶飞机；我们可以学习语言、化学公式和数学证明；我们可以学习阅读地图、填写所得税纳税申报表以及保持收支平衡。我们可以学习做的事情几乎是无限的。

当然，如果我们不记得，所有的学习都是无用的。没有记忆，我们将不得不对每一种情况做出新的反应，就好像我们从未经历过一样。我们用理性的事实证明，并用记忆的事实做出判断，记忆是有价值的。此外，我们能够应对时间的变迁，将现在与过去相联系，并依照记忆中的经验对未来做出预测。即使是我们自己的看法，也依赖于我们对过去的记忆。

人类记忆的用途和容量确实是惊人的。你可以存储数十亿的信息在你的记忆中。你两磅⊖重的大脑可以储存超过当今最先进的电脑的信息。[1] 但人们也会忘记，我们会忘记我们想记住的事情。我们忘记了名字、生日、周年纪念以及约会，我们忘了我们在学校里学到的东西（通常在考试后的短时间内，有时在考试之前）。

记忆是什么？记忆是如何运行的？第 2 章和第 3 章试图回答这两个密切相关的问题。这两个章节中，我选择讨论的有关记忆的方面是为了让你了解记忆，从而足以去了解这本书的其余部分。对该理论的一些理解是记忆技巧的基础，它们可以让我们更有效地以及更加主动地去利用记忆的技巧。[2] 因此，第 2 章和第 3 章为理解后续章节对记忆准则、方法以及系统性的讨论提供了基础。对于希望能更全面了解记忆本质的读者，可以在最近的记忆教科书中阅读更多关于第 2 章和第 3 章大部分主题的更全面的（和更多技巧的）报道。[3]

记忆的阶段和过程是什么

记忆被普遍认为是由三个阶段组成的。

1. **读取或编码**，这是学习任何内容的第一阶段。
2. **存储**，保存内容直到你需要它。
3. **检索**，寻找需要的内容并在需要的时刻提取它。

⊖ 1 磅 ≈ 0.4359 千克。

为了记住这三个阶段，我们可以把它们称为"记忆 3R"（记忆三部曲）：recording（读取）、retaining（存储）和 retrieval（检索）。记住记忆的三个阶段的另一种方式是"遗忘 3F"（遗忘三部曲）（或者更准确地说，是不忘 3F）。与读取、存储和检索相对应的分别是 fixating（固定）、filing（归档）以及 finding（找回）。

记忆的三个阶段可以通过比较一个文件柜的内存来说明。你先在一张纸上输入所需信息（读取），然后你把它放在一个文件柜的适当标题下的抽屉里（存储），之后你去文件柜，查找信息，并把它取回（检索）。

有时候，当一个人无法找到他想要的文件柜中的文件时，可能是因为信息没有读取；也有些时候，可能是因为读取的信息没有放在柜子里；但通常是因为信息虽然放在了柜子里，但并不很容易找到。假设一个人使用文件柜的方式是把信件和文件随意放入抽屉。几个月后，他到柜子里检索一个特定的文件，他可能并不容易找到。为什么？因为文件没有被读取吗？不是的，这个文件已被读取；因为文件没有存储吗？不是的，这个文件已被放在文件柜里。所以，问题是如何检索文件。

类似地，记忆出问题大部分都是在检索阶段，而不是存储阶段。我们都非常清楚地知道，从记忆中找到信息要比把信息放入记忆困难得多。存储记忆要比检索记忆容易得多。我们能为直接提高检索能力做的不多。但检索受如何读取和存储内容的直接影响。因此，无论是从一个文件柜中，还是从你的记忆中，改进的读取和存储方法都将提高检索能力。在这本书中讨论的原则和方法将帮助你读取和存储信息，从而能够更有效地检索它。

区分内容到底是"可获得的"还是"有用的"是很有帮助的。这个区分可以用下面这个例子阐释。男孩问父亲："爸爸，当你知道某件东西在哪儿的时候,它算是丢了吗?"他的爸爸回答道:"不算,儿子。"男孩回答道:"很好,你的车钥匙在井底。"在这里,钥匙是有用的,但它不能被立刻得到。同样地,在文件柜中放错的材料是可使用的,因为它被存储,但它不能访问,因为它不能被检索。然而,如果材料不是在文件柜里,那么它既不可访问,也不可用。同样地,在你的记忆中被读取和存储的内容可能无法访问,即使它是有用的,你知道它在某个地方,但你无法找到它。在这种情况下,对孩子问题的答案可能是:是的,有些东西即使你知道它在哪儿,也是丢失了。

记忆除了三个阶段以外,至少还可以被分为两个不同的过程:短期记忆(也称为初次记忆和工作记忆)和长期记忆(也称为二次记忆)。短期记忆和长期记忆之间的区别不仅仅在于字面上的时间长短。大多数心理学家认为,短期记忆和长期记忆是两种不同的存储机制,虽然还有些心理学家认为,它们不是真正的不同机制,只是相同机制的不同表现形式(如不同级别的处理)。这个理论问题我暂且不做讨论,只按照传统的方法,将它们视为两个不同的过程。

什么是短期记忆

短期记忆是指同一时间有多少项内容能被感知到,即一个人能一次性有意识地关注多少东西。它类似于"注意广度"的概念。短期记忆有快速遗忘率。存储在短期记忆中的信息将在不到30秒的时间内被忘记,有时遗忘速率会更快(没有测试准备的人,只有经过2秒后才能够正确地回忆起3个辅音)。[4] 对抗这种快速遗忘的方法是复习,通常是一遍又一遍地重复信息。复习可以有两个用处:它可以使你在短时间内记住信息,以及经过时间巩固后,让你长期记住信息。这两个功能适用于对图像(图片)以及言语材料的记忆。[5]

短期记忆的快速遗忘率可能在你熟悉的经历中有所体现。你有没有查过一个电话号码,然后在你拨打电话之前忘记它呢?也许你还记得(通过重复)并去拨打它,但你收到忙音后几秒钟或几分钟后,你就得再查一下这个号码然后拨打。如果有人在你查看了电话号码的一个数字后问你一个问题,比如"现在是什么时间?"你回答了这个问题后会发现你不得不重新去查看电话簿找号码。这说明短期记忆会被打乱。一项研究发现,这种被打乱可能仅仅是因为接话员对你说了一声"祝你愉快"。[6]

除了会快速遗忘且容易被打乱,短期记忆的容量也是有限的,大多数人短时间可以记住 7 个项目(这种能力对于老年人和年轻人、东方人和西方人来说都是相同的)。[7]你可以通过每秒一个数字的方法去读一个数来证明短期记忆能力的有限性。每次读完后再去重复一遍,看是否能够重复。从一个 4 位数的列表(例如,8293)到下一步尝试一个 5 位数的列表(例如,27136)。每次加 1 位,最多到 12 位数字(例如,382749562860)。

大多数人,当他们读到超过 7 位数时,会发现他们不能完整地记住足够长的每个数字,从而无法重复出要记忆的数。看起来好像他们必须先把前几位数字忘记,从而腾出地方给后面的数字。有少数人能记住 10 个或 11 个数字,但很少有人能记住超过 11 个数字。这个演示也可以用来说明短期记忆的快速遗忘率。如果不是立即重复数字,而是在数字第一次读完后等待 5~10 秒再去重复它们。你会发现你能记住的数字位数显著下降。

● 组块

我们可以通过一个"组块"(chunking)的过程来提高短期记忆容量有限性。组块是指将分散单元的信息分组进入大的模块。举个例子来说,一个人可以记住下面8个字母,c-o-m-p-l-e-t-e,并组成一个词,"complete"(完成)。如果也把数字2个或者3个的分成一组来记忆,也会更加容易记住。一个数字,如376315374264,可以作为12个单独的数字,但如果分成四块,每块3位数,即376-315-374-264,将更容易被记住。用601-394-1217的方式来记忆电话号码可以比6013941217记得更好。同样,社会安全号码(类似美国的身份证号码)513632748,用513-63-2748的方式将更容易被记住。当然,组块的过程需要时间;如果需要记忆的东西(数字)呈现得太快(例如,每秒1位),与慢速呈现相比(例如,每5秒1位),组块过程的有效性就会降低。

短期记忆可以比作一个钱包,可以容纳7个硬币。如果这些硬币是便士,那么钱包的容量只有7美分。但如果硬币换成5分镍币(每个代表一个"块",即5便士),那么容量就成了35美分。如果它们是10分的硬币,容量就增加至70美分。同样,虽然短期记忆大约只可以容纳7个项目,但我们可以通过分组信息,将信息分成单独的大块来增加项目中的信息量。例如,短期记忆的容量约为8位数字,或者是约7.3个辅音、约5.8个具体名词以及大约1.8个由6个单词组成的句子;假设每个名词平均包含4个字母,我们就把记忆容量从7.3个辅音字母增加到约23个字母,用句子的形式表达的话,记忆的字母将达到40个以上。[8]

组块也可以用国际象棋中的一个有趣的现象说明。一个优秀的国际象棋选手可以花 5 秒看一盘进行中的棋，然后转移视线，凭记忆记住棋盘上每一块的位置。这表明，国际象棋大师有不同寻常的记忆。然而，如果棋子随机放置在棋盘上，而不是在一个正在进行的游戏中，那象棋大师相比于一个刚开始下棋的人也不能记得更多棋子的位置。这是为什么呢？一个可能的解释，是国际象棋大师利用他丰富的国际象棋经验去认识熟悉的视觉模式和相互关联的记忆碎片去记忆，而不是记住每个棋子的位置，他实际上把棋子进行了分块。他只能记得大约 7 块，但他的每一块都由更多的小块组成。[9]

● 短期记忆有什么好处

因为短期记忆容量有限且其内容遗忘如此迅速，你可能会疑惑为什么它会成为我们记忆系统的一部分。其实，短期记忆有这几个方面的用途。

1.短期记忆的快速遗忘性不一定是不可取的。想象一下，如果你有意识地记住所有的信息细节，你的大脑会是多么混乱。如此一来，我们不可能把注意力集中在一件事或者选择出有用的信息。例如，把以下数字相加：1, 8, 4, 6, 3, 5。在做这个题目时，你的头脑中可能经历了如下过程：1 加 8 是 9，加 4 是 13，加 6 是 19，加 3 是 22，加 5 是 27。你脑子里唯一一个需要长时间记住的数字是 27。所有其他数字只需要在用的过程中记住就好。想象一下，如果你在进行下一步运算的同时无法抹掉上一步的数字记忆，你的整个运算过程会有多么困难。

因此，短期记忆可以充当暂时的便笺本，使我们能够在思考和解决问题时保留对中间环节的记忆。短期记忆不仅用于数值问题，而是对我们经常遇到的广泛意义的复杂问题有效。[10] 例如，当国际象棋大师规划下一步的行动时，他对棋盘上关键部分产生了对局几步之后暂时的想象中的画面，再者，可以想象一下，如果服务员不能忘记他已经完成的每一个命令，那他的服务过程将是多么困难！

　　2. 短期记忆帮助我们维持我们目前周围世界的画面，指引我们知道什么对象存在以及它们所在的位置。通过构建和维护这些世界框架，短期记忆使我们的视觉感知稳定。我们的视觉感知过程实际上会有一个场景，每秒钟在视网膜上产生5幅图像或"快照"。然而，每1/5秒，我们在构建一个新的场景时并没有放弃前一个图像。相反，我们将信息从所有的"快照"整合到一个持续的关于我们周围场景的图像或模型。短期记忆使我们能够做到这一点。当我们注意到小的变化，我们更新这个模型，删除旧的对象，添加一个新的，并改变对象的相对位置。

　　3. 短期记忆保存我们当下时刻的任何目标或计划，通过保持我们对当下活动的意图，我们能够引导我们的行为朝着这些目标前进。

　　4. 在最近的谈话中有提到，短期记忆跟踪话题和参照物。如果我提到我的朋友约翰，那之后我提到"他"或"我的朋友"时，你会知道我正在想什么。关于约翰的这个概念仍然在你当下活动的记忆中：你能明白我的意思是指约翰，而不是斯科特或戴维。

　　在注意到以上所使用的短期记忆后，最近的一本心理学教科书做了以下有趣的观察。

也许因为短期记忆是如此的有用,几乎每一个存储信息的计算机系统都设计了一种短期记忆体(内存),位于其中央处理器(CPU)中。计算机系统的中央处理器接收数据,存储在内存中,检索它,执行各种计算,或将结果存储并呈现在一个屏幕上或者打印它。这些功能与我们的短时记忆功能非常相似。事实上,相似之处是如此接近,许多认知心理学家认为,计算机的CPU可以作为人类短期记忆的一个有用的隐喻模式。[11]

什么是长期记忆

长期记忆是我们大多数人通常意义上的记忆,也是大多数记忆力提高技巧所针对的方向。许多心理学家相信长期记忆是由几种不同的类型组成的。例如,一种常见的观点将长期记忆划分为三种类型。

1. **程序记忆**,包括记住怎样做事情(例如,打字或者解决二次方程)。

2. **语义记忆**,包括记住与所学时间地点没有任何联系的实际信息(例如,数学公式或单词意思)。我们不会记得我们是在什么时间什么地点学到了这些信息。

3. **情景记忆**,包括记住私人事件(例如,你的第一次约会或在何地学会了一个特定的公式)。[12]

长期记忆与短期记忆的区别主要在以下几点。

1. 在大脑中发生的神经变化可能不同。
2. 短期记忆是一种活跃的、正在进行的过程，很容易被其他活动所干扰；长期记忆是不容易被破坏的。
3. 短期记忆容量有限，长期记忆容量几乎是无限的。
4. 从短期记忆检索是一种自动的、倾倒过程；检索出现问题来自长期记忆。
5. 一些药物和疾病会影响短期记忆，而不会影响长期记忆，反之亦然。

有证据表明，我们记忆中存储的事物以及永久记录在我们脑海中的事物要比我们想象的多很多。长期记忆是相对永久的，并且拥有一个几乎无限的容量。当你真的要记住一个特定的事件时，你或许会发现，你回忆起的内容比你想象的更多。在经过反复地回忆尝试，人们可以记起比他们第一次尝试回忆时更多的内容，而无须重复第一次记起的内容。在药物或催眠下回忆已经"遗忘"的信息（如早期的童年经历），也说明了长期记忆的大容量性和永久性。

对大脑的电刺激为我们提供了一些最引人注目的证据，来表明长期记忆的大容量和相对永久性。当外科医师为脑外科手术做准备时，他们可以用电探针接触大脑的某一部分。病人是有意识的，可以报告他所经历的大脑不同部位的电刺激。在这种情况下，患者回馈称重温了以前的事件，曾经的经历仿佛历历在目。这些记忆比普通的记忆要生动得多，就好像电探针开启了一个胶片条或一个录音，记录了事件的细节。一个人"看到"自己在童年的家里和他的表兄妹说笑；一个女人说她听到一首年轻时听过之后再没有听到过的歌曲；她认为房间里有一个留声机在播放那首歌曲。这些人不只是回忆起了这些事件：他们对事件的记忆似乎是非常真实的，即使他们知道，他们是在手术台上。这是因为他们正在经历一个双重意识。当探针被移除时，这种体验就会停止，如果被探针重新刺激，前面的体验又将回来。[13]

大脑受损的患者提供的证据表明，短期记忆和长期记忆对应脑中的神经变化可能是不同的。一个病人（K.F.）的短期记忆有缺陷，长期记忆却是正常的。在日常生活中，他对事件的记忆不受影响，表明他长期的学习能力是正常的。然而，他不能重复两位数字以上的序列号。另一个病人（H.M.）不能形成新的长期记忆的痕迹，虽然他的短期记忆和他已有的长期记忆似乎是正常的。他在测试大脑损伤前已有的知识时表现得很好，且没有由于大脑损伤而出现明显的个性变化。然而，他不能长时间记住任何新的信息。H.M.一遍又一遍地阅读杂志，并重复做相同的拼图游戏，而意识不到他刚刚做过这些。只要信息在短期记忆中，他一切正常，但当他的注意力被分散时，他的短期记忆内容也就丢失了。H.M.的短期记忆和长期记忆之间的联系似乎已被打破，无法将信息从短期记忆转换为长期记忆。[14]

● 长期记忆与短期记忆的关系

早些时候我将内存与文件柜进行比较。现在我们可以重新定义这个比喻。短期记忆就像一个办公桌上的篮子。长期记忆就像办公室里的一个大文件柜。篮子是一个有限的容量，它只可以容纳这么多的信息，在想拥有更多的空间之前，它必须被清空。有些是被扔掉的，有些是放进文件柜的，但是，没有什么记忆内容是不先通过在篮子里进行分类就放进文件柜的。

类似地，信息通过短期记忆转换成长期记忆。这使得短期记忆成为存储信息过程的瓶颈。短期记忆不仅具有有限的容量，而且其中的信息在转换到长期记忆的过程中，必须以某种方式编码。这种编码需要时间，这限制了一定时间内可以被转移到的长期记忆的信息量。从短期记忆中获取信息并不太难，所有都是一下子被倒出来的。而从长期记忆中检索信息就会出现问题。所以系统性搜索是必要的。我们已经看到，如果信息没有用一些有序的方式存储，它们将很难被找到。在后面的章节中讨论的原则和方法，将提供方法来编码和分类信息，以便它们可以被有效地从短期记忆转移到长期记忆。

工作室的比喻可以用来揭示长期记忆和短期记忆的关系。[15]假定一个木匠正在建造一个橱柜。他所有的材料都整齐有组织地摆放在他工作室墙壁周围的货架上。他从货架搁板上拿走他目前使用的材料（工具、即将入位的木板等），并放置在工作台上，在工作台上留出空间来工作。当工作台变得太乱，他可以将材料堆成一堆，从而腾出更多的空间。如果堆的数目太多，有一些可能会掉落，或者木匠会把其中一些材料放到货架上。

我们可以把货架视作长期记忆（持有大量的材料，可供木匠使用），并将工作台作为短期记忆（分为工作空间和有限容量的存储区）。木匠的运作就像短期记忆中的工作。堆积的东西腾出更多的空间，从而让更多的材料可以放到工作台上的过程就像是"组块"。从工作台上掉落的东西就像被遗忘的短期记忆，从架子上得到的材料以及把它们放回去就像从长期记忆中传递信息。木匠可能需要的某种材料不在架子上就像是不可用的信息；在货架上的材料，但木匠不能找到就像是不可获得的信息。

图 2-1 总结了本章讨论的许多要点。它形象地说明了短期记忆和长期记忆之间的关系。

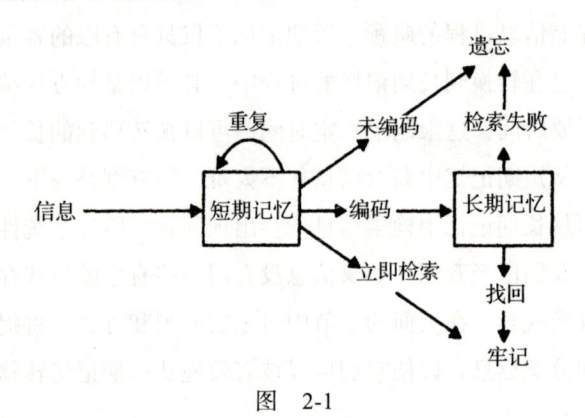

图 2-1

记忆是如何被测量的

如何测量记忆将影响我们对记忆的定义。有三种主要的方式可以用来测量一个人的记忆，每一种对记忆的描述都不同。我们可以请他告诉我们他所记得的一切；我们可以请他从一组物品中挑选出他记得的物品，或者我们可以看他在第二次学习同一份材料时有多容易。这三种方法的简称，分别为回忆、识别和再学习。[16]

● 回忆

大多数人在谈论记忆时会想到回忆。回忆需要通过搜索记忆来产生信息。在学校的时候，回忆是你在做题时要面临的任务，如被问道，"说出美国的前 5 位总统"或"请说出阿根廷首都"，或

"背诵葛底斯堡演说"。当大多数人说他们不记得某件事情时，他们实际想表达的是他们回忆不起来这件事情。

一个人无法回忆起某些事，如果给了他一些线索也可能重新回忆起来。这就是所谓的辅助回忆。例如，我们将在第7章看到，如果给人提示学过单词的第一个字母，将促进他对这个单词的回忆。如果你无法回忆起美国前5位总统的名字，试着用总统姓氏的第一个字母为线索：W, A, J, M, M. 再次试试。

心理学家使用几种不同的方法来研究回忆。在"**自由回忆**"法中，给被试按照一次一个的形式提供一列单词并要求学习，然后让被试以任何顺序回忆尽可能多的单词。在日常生活中的自由回忆的例子有记住购物清单上的项目或记住在城市里播放的电影。在"**序列学习**"法中，同样给被试按照一次一个的形式提供一列单词并要求学习，不同的是，学习后让被试按相同的顺序回忆单词。序列学习不同于自由回忆，其中回忆的顺序是很重要的，每一个单词都作为下一个单词的线索。在日常生活中，序列学习的例子有学习字母表和学习说话。第三种研究回忆的方法是"**配对联想**"法。在这种方法中，单词是成对提供的，并要求人们把它们联结起来，这样当他被给予第一个单词时，他就会想起第二个单词。在日常学习中，配对联想学习的例子有学习国家的首都和学习外语的词汇。

在第9章讨论的联结系统，特别适应于在序列学习中改善记忆。在第10～12章中讨论的系统，同样也包括配对联想学习法。所有的系统都对自由回忆法起到帮助作用。

● **认知**

一个人即使有了线索，可能仍然无法回忆某件事情，但如果用了认知的方法,就可能回忆起一些东西。当我们认知某样东西,我们认为它是熟悉的,我们以前见过它[认知(recognition)这个词的字面意思是"再认识"]。在认知方法中,问题可能是:"这是那个东西吗?"而在回忆方法中的问题则成为:"这是个什么东西?"在学校里的一个认知例子是一个多项选择题,如,以下哪个是阿根廷的首都?(a)利马,(b)里约热内卢,(c)圣地亚哥,(d)布宜诺斯艾利斯。

因为我们不必去寻找信息,所以通常认知方法要比回忆更容易,一切都是预先给予我们的,我们要做的就是能够将我们已经学到的东西识别出来。作为记忆的测量方法,认知的高灵敏度通过向人展示 600 对项目(词、句子、图片)被证明。之后,人们被展示了一些与新项目配对的项目,并要求他们指出哪些是他们以前见过的配对组合。对句子的平均正确识别率为 88%,单词的平均正确率为 90%,图片的平均正确率为 98%。虽然大多数老年人在自由回忆方面不及年轻的成年人,但他们在认知或有线索的回忆方面与年轻人表现得一样出色。[17]

很久以后,人们不再能想起他们高中毕业班上的大部分学生,但他们还可以从合影与姓名列表中认出他们。[18]大多数人都记得别人的面孔,这比记住他们的名字更容易。(你难道不常听别人说,"你的名字很熟悉,但我不记得你的脸"吗?)一个原因,是记住一张脸通常是一个认知任务,记住一个名字通常是一个回忆任务。其他可能的原因,我们将在第 13 章中讨论。

● 再学习

一个人可能无法回忆,甚至在有提示的情况下和运用认知的方法后仍然无法回忆起某件事情，但他仍然可以通过第三种方式——再学习来测量记忆的存在。[19] 假设你测量了你第一次学习的时间，后来你测试了你需要多长时间再学一遍。如果你在二次学习时学得更快（时间被节省了），那就是你第一次学习还有一些记忆的证据。例如，大学教授对以前学生名字的记忆是通过再学习，而不是用了图片线索下的回忆。[20]

再学习可以通过一个常见经验，即一个人重新学习很多年前学习过的外语来说明。他可能无法回忆起它，他可能认知很少，但当他开始学的时候，他会发现它很容易。同样地，你可能不能够背诵林肯的葛底斯堡演说，或独立宣言，或你在学校里学到的其他什么东西，但你可能比从来没有见过它们的人学习得更快。

一个心理学家对自己的儿子进行了一个有趣的测试表明，再学习是一个非常敏感的测量记忆的方式，且再学习可以为记忆的存在提供证据，即使最初学习的时候并没有完整地对材料进行学习。心理学家为他儿子读希腊语文章，从15个月到3岁。后来，在他儿子8岁、14岁、18岁的年龄段上，对男孩进行了测试，让他记住原来的那些文章和一些有可比性的新文章。8岁时那个男孩再学习原来的文章时比新文章少花了27%的时间，这意味着早期学习的保留记忆为再学习节省了相当多的工作。而回忆和认知的方法可能没有证据显示记忆的存在。早期学习保留内容的效果从8岁时的27%减少到14岁时的8%，在28岁时仅仅只有1%。[21]

因此，仅仅是因为你回忆不起来就说你不记得某样东西，这是不准确的说法。在记忆中可用的信息可能通过回忆的方式无法记起，但可以通过认知或再学习的方法获得。在检测记忆的保留方面，认知通常是比回忆更有效的措施。（然而，令人惊讶的是，一些研究已经发现有些条件下，虽然认知无法记起，但回忆可以。）[22]

同样，再学习比认知更敏感有效。如果你可以用比第一次更快的速度认识或再学习某样东西，那说明你的记忆中保留了它们，即使你无法回忆起它们。如果有人说阅读某样东西完全没有用，因为他完全不记得他读过的东西，那么再学习时早期学习对记忆的保留可以作为他阅读是否有用的一个解答。

同样，学生在考试结束后就忘记了他们所学的东西，因而去批评学校的考试，也只是基于回忆本身在抱怨，有趣的是，这些学生中的某一些会抱怨某门课程是浪费时间，因为他们在另一门课程中可能会遇到相同的课程内容。这表明，他们没有忘记前面的内容，因为他们仍然可以识别它。

当然，实际上，我们更关心的是回忆。与认知或再学习相比，回忆是我们大多数人的最大问题。在第9章~12章讨论的一种方式可以帮助回忆，其原理是将单纯回忆变为辅助回忆，即为回忆的过程提供可以提示自己回忆的线索。

关于测量记忆，有一个经常用于研究记忆的方法值得注意。研究记忆的一个问题是，人们对不同单词的熟悉程度不同。因此，如果一个人比另一个人学习一个单词快的话，那可能是因为他经常看到这些单词。为了控制这种熟悉程度的差异，很多对学习的研究都采用了无意义音节的方式，即单词对于几乎每一位参与记忆研究测试的人来说都是陌生的。一个无意义音节是一个毫无意义的由3个字母组成的"词"，如CEJ、ZUL或ZIB。

什么是"知而不能言"现象

你有没有这样一种经历，你几乎能够回忆起一个特定的词，但就是想不起来具体是什么？你肯定你知道这个词，却无法回忆起来。你可能在试图回忆一个名字时有过这样的经历。也许你知道名字的首字母、它的韵脚，甚至有多少音节，但不能完全想出这个名字。正是从这样的情况中，我们得到的这样的表述——"知而不能言"。大多数人都有这样的体验。[23]

我在试图回忆我多年前认识的一个人的姓氏时有这个体验。我可以想象他在我脑海中的样子，但想不出他的姓氏。在搜索我脑海中的姓氏时，我想到"scotland"和"hillbillies"；这个姓氏似乎有两个音节，而且很短。最后我想起来了，这个名字是"McCoy"。前面的联系是显而易见的：和"scotland"的联想是来自前缀"Mc"［McDuff（麦克达），McDougall（麦克杜格尔）等苏格兰名字的特有前缀］；"hillbillies"的联想来自一个关于"hillbillies"的古老的电视节目"如假包换"（The real McCoys）。

心理学家试图研究这个有趣的普遍存在的现象。[24]虽然在更早的时候已经有了观察分析，但对"知而不能言"这一现象的第一个实验研究（以及紧密相连的"感觉自己知道"现象的研究）发表在20世纪60年代中期。在20世纪70年代发表的几项研究重复了初步调查结果，并探讨了对此现象可能的理论解释和影响。

研究"知而不能言"现象的一种方式，是读单词的不常用释义给人们听［例如，sextant（六分仪）、nepotism（裙带关系）、sampan（舢板）］，然后要求人们说出这个词是什么。如果他们不能准确说出这个词的话，就要说出所有他们知道的关于这个词的一切。有些人可能会说出有相似意思的另外一个词，或是有相似发音的另外一个词（相似声音比相似意义更频繁），或是说出这个单词的第一个或最后一个字母，甚至说出它有多少个音节，但就是不知道这个词本身。例如，当试图记住"sampan"（中国的一种小舢板船），他们会联想起这些词：Saipan、Siam 以及 sarong；他们还会想到意义相近的词，如 barge（驳船）和 junk（舢板）。这个现象也被研究怎样去记忆人的名字、诗歌，甚至气味（这也被称作"嗅而不可说"现象）。[25]

另一种研究这一现象的方法，是询问人们有关常识信息的问题。有些人可能不记得答案，但仍然觉得他们知道答案。随后的认知测试表明，他们是正确的。其他的研究通过要求人们保持日记记录的方式，研究了自然发生的"知而不能言"现象。对老年人的研究发现，在他们的认知经验或对知而不能言内容估计的准确性上，他们与年轻人没有不同。最近的一项研究发现，在一个多月的日记记录研究中，老年人报告了两倍于年轻人的知而不能言现象，但解决这些问题的效果和年轻人一样。[26]

"知而不能言"现象对理解记忆是什么至少有四个方面的解释。

1．记忆不是一个"不是全记住就是全记不住"的过程。记忆是一个程度的问题，它是一个连续的过程，并不是绝对的非此即彼。我们没有全部记住一件事情，不代表就完全不记得。相反，我们可以记住一部分的东西，而不记得所有的。

2．大部分的记忆是生成的，不是复制的。记忆不是一个自动拍摄的过程。大部分的记忆不是一下子完完全全地重现为当初的样子，但通过重建过程可以逐渐恢复。

3．单词可以通过不止一种方式存储在记忆中。它们可能被存储在听觉方面（有多少音节，以及它们是如何发音）、在视觉方面（第一和最后一个字母），以及意义方面（交叉引用与其他类似的含义的单词）。

4．信息的有效性（可用）和可访问性（可得到）之间是有区别的。信息的有效性是由两个事实决定：当你知道这个问题的答案，或者你在试图回忆答案时，可以答出这个词的一部分。但即使你知道信息是可用的，它在没有帮助的回忆过程下也是不可访问的（不可得到）。

第3章
chapter3

认识你的记忆：记忆是如何运行的

病人："医生，我的记忆出现问题了。当我和他人谈话的时候，说到一半我就忘记我在说什么了。"

精神病医生："你的这个问题出现多久了？"

病人："什么问题？"

妻子："啊！我忘记拔掉熨斗的电源了。"

丈夫："别担心，房子不会烧掉的，我也忘记关掉浴缸的水了。"

有三个迹象表明你正在变老，第一个是开始遗忘……另外两个我忘了。

以上是我整理的一些关于记忆的段子和笑话。据说我们开玩笑的事情通常是我们最困扰和关心的事情，这也是为什么如此多的段子是有关性、金钱和体重的原因之一。这也许也能解释为什么很多的段子是关于记忆的。虽然记忆段子不像其他三个话题一样成千上万，但是记忆和遗忘始终是许多幽默故事的主题。我们关心自己的记忆是怎样运转的，特别是它不运转的时候尤为关心。我们是怎样记住事物的？更重要的是，遗忘是如何产生的，以及为什么会遗忘？这一章将延续第 2 章的目标，通过几个问题更好地理解你的记忆是如何运转的。

我们为什么会遗忘

遗忘并不是坏事，这一点在我们讨论短期记忆时已经提到。如果没有遗忘，你的大脑将会被许多琐碎的事情胡乱地塞满，以至于不能甄选出有用的和有意义的信息，帮我们做出决定。因此，让我们的大脑充满不重要的事物是不值得的。忘记不重要的可以帮助我们记住重要的。当然，关键是要能忘记不重要的，而不是重要的。

不说大概你也知道，遗忘比记住容易很多。但是为何如此呢？回答这个问题的方法之一是回想第 2 章的"记忆三部曲"。你只要在记忆三部曲——读取、存储、检索的任何一个环节失误都会导致遗忘，但是必须同时做好"三部曲"才能做到记住。这就好像只有一次机会记住与三次机会遗忘的对比。心理学家已经提出几种理论来解释遗忘的原因。让我们一起简要地思考五种最常见的解释（详见第 2 章第 3 节）。

衰退说。这种解释认为，随着时间的推移，记忆在大脑中产生的一些物理"痕迹"会逐渐衰退或消失，正如草地上的小路如果没人走，便会杂草丛生。这是关于遗忘最古老、最广泛的解释。

压抑说。这种解释是西格蒙德·弗洛伊德在研究潜意识时提出来的。按照弗洛伊德的说法，不愉快的或者难以接受的记忆也许是故意忘却。这些记忆被故意地压抑到潜意识，从而使人们免受其煎熬。虽然弗洛伊德精研理论的有些细节没有被广泛接受，但是大多数心理学家相信有目的的遗忘是可能发生的。

扭曲说。记忆也许会受到我们价值观和兴趣的影响，所以我们记住一些事情是因为我们想要记住它们。这种解释认为我们扭曲自己的记忆来符合我们想要的，或者我们感觉它是什么样就是什么样。为了证实记忆扭曲的存在，我们对他人大声读出下列词语：床、休息、醒了、累了、做梦、唤醒、晚上、吃、舒适、声音、微睡、鼾声。再让听到这组词语的人尽可能多地列出刚刚听到的词语。通常，至少有一半的人列出的词语包括"睡觉"这个词。为什么会这样呢？因为这些词大部分是和睡觉相关的，让人觉得"睡觉"就应该在这组词里面。[1]

记忆扭曲在法庭审判和目击者调查中有一些有趣的暗示。例如，通过提诱导性问题，提问者可以引起人们"记住"一件从未发生的事："受害者的外套是什么颜色？"也许会引起人们"记起"一件不存在的外套。同样地，暗示一个结论的描述可以引起人们"记住"一个未发生推论，这种推论在广告中也有运用。例如，"冬天不感冒，快用感冒停"的广告语并没有直接说"感冒停"可以抵御冬天的感冒，但 85% 的人在记忆中会有这样的印象。[2]

干扰说。与其说时间流逝导致了遗忘（如"衰退说"认为的那样），不如说该时间段内发生的事情对遗忘的影响更大。许多遗忘可能是由于其他学习带来的干扰。干扰说并不意味着记忆容量是有限的，不是说新的信息装满我们的大脑就会将旧的信息挤出去。相比学习的数量，学习的具体内容对遗忘的干扰更大。

你过去学习的内容可能会干扰你对最近学习内容的记忆。心理学家称之为"前摄抑制"。"前摄"是因为干扰的时间是正向的；学过的知识会影响后来学习知识的记忆。"抑制"是因为这种影响是抑制和妨碍后面内容的记忆。同样地，你最近学习的内容可能会干扰你过去学习内容的记忆。这种现象被称为"后摄抑制"，因为这种干扰的时间是反向的。试想一下，你在上周的商务会议认识了很多人，昨晚的派对又认识了更多人。如果你尝试回想昨晚派对上认识的人名，也许脑海中找到的是商务会议认识的人名，这些人名妨碍你继续回想，这就是前摄抑制。如果你尝试回想的是商务会议认识的人名，也许脑海中找到的是派对参与者的人名并妨碍你继续回想，这就是后摄抑制。

索引说。这种关于遗忘的解释较之前面论述的四种解释更新。该解释认为，遗忘是检索失败（与读取和存储相比较）。记忆并没有消失，也不会受其他信息的干扰，而是仅仅取决于有没有找到通向记忆的正确线索。这种解释因此被称为"检索遗忘"。如果你能找到正确的线索，你就能从记忆中检索到想要的内容，如果你"忘记"了，是因为你没能找到正确的线索。你可能觉得自己不能记起某些事情，但是当你看到或听到一些事物时又会"唤起"你的记忆。

⦿ 你的记忆阁楼

为了说明这五种关于遗忘的解释，让我们将你的记忆和房子的阁楼做一个比较。[3] 你在记忆中存储信息相当于在你的阁楼中储存物品。试想你走进阁楼寻找一个特殊的物品。衰退说相当于"恶化室"：你找不到想要的物品，原因是它放在阁楼的时间太长，以至于恶化并消失了。抑制说相当于"隔离室"：阁楼的某些部分是隔离的，因此你进不到隔离地带寻找想要的物品。扭曲说有点像

"重置室"：阁楼中的所有物品都混在一起，你找不到想要的物品，是因为里面的物品不是按照你想象的方式摆放的。干扰说好比"杂物室"：当你寻找想要的物品时，房间里杂乱堆满的其他东西让你根本无从下手。索引说就像放着想要的物品的"密室"，而密室中的柜子、抽屉和宝箱都被锁上了，你必须找到开锁的钥匙（线索）打开放着你想要物品的那一个。

没有一种解释能充分地说明所有遗忘的原因，所以每种解释都有其存在的理由。然而，本书对于前三种解释没有提及太多。衰退说尚未得到充分研究的证实。它可能适用于短期记忆，但是对长期记忆并不适用。虽然抑制说在临床经验上被充分证明，但是它涉及的主要是创伤的、不愉快的、个人的经历。这些记忆不是本书重点关注的问题。扭曲说已经被一些研究迹象所证实，但是我们能做的也许只是知道和避免这种情况的发生，除此之外便无能为力。研究迹象表明，干扰是大部分遗忘产生的罪魁祸首，但是更多研究支持索引说导致的遗忘。接下来的章节，我们将讨论的是减少干扰和检索记忆的方法。

遗忘的速度有多快

关于记忆的研究表明，遗忘不是匀速发生的，大多数遗忘发生在刚学习之后，随着时间的推移遗忘的速度会逐渐下降直至趋于平稳。所以，我们大多数内容的遗忘会发生在我们学习后不久。比如说，在学习完无意义的音节表后，也许 20 分钟内你就会忘掉一半，两天后会忘记 2/3 以上；但一个月后不会比两天后再有明显的下降。同样地，人们在 3 年内会忘掉在高中或者大学里学到的约 60% 的西班牙语，但接下来的 50 年遗忘的内容才增加 5%。随着时间的流逝，遗忘率的降低，帮助我们理解为什么在学习后马上摄入麻醉药物会更加影响记忆，以及为什么在逆行性遗忘（指回忆不起在疾病发生之前某一阶段的事件，过去的信息与时间梯度相关的丢失）。中近期的记忆会比旧记忆更容易被干扰。[4]

当然，并不是所有的学习都遵循这种随着时间推移而遗忘率递减的规律。我们对学习得非常透彻的或者很重要的资料，也许一生都会记得。此外，相比具体的细节，我们对要点或者梗概的记忆会更长久。[5]

在迟缓学习者和快速学习者之间，遗忘率有什么不同吗？迟缓学习者遗忘得会比快速学习者快吗？与许多人的观点相反，这个问题的答案似乎是否定的。用一个比喻来说明为什么会这样。[6]让我们把学习过程比作把水注入金字塔形的烧杯中（见图3-1），水位代表学习，蒸发代表遗忘。随着水位的增加，水与空气的接触面也变小，所以蒸发量变小。快速地注入（烧杯A）代表快速学习者，烧杯会很快地被注满。然而，缓慢地注入最后也会让烧杯变满。如果我们在同一时间注水，烧杯A的蒸发量会更少，因为水会快速地注入，接触面随之变小。但如果我们对烧杯B持续地注入水，直到和A的水位一样，那么两者之间的蒸发速度没有什么区别。

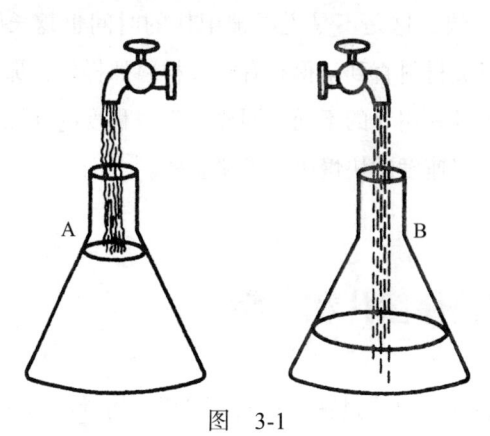

图 3-1

相同地，如果迟缓学习者被给予足够的时间去学习某些东西，从而可以和快速学习者一样迅速重现的话，那么在随后的记忆测试中也可以和后者一样得到很高的分数。学习的最终程度（你学得有多好）是影响遗忘率的关键因素，而不是学习的速度（你学得有多快）；不管是对尼日利亚的诗歌，还是对美国的生词表，都是如此。研究还发现，尽管年轻人一般比老年人学得快，但是当两者的初始学习水平相同时，在遗忘率上并没有年龄带来的差别。[7]

烧杯比喻也可以解释学校里的学生，在考试中聪明的学生也许会比迟缓的学生表现得要好，因为他学习时更有效率，而不是因为有更好的记忆。如果两个学生同时在一个小时内上一节课，聪明的学生会掌握得更充分：他会将自己烧杯的水位线注入得更高。但如果迟缓的学生通过2~3个小时的学习，将自己烧杯也注入相同水位，那很可能在考试中表现得和聪明学生一样。因此，普通学习能力的学生通过更多时间的学习，可以赶上高水平学习能力的学生。

烧杯比喻也可以解释材料的有意义遗忘和无意义遗忘。把A烧杯比作有意义材料，B烧杯比作无意义材料。材料越有意义，学习的速度就越快，这是不是说明被记住的时间也越长呢？并不一定。学习无意义材料直到学得和有意义材料那样好，那么两者在遗忘的速度上并没有明显的不同。同样，学习程度的高低决定了遗忘率，而不是学习速度的快慢决定了遗忘率。

我们如何记住图片和文字

信息的读取可以通过视觉形式（图片、场景、面孔）或语言形式（文字、数字、名字）实现。比如说，在你的脑海中，你可以看到椅子的直观图片（记忆图像），或者你可以想到"椅子"这个词。这两种类型的读取过程也许被分别称为图像化过程和语言化过程。研究表明，图像材料和语言材料的记忆有多种不同的方法。

图像化过程似乎最适合表示具体的事件、物体和文字，而语言化过程也许更适合表示抽象的语言信息。造成以上事实的一个原因，就是具体名词比抽象名词更能在大脑中产生记忆图像。接下来的四个词语就能说明具体名词和抽象名词之间的不同：苹果比水果更具体，水果比食物更具体，食物比营养物更具体。在脑海中勾勒出苹果比勾勒出营养物要简单。

有一些资料表明，记忆中具体词语的处理过程不同于抽象词语。具体词语和相关的图像也许由视觉系统加工，而抽象词语或许由语言系统处理。视觉记忆和语言记忆也许不仅仅加工过程不一样，发生的区域也不一样。资料表明，视觉记忆和语言记忆位于大脑中不同的部分。右侧大脑似乎在视觉图像化过程中发挥主导作用；左侧大脑好像在语言化过程中占主导。[8]（但是，左右脑的差异性并没有它们的相似性那么大，也并不像主流媒体让我们相信的那样。最近在教育和商业中流行一时，培训人们运用右脑，这夸大了研究资料的事实。）[9]

语言和视觉记忆运行的不同速度进一步表明了两者之间的不同。普通人在4秒钟内可以说出字母表中的26个字母（对自己说），但若形成26个字母的视觉图像则需要13秒。同样地，为一个图片中的物体命名会比读出已打印名字的物体花费更长的时间。[10]

对图片的记忆能力似乎是无限的。在第2章我们知道，对600张图片的认知记忆是很高的。另外一个研究更加显著地表明这一事实。在几天的时间里，被试会看到2560张被展示的图片，随后又看了 280 对照片。每一对中有一张是之前看到过的 2560 张的其中一张，另一张则不是。提问被试哪张图片是之前看到过的。在这个识别过程中，被试正确识别了 90% 的图片。还有一个研究同样发现了惊人的结果，使用了高达 10 000 张图片。当通过回忆和识别的方式测量记忆时，图像记忆的效果超过了语言记忆。除此之外，被试看过图片后，会以惊人的准确性记住这些图片长达 3 个月。[11]

有个说法是"一图胜千文"，通常表明图片在交流想法时比用很多文字表达更有效；也表示在用图片交流时，记忆的有效性更好。比如说，一本书中的图片可以帮助读者记住文本内容（详见第 6 章）。此外，许多研究表明，儿童、成年人、老年人，对物体图片的记忆要好于对物体语言描述或者物体名称的记忆。[12] 同样地，视觉图片（脑海中图片）也许对唤起语言材料记忆有很大的帮助，一个原因就是图片明显比单独的文字本身更难忘。[13]

另一个原因，就是图像会在大脑中两个不同的部位加工——非语言区域和语言区域。[14] 意思是，可视化的词语可以同时在语言区域和图像区域加工。对具象词语的回忆要好于只能用语言加工的抽象词语，因为具象词语有双重表示（言语和图像）；以这种双重方式表示的信息比起只有一种方式的，更容易被回忆。比起来只有文字，你似乎更能记住文字加图片，同样的理由，比起来一个标签，留两个总是会更好：在文件架中，交叉参考两个标题下的文件会更方便，因为你可以有两倍的可能性检索到信息。

当然了，上面对为什么视觉图片有助于记忆的两个解释并不是相互排斥的。也许图片比文字在属性上就更容易记些，图片可以通过视觉和语言同时编码。当我们试着去解释（会在第 4 章看到），视觉图片确实可以显著提高回忆程度。在随后的章节里，我们也可以看到记忆图像（也有生活中实际应用的图片）在记忆法体系中占据着核心作用。

超常的记忆如何运行

一些人看上去确实有超常的记忆能力，并且似乎并不像大多数的人那样遗忘的速度很快。那他们的记忆和我们的记忆有什么不同呢？在第1章，有人认为，记忆是一种后天习得的技能，而不是先天的能力，大部分人只是把这种照相式记忆归结于学习记忆技巧的有力运用。然而也有人说，有一个生动的现象，是类似于流行的照相式记忆概念的，心理学家称之为"遗觉像"（在刺激停止作用后，脑中继续保持的异常清晰、鲜明的表象。它是表象的一种特殊形式，以鲜明、生动性为特征。具有强烈遗觉像的人被称为遗觉型）。[15] "遗觉"意思是"相同的或者重复的"。遗觉像是一个非常强烈的视觉后像，能使人看完一张图片后，在脑海中复制它，并在短时间内描述细节。只有不超过5%~10%的儿童才有遗觉像，青春期后甚至更少。遗觉像很难客观地去研究，但大多数研究表明，不仅在种类上，更是在程度上，它都不同于常规的图像：它仅仅是我们每个人都拥有的对记忆图片具备的更强大容量的说法（见第4章）。

遗觉像也许是照相式记忆概念的来源，但它在以下几个方面不同于流行一时的照相式记忆概念。

1. 看到场景后遗觉像会很快地消失。它并不会在人的脑海中停留太长时间，但会持续几秒至几分钟。

2. 遗觉像受观看者的主观状态影响。图片可能包含增加、遗漏或歪曲的内容,场景中观看者最感兴趣的那部分会再现最多的细节。图片并不像照相机照片一样客观地再现。

3. 观看者并不会瞬间快照,但会有几秒钟的查看时间来扫描场景。

4. 图片一旦消失就不会重现,所以,有遗觉像的人似乎并不能用他们的遗觉像来提高长期记忆。

心理学家研究了一些有超常记忆的人,这些人不受制于遗觉像的局限。比如,一个23岁的女性能用一门外国语言读一页诗,数年之后可以逐字复述、倒念或正念。她可以在脑海中保留10 000个黑白相间的正方形模型,长达3个月。但是,并不会像一台照相机那样快照,而是要花一些时间浏览这个模型。[16]

也许最有名的例子就是俄罗斯一家报社名叫亚历山大·卢里亚的记者报道的舍雷舍夫斯基的例子,舍雷舍夫斯基以下简称S,S可以完美地回想起仅呈现一次的70个词语或数字,随后还可以反顺序说出(你可以尝试倒背字母来想象那会有多难)。在他最初回忆起这些词语之后的15~16年里,他总是能成功地完成那些测试记忆力的试验(在没有任何提示的情况下)!卢里亚描述这些测试的部分很有趣:

在S测试时,坐下时眼睛会闭上,停顿一下,然后说:"是的,是的……这是你曾经在你公寓里给我的那个系列……你当时穿着灰色外套,并这样看着我,那么现在,我能看到你在说……"他可以一口气精确地说出我早些时候曾经说给他的部分。如果考虑到S是广为人知的记忆专家,他必须记住成千上万个这样系列的测试内容,这一壮举会更了不起。[17]

就像前面提到的那个 23 岁的女性，S 并不只是对信息进行快照，而是需要时间去学习。比如说，在记 20 位数字表时需要大约 40 秒去学习，记住 50 位数字表需要 2～3 分钟。S 实现这个壮举的方法之一就和第 10 章要讨论的定位系统相似。

照相式记忆并不必须呈现惊人的记忆力。比如说，一个人没通过遗觉像的水平测试，但资料显示他没有"看"数字就能记住 16×16 矩阵中 256 个随机数字表。另外一个人，明显地依靠语言记忆多于视觉记忆，看 6×8 矩阵中的 48 个数字需要 4 分钟，两周后可以以任何顺序回想起所有的 48 个数字。19 世纪的记忆天才通过听 100 位的数字可以在 12 分钟内记住，但如果这个数字以书面形式展现的话，他就会变得困惑。虽然另外一个人的视觉想象能力不强，但在仅阅读一次之后就可以复述两页半的材料。[18]

心理学家还有另外一些关于超常记忆的研究：一个大学生可以在只听一次 73 位数字之后的很长时间背诵出来；另一个大学生可以做到 79 位数；服务员可以随时记住 19 个完整的晚餐菜名；一个大学生可以表演口算 6 位数的平方（比如，716 723 的平方）；还有一个人（T. E.）可以在各种不同的材料上，比如数字、散文和人名头像方面展示超凡的记忆力（大部分超凡记忆都只集中在一种内容的记忆上）。[19] 研究者和被试把所有的这些表现归结于学习记忆法的运用、兴趣和训练，而不是天生的能力。另一个关于学习记忆法的作用，是我对曾学习语音系统的 6 个学生的研究（详见第 12 章）。他们试着像 S 那样在 40 秒内再现关于 4×5 矩阵中 20 位数字，所以他们可以通过行、列、前、后来回想起。其中 4 个学生在 1 分钟内甚至更少的时间内做到，包括一个学生用了 41 秒，另一个学生用了 36 秒。[20]

虽然有少数人有着超乎常人的记忆，比如卢里亚报道的 S，确实拥有一些先天的能力，让他们生来不同于常人（有位心理学家称之为"活字典"以区别于更常见的"记忆专家"）。[21] 关于超常的记忆是如何运行的这个问题，最好的总结好像延续了之前关于照相式记忆和遗觉像的总结。超常记忆与平常记忆的不同之处好像在于程度上的不同，而不是种类上，更多依赖于后天学习而不是先天能力。这表明，当我们看到某个人展现惊人的记忆能力时，我们也许应该佩服他的学习动力而不是能力。

以下内容节选自记忆教材，代表了大多数心理学家对超常记忆的看法：

> 专家使用的许多方法是我们在之前章节中研究到的能力，被带到了不寻常的高度……专家与非专家的不同也许并不像我们曾经想的那样。他们似乎具备历经磨炼的天赋，但这些天赋也存在于我们研究过的普通人群大脑中，即使他们会以较弱（相比较于记忆专家会将天赋发挥到一定的高度）的形式出现。[22]

还有一个有趣的记忆现象，适合列在超常记忆的标题下面。一些人拥有一种杰出的大脑能力，比如所谓的照相式记忆、象棋能力，或者口算复杂数学计算的能力，但缺乏正常的智力。这样的人称为白痴学者，用术语表达就是聪明的笨蛋。[23]

拥有所谓的照相式记忆，或者是其他杰出的脑力，并不一定是一种幸运。白痴学者比起来那份卓绝的能力，其他方面是不完整的：不能思考或领会意义。在某种情况下，他们可能会在自己卓绝能力以外的领域表现得非常迟钝。同样地，卢里亚报道中的 S 有着照相式记忆，但在很多方面是个负担而不是幸运。当他试着去阅读时，每一个词语都会产生一个图片，这些图片会充斥着脑海，使他无法理解所读文章的意思。他还发现很难抹去那些没有用的画面。（回想下在第 2 章我们讨论的，如果所有的信息源源不断地出现在我们意识之前，选择相关的信息是多么困难。）除此之外，S 仅能理解足够具体可视化的内容。抽象的思考会困扰并折磨他，就像隐喻和同义词（比如说，当一个人在一页中被叫作"宝贝"，在另一页中被叫作"小孩"，对于 S 来说很难理解这两个词指的是同一个人）。所以，S 很难理解所读材料的整体意思。

睡眠学习的效果真的很好吗

想想，如果把要学的东西记录在磁带中，然后在睡梦中去学习，这会节省多少的时间和精力！当你浪费掉所有可以学习有用的东西的睡眠时间时，会不会感到惭愧？这是睡眠学习设备广告所说的一种观点。一些广播电台甚至在夜间播报消息，以帮助睡眠中的人们减肥、戒烟、减少压力。在睡眠时真的能学习吗？美国和苏联的研究人员在睡眠学习中做了不少研究。[24]

决定你是否可以在睡眠中学习的一个关键问题是我们对"睡眠"的理解。睡眠从浅度到深度有几个阶段。早期研究表明，睡眠学习的积极效应并不决定人们是否真的进入睡眠状态，还是考虑他们睡眠程度有多深。在后来的对照研究中，通过在脑电图仪中观察脑电波模式，来衡量睡眠的深浅程度。并没有证据表明，当在熟睡时，人们能记住所读的问题和答案或者词语表。在 1970 年，纽约司法部长禁止了声称在睡眠中教会人们学习的睡眠学习设备广告，理由是没有证据表明当人们在睡梦中可以学习语言。[25]

那么浅度睡眠怎么样呢？在你刚刚进入睡眠状态时，会不会有可能记得所读的材料？有一些证据表明，人们在昏昏欲睡的状态或者非常浅的睡眠状态时可以学习。这类实验大多数是由苏联进行的。在美国进行的一个实验中，人们在不同阶段的睡眠中会听到诸如"A 代表苹果"的句子。醒来之后，让他们在以 A 开头的 10 个词语中找出熟悉的那个。在选出的正确词语中，28% 是在最浅度睡眠中，10% 是在次浅度睡眠，深度睡眠中没有一个是正确的。[26]

在浅度睡眠中学习的可能性要有以下几个条件。

1. 必须在昏昏欲睡或浅度睡眠恰好的时间提供这些材料。如果这个人并没有睡着，提供材料会惊醒他。如果睡得太沉，完全会不记得任何材料。

2. 关于复杂的材料或者关于推理与理解的材料是没法学习的。只有一些比如无意义的音节、摩尔斯密码、技术用语、事例、日期、外语词汇和简单的公式这样潜在的材料才可以睡眠学习。

3. 即使条件一和条件二都符合，睡眠学习对于学习来讲并不够，只是对白天学习的一个帮助而已。

因此，尽管在睡眠的某些阶段，可以学习一些类别的材料，但是一种低效率的学习方法。当你在学习或者听演讲时，最好还是保持清醒。

一些研究表明，人们在学习之后立马去睡觉，相比同时间段内保持清醒，能记得更多，但如果在学习之前刚好在睡觉的话会记得更少。在这两种情况下，当人们清醒时，学习这个行为本身都会发生。[27]

◉ 潜意识的学习

关于睡眠学习这个领域的研究，是潜意识学习和广告学领域的。潜意识意思是低于有意识的水平，指的是我们或快或弱地想起信息。20世纪50年代大肆宣传"无意识广告"，人们担心它对脑力的控制作用。一个著名的案例表明，在一个剧院放映电影期间，电影屏幕上持续6周不断闪过"吃爆米花"和"喝可乐"这样的信息，闪得很快，没人会有意觉察到。但据报道，爆米花的销量上涨了50%，可乐上涨了18%。许多人理所当然地被这个报告影响到了。20世纪80年代，人们又关心到了这个问题，现在据说包括"撒旦的消息"这类摇滚音乐在唱片倒播时人们会有意识地辨别出来，当正常播放时会不知不觉的被诱导。

20世纪80年代，人们对无意识过程的研究越来越感兴趣，有一些研究资料表明，人们在人为无干扰的实验室中，可以在无意识的情况下处理有限的感官信息，他们的注意力可以很好地集中在任务上面。[28] 但是，没有一个人能复制报告中20世纪50年代的"潜意识广告"，有很好控制效果的实验研究表明，没有证据证明广告中或者音乐中的潜意识信息对学习或行为有多么重要的影响。[29]

因此，如果你没有有意地觉察到提供给你的材料，无论你是在睡觉，还是清醒时，都不太可能去学习、记忆材料。

第4章 chapter4

如何记住几乎所有的东西：基本原则

学习和记忆的某些基本原则是大多数记忆工作的基础。使用这些原则中的一个或多个足以帮助你记忆几乎所有不同类型的内容。几乎所有用于学习和记忆的基本原则都建立在意义、组织、联想、意象和专注的基础上。本章中将讨论以上每一个基本原则，另外，我们将在第 5 章中讨论一些附加的基本原则。在后面章节中所讨论的记忆系统将运用到这些原则。

意义："毫无意义"

决定"一件事情学起来的难易程度"的主要因素之一，是内容对学习者的意义程度。如果内容没有意义，那么学起来就很难；越是有意义的内容，学起来越容易。与理解意义学习相对应的是"机械"学习。机械记忆是指在不理解学习内容意义的情况下，一遍又一遍地重复它来记忆。

单词比无意义的音节更容易记住。具体的词汇比抽象的词汇更容易记住。被分组进有意义类别的单词比无意义的指令更容易记住。句子比无序的单词更容易记住。被组织好的段落和故事比没有精心组织过的内容更容易记住。在各种层面，意义影响记忆。在一项研究中，显示了意义对学习效果的影响，人们记住了 200 个无意义的音节、一篇 200 字的散文和一首 200 个词的诗歌。无意义的音节大约花了 1.5 个小时记忆，散文用了不到半小时，诗歌花了大约 10 分钟。[1]

参加实验的人有时会尝试运用不同的个人策略来赋予一个单词列表、外来词、无意义的音节或无意义的图画一些意义，这样他们就可以更容易地学习。他们可能会尝试用替换词来将无意义音节词转换成有意义的（HOK 替换成 HAWK：鹰），增加一个字母（TAC 增加一个字母变成 TACK：航向），或替换一个字母（KUT 变成 CUT：切）。其他人尝试组织内容，使其成为有意义的单元或尝试寻找一个规律。这些人意识到，要想记住内容，就应该先使内容变得有意义。[2]

本章所讨论的一些其他的基本原则可以帮助你使内容变得有意义。事实上，在不涉及组织和联想等原则的情况下，很难定义有意义的学习。[3] 除了这些原则，熟悉、韵律和规律等原则也可以使内容变得有意义。

● **熟悉**

一般而言，你对一个特定的学科知道得越多，越容易学习新的信息。这不仅表现在对信息的记忆上，而且也会反映在对信息的理解上。[4]学习是基于已有知识的学习。如果你对某个主题已经有了一些了解，或者已经很熟悉了，那么你的新信息将变得更有意义，同时你的知识也会产生更多联想（联想将在之后讨论）。例如，将一组烹饪术语和运动术语一起交给一组男性和女性，更多的女性可能会更快地记住烹饪术语，更多的男性可能会更快地记住运动术语。越是熟悉的术语越有意义。在第 2 章中我们看到：有经验的国际象棋玩家比那些没有经验的玩家更能记住象棋的位置。熟悉在这种效应中起到了重要的作用。除了熟悉这些分块更多的规律，有经验的玩家可以更好地将熟悉部分整合成一个有意义的整体。[5]

在第 2 章所述的研究中，一个 3 岁时听过希腊语的孩子，在他 8 岁的时候表现出一些关于希腊语的记忆，这暗示着熟悉的另一个优点。接触到的东西可能会使你学会一部分，即使你没有意图学习。因此，父母读一些东西给孩子听，孩子以后学习阅读可能更容易，或是一个孩子在他的房间经常听音乐，那么以后学习音乐可能更容易。

最近的几项研究结果也说明"熟悉"在记忆中的重要性。听到 12 条谚语或格言的大学生（例如，"一天一苹果，医生远离我"）相比较陌生的谚语，记住了更多熟悉的谚语。单词列表中熟悉的单词减少了年轻人和老年人在回忆上的差异（事实上，当所用的词对老年人更熟悉的时候，他们的实际表现优于年轻人）。在一系列由黑人和白人青少年学生对信息的回忆和组织的研究中，研究人员报告说：最值得注意的发现，是他们的表现和他们对信息熟悉程度之间的正相关关系。[6]

● 韵律

你还记得哥伦布何时发现了美洲吗？在 1492 年发生了什么？

最有可能的是你一次学会了这首歌："1492 大海洋，哥伦布正起航"。同样的韵律，"i、e 组合 i 在前，两种情况是例外：'c'之后、音像'a'，例如 neighbor（邻居）和 weigh（重量）"。这有助于你记住如何拼写有"ie"的单词。许多人靠韵律来帮助他们记住每个月有多少天："Thirty days has September, April, June, and November…"（30 天的月份有 4 个，9 和 4，6 和 11……）在学习字母歌的时候，节奏和韵律被孩子运用到下面这首儿歌中（同时也运用了分组的记忆原则）：

AB-CD-EFG

HI-JK-LMNOP

QRS-TUV

WX-Y and Z.

Now I've said my ABCs,

Tell me what you think of me.

这些仅仅是一些例子：如何用韵律来使那些在本质上没有意义的材料更有意义。如果你能组成一段韵文包含你即将要学习的材料，韵文会使你的材料更有意义，也更容易被记住。另外，有研究表明，当你试图回忆一个单词时，其他与之押韵的词可能是帮助回忆的有效线索。而当你回忆一组单词时，相同韵脚的单词往往会被一起回忆起来，即使在原来的单词组中它们不在一起。[7]

● 规律

如果你能在将要学习的内容中找到一个规律、规则或潜在的准则，你很可能会更容易学习它。第 2 章中指出，如果你每 3 个数一组地记忆，那么 376-315-374-264 更容易被记住。如果你能看到

4组数之间的某种规律或关系，工作就更简单了。例如，前3组均为3开头，第1组和第3组的第2个数字都是7；在最后两组中，第2个数字只相差1（7和6），而且最后一个数字是相同的（4）。注意，这样的规律有助于使这些数字更有意义。同样，寻找电话号码、地址、日期的规律或者规则会帮助你记忆它们。例如，电话号码375-2553可能被分析成如下情况：3被75除得25，紧随其后的是另一个5（两个5），而结尾与开头的数字相同（3）。

有些人想记住以下24位数：581215192226293336404347。在你没有继续往下读之前，自己试一下吧。你有没有看到数字中的规律？有些人被要求通过机械地重复来学习这个数字，其他人研究规律。3周后，第一组没有人可以记得这些数字，但是第二组人中有23%的人研究出了规律，可以回忆起这些数字。现在你可能已经找到了规律：开头是5，加3，得到8，然后加入4，得到12，然后加3，然后加4，以此类推，等等。一旦你找到了这个规律，你所要做的就是记住这个规律并用它来生成这个数字序列。[8]

最后这个例子说明了分组及其意义。如果你能找到一个规律，你只需要记住一个信息（5加3再加4，依次交替），而不是24个信息。找到一个规律，可以使这些号码形成长期记忆；你再也不需要不停地复述来记住它。因此，除了使内容更为有意义，发现规律并将内容分组可以帮助你只需记忆更少的内容。如果你能发现一个规律，那么所有你必须做的就是记住这个规律，然后你就可以生成原始内容。

规律的运用并不局限于对数字的记忆。一项研究发现，当一组配对的词汇列表有一个相互关联的规律时，该关联一周后的记忆效果比起没有潜在规律的词汇表记得更好。我们已经看到了一位国际象棋大师可以在一个游戏中快速地记忆棋子的位置，因为它们形成了一个规律。但如果这些棋子是随机摆放的，那么他不会比初学者做得更好；类似的研究结果在桥牌、围棋、地图甚至音乐方面也已经报道过。里昂·弗莱舍是国际著名的钢琴家，他需要记忆整个钢琴音乐会 20 000 个不同的音符，他试图找到音乐中潜在的规律，以使他摆脱学习单纯的音符序列，正如他所说的"深刻理解内容的结构"。[9]

组织："把这一切联系在一起"

如果单词以随机顺序而不是按字母顺序排列，那么一本字典会有多少用呢？在字典中，你可以找到一个特定单词的原因之一，是单词按字母顺序排列。同样地，你可以在一个图书馆里找到一本书，或者在一个文件柜里找到一个特殊的文件，是因为这些信息是有组织的。你不必查找字典里所有的单词、图书馆里所有的书，或者文件柜里所有的文件，你只需到所需内容存放的位置。当然，如果有大量的信息，那么它们不仅需要组织，而且必须编写目录。没有编号卡或计算机的目录，你在图书馆里找不到更多的东西。如果目录中的材料交叉引用，则该目录的实用性将进一步扩大。

长期记忆的内容也需要组织，以使你不需要通过搜索你记忆中的一切来寻找特定的信息。[10] 一个简单的事实论证，是尝试回忆美国所有州的名字。在你还没往下阅读的时候，花 1 分钟尽可能多地回忆起你所能想到的州名。你可能没有随机地说出一些州名，而是按照一定的步骤从记忆中搜索。最有可能的，是你按照地理位置回忆它们的名字，从全美国的某个特定州开始，然后慢慢贯穿全国；或者你可以从你去过的地方开始。另一种可能，是你会从以字母 A 开头的州开始，按字母顺序说出它们的名字。重要的一点是，你的回忆会是有组织的，不是杂乱无章的。

同样，如果你想列出一组以字母 R 开头的男性人名列表，你不是随机地开始回忆单词（名字和非名字、男人的名字和女人的名字、R 开头的名字和 A 开头的名字，等等），而是马上去回想以字母 R 开头的名字存储的部分。即使在这部分，你的回忆也不会是随机的。你可能试着回想你所有名字以 R 开头的朋友，或者可能按字母顺序（Ra、Re 等）继续，或者你可能试着回想哪些出名的人的名字是以 R 开头的。

这些州名和人名的例子表明，信息在记忆中是有组织、有条理的。在你第一次学习的时候，你越有意识地组织内容，以后检索就越容易。如果你把内容有组织、有条理地存放在记忆中，当你想要找到这些内容时，它们会更容易地被找到。然而，注意，特定的组织内容的方式可能不是对每一个记忆工作有同样的效果。例如，一本字典的组织结构便于查找一个给定的单词，或找出多少单词是以字母 CY 开始的，但是它不便于找出一个与给定单词相同韵脚的单词，或者有多少单词是以 CY 结尾的。同样地，如果你原来记忆州名是按字母顺序排列的，相比你以前没有按字母顺序排列记忆，使用字母检索州名将是更有效的。按次序有组织地回忆内容的能力也可以用来解释尝试背诵字母表中的所有字母。这对大多数人是一件容易的事。但是现在试着用随机的顺序来背诵所有的字母（比如 W, C, A, M 等），你很快就会发现，你很难记得你说出了多少字母，分别有哪些。

除了在一个有意义的序列中排列内容的顺序，另一种组织内容的方法是把它按照相似的类别分组。研究表明，将信息组织分类有助于学习。即使在项目没有按类别分类时，人们仅仅被告知它们的类别可以有组织的分类，或被告知要注意类别，这都有助于学习和记忆。[11]

人们可能会强加有组织的特性，来帮助学习一组没有类别的项目。他们仍然倾向于用类别来回忆内容，即使他们学习这些内容的时候没有按类别。例如，如果你给出下列单词让人们学习：男人、玫瑰、紫罗兰、女人、狗、马、孩子、猫、康乃馨。他们可能按相似的类别分组来回忆：男人、女人、孩子、狗、猫、马、玫瑰、紫罗兰、康乃馨。年龄在6岁的儿童被教导使用这种组织策略，能显著提高他们记忆18项内容的记忆力。如果需要记忆的项目不能按类别分组，他们很可能被其他标准分组，例如相同的首字母。[12]

人们已经发现，那些被教导组织内容的人可以和那些被教导学习内容的人记得一样好。组织的价值不局限于单词列表。有组织的段落比无组织的段落更容易回忆。有组织逻辑的故事（用一个事件引导另一个故事）比无序的、跳来跳去（从一点到另一点）并且没有意义的故事更好记忆。在记忆中组织的意义不局限于语言内容。物体在有组织的连贯的画面中比在乱七八糟的画面中要好记。[13]

组织的价值之一是它可以使内容有意义。考虑本章前面讨论的数字5812151922262933364043 47。如果数字进行再分组如下：5 8 12 15 19 22 26 29 33 36 40 43 47，那么你会更容易看到数字的规律，从而学得更快一些。同样地，下面的一组字母可能不太容易记住：BUS HAW OR THIS T WOBIR DH AND INT HE INT HE。但是，如果我们重新整理这些字母（不是整理顺序，只是分组），我们得到了一组更有意义的字母：BUSH A WORTH IS TWO BIRD HAND IN THE IN THE。对单词的顺序做一下调整：A BIRD IN THE HAND IS WORTH TWO IN THE BUSH（一鸟在手胜过二鸟在林）。是什么使这最后一组字母这么容易记住？它们由相同的元素组成，但它们被重组，赋予它们更多的意义。

组织的另一个价值是它可以包含分块。前面的例子中这12位数被划分为三位数一组（376-315-374-264），涉及通过分组来归类组织。学习用打字机或在计算机键盘上打字的人，开始时可能会将每一个字母作为单独的一部分来对待。很快他们就能够将这些字母分类成单词，甚至短语可能被视为是分块，因此，更高效的组织可以减少所学习内容的数量，这增加了可被记忆信息的长度。有点类似的情况出现在：对于一个知道字母表的孩子来说，他并不知道汽车（automobile）的英文字母。那么记住这个单词，他必须记住10个部分，但成年人只需记1个。成年人可以进一步分块记住短语"I beg your pardon"（对不起）和更长的句子"A bird in the hand is worth two in the bush"（一鸟在手胜过二鸟在林）。

作为一个组织的实际应用的例子，假设购物清单中你有以下项目要记住：饼干、葡萄、奶酪、罐头起子、鸡肉、馅饼、黄油、香蕉、面包、猪肉、口香糖。组织可以帮助你重新分类整理项目：乳制品——奶酪、黄油；烘烤食品——饼干、馅饼、面包；肉类——鸡肉、猪肉；水果——葡萄、香蕉；以及其他——罐头起子、口香糖等。你现在有5组，每组2个或3个项目，而不是11个单独的项目来记忆。另一种可能是由同一个首字母来分类：C——cheese（奶酪）、cookies（饼干）、chicken（鸡肉）、can opener（罐头起子）；B——butter（黄油）、bread（面包）、bananas（香蕉）；G——grapes（葡萄）；以及P——pie（馅饼）、pork（猪肉），然后你可以提示自己记住"4个C、3个B、1个G和2个P"。

◉ 序列位置效应

在一个连续的学习任务中，项目的顺序可以影响学习和记忆的难易程度,这一发现被称为"序列位置效应"。比起开头和结尾的那些项目,中间部分的项目更难记忆,它们将需要更长的时间来学习。例如,大多数人试图记住美国总统的名字,他们可能可以回忆前6个和最后6个总统的名字,但是可能记不住大部分中间的那些名字。[14]

序列位置效应受学习记忆时间的影响。当回忆发生在学习后,列表中的最后几项往往会比开始的那些容易记忆;但是,当学习和回忆之间存在一些延迟时,头几项往往比最后几项记忆的效果要好得多。如果不论学习和回忆之间的时间,最初和最后的几个项目比中间的更容易被记住。

序列位置效应是有研究证据支持的。它发生在各种各样的学习任务、各种发言和所有类型的内容中(包括单词拼写和讲座记忆)。最近的研究针对这一效应的理论解释比证明它存在的更多。[15]

至少有两种方法可以使用序列位置效应来帮助你记忆得更好。首先,如果你学习的东西不需要按照特定的顺序,重新排列它们时,将更复杂、不太有意义的项目排列在列表的结尾,同时将更简单、意义丰富的项目放在中间。其次,当你有一个不能改变项目顺序的学习任务时,相比开头和结尾的部分,花更多的时间和精力学习列表的中间部分。

联想:"这提醒了我"

你能画一个粗略的意大利轮廓吗?丹麦呢?有非常大的可能意大利的轮廓会画得更好。为什么?原因之一,是在一段时间里,你可能会被指出意大利的轮廓看起来像一个靴子。这说明了联想的用处。联想是指将你想学习的东西和你已经知道东西联系起来。这可以通过类比（这就是为什么一些类比的运用贯穿全书）、隐喻和例子来实现，也可以通过比较、对比或重组实现。[16]

记住在学校学过的"principle"（原则）与在学校的"principal"（校长）之间拼写不同的一个方法，是原则（principle）是一个规则（rule）；校长（principal）是一个人（pal：朋友、老兄）（不管最后的描述是不是真实的，至少它是有意义的）；为了记住如何拼写"believe"（相信），联想到"never believe a lie"（永远不要相信一个谎言），暗指"believe"中间有一个"lie"）；为了记住 port（左舷）和 starboard（右舷）的区别，只需要记住"port"（港口）和"left"（左）都有四个字母；为了记住 stalactites（钟乳石）和 stalagmites（石笋）之间的差异，联想到 stalagmites 从 ground（地面）生长（"g"字母开头），而 stalactites 生长在 ceiling（天花板）上（"c"字母开头）。所有这些简单的例子都说明了联想的原则，把你想记住的东西和你已经知道的联系在一起。现在你已经知道如何拼写"pal"（朋友）和"believe"（谎言），"left"（左）由多少个字母组成，"ceiling"（天花板）和"ground"（地面）分别以什么字母开头。

一个简单的联想帮助我 3 岁的儿子记住 hotel（旅馆）和 motel（汽车旅馆）的区别。我们在某个我们只待了两三天的城市的一个巡回讲座中，他了解到，有时我们待在旅馆，有时待在汽车旅馆里，但这对于他来说很难确定旅馆和汽车旅馆谁是谁。我是这样为他定义这些术语的：汽车旅馆是你可以直接从外部进入你的房间的，但在旅馆你进入你的房间得通过 hallway（走廊）。他能够记得那句 hotel have hall（酒店有走廊）的说法和使用两个"h"开头的单词之间的联想记住单词。他很高兴他能正确识别我们剩下的旅行中所住的地方了。

记住一个数字，你可以尝试把它与熟悉的数字、日期或事件联系起来。例如，电话号码375-2553可作如下联想：3是前缀，75是20世纪70年代的中期，25是我的年龄，53是我父母的周年纪念日（5月3日）。仅仅表达一个数字，可以根据一个熟悉的单位给它一些意义。例如，数字1206可以被认为一个价格（12.06美元）、时间（12:06），或距离（1206米）。

联想甚至有可能发生在潜意识层面。你有没有曾看到或听到某些东西时突然说，"哦，这提醒了我…"？有这样经历的原因，是在过去的那些事中，这两者以某种方式相互关联。因此，引出其中一段记忆时也会带出另外一段记忆。我在大学里有一个说明无意识联想的有趣经验。期中的时候，一个我教的班级里的学生来找我说："我总算想明白为什么我不喜欢你了。"很自然地，这引起了我的注意，所以我问他为什么。他说，每次我看着你，我觉得我不喜欢你，但我从来没有真正弄清楚为什么。今天我才恍然大悟。几年前，我在一个健康教育课上看到了一部关于性病的电影，你让我想起了电影里的坏家伙。这个例子说明我们可以形成联想并影响到我们，甚至在我们没有意识到的情况下（顺便说一句，我不在电影里）。

将信息与自己和生活中的事件相关联可以帮助你记住它。例如，你可以记住某些事件发生在何时，通过将它们与其他你知道你将永远不会忘记的更重大的事件联系在一起。例如某个狂热的高尔夫球手从不会有忘记结婚纪念日的烦恼：他记得他们是在他一杆进洞之后的刚好一周结婚的。虽然这个例子是虚构的，但是研究证据表明，当人们试图将信息与自己或亲身经历的事件联系在一起的时候，确实能更好地记得一些信息（包括个人和公共事件）。[17]

联想帮助记忆的方式之一就是使内容有意义。事实上，在关于学习的研究上，一个单词的意义，经常是由它关联的所有单词定义的。[18] 在讨论熟悉对记忆的作用时，我们指出学习是基于已有知识的学习。联想在这个过程中起着重要的作用。你对一个主题知道得越多，你就越要把新知识和它联系在一起。事实上，一件事你联想的知识点越多，越是容易记住它。这是我们接下来将要讨论的点。

除了赋予意义，联想可以通过交叉引用记忆中的内容帮助我们记忆。相比只在一个单独的类别下存放一份信件，如果你把信件的多个抄本分别归档在"信函""书本""收费账户"等类别，你有更大的可能性找到这封信。同样，你可以把一个特定的事实与你记忆中更多的信息相联系，这样你就有更多的途径找到它。事实上，有证据表明，即使我们没有故意做出这样的多重联想，信息也会通过印象中的网状联想再次出现在记忆中。[19]

本节的"联想"主要是面向使用联想学习的人。联想也可以由一个老师用来帮助其他人学习。研究发现，当老师帮助学生将知识与他们已经知道的信息联系起来时，他们对新知识的记忆和理解都得到了改善。[20] 所以，你可以用联想（以及其他原则）来改善你的记忆，这也能提高你教别人记忆的能力。

● 发散思维

通过一种可能被称为"发散思维"的技巧，联想可以帮助你检索你知道存储在你记忆中但不能准确说出的信息。这个技巧包括了你可以想到的任何一个与你试图回忆的特定项目相关的东西，包括你学到的上下文（见第 5 章）。发散思维是一种非常少的可以应用在检索阶段而不是读取阶段记忆技巧。

举例来说，假设你在试图回想许多年前学校里你最喜欢的老师的名字。你可能会尝试回想教室的样子、你坐的地方、这个老师的样貌、课堂上其他学生的名字，或其他老师的名字。这些其他项目中的一个，可能与你最喜欢老师的名字关联足够多到你回想起老师的名字。对于试图记住高中同学的名字来说，这是一种有效的技巧。他们会想到各种各样的场景（例如，是谁在足球队或谁与谁约会）来帮助他们回想起名字。通常，一个人的形象，或关于此人的一些事情会在名字之前先被想起来。[21]

发散思维已经被用来帮助犯罪和事故目击者回忆细节，如车牌号码。目击者被要求幻想自己重新置身现场，并报告他们所能想到的一切，甚至是一些看似不怎么相关的信息或事物。有时看似不相干或不完整的信息会帮助他们记起更多相关的或完整的信息。通过观看模拟犯罪画面这种方法的人，相比接受普通的警察问讯，能够多记住35%以上的内容。[22]

这种在你的记忆中搜索信息的技巧类似于你在家里寻找一些丢失的物件。你不知道寻找的确切地点（否则那样东西也不会找不到），所以你在它可能出现的地方寻找，比如在上次你看到它的那个房间里。和许多记忆技巧一样，发散思维并不是一个新的理念。150多年前英国哲学家詹姆斯·米尔曾有过关于这种方法的描述。在引用米尔的描述后，威廉·詹姆斯解释了该技巧的基本理念：

> 简而言之，我们在记忆中搜索一个被遗忘的想法，就像我们搜查家中丢失的物件。在这两种情况下，我们会回顾可能错过的临近的信息。我们把所有我们寻找的信息可能在的地方过一遍：某个东西底下、某个东西里面或某个东西旁边，如果它位于附近，它很快就会被看到。[23]

意象:"所有东西历历在目"

你家里有多少个窗户?在回答这样一个问题时,你的记忆搜索更可能是视觉化,而不是语言化的。你脑海中真切地浮现每个房间的画面和窗户的数量,然后继续想象下一个房间。这项对大多数人并不太难的任务,说明了意象在记忆中的作用。

早在19世纪就有研究证据表明,意象可以提升对文字内容的记忆。然而,从20世纪早期到60年代,大多数心理学家认为意象不是一个合适的研究领域;它被看作人内在的不能被客观研究的东西。事实上,在1952年发表的一个关于人类学习的广泛调查中,根本没有提及心理意象和意象。但在过去的20年里,对意识过程的研究,包括意象的研究,变得越来越被认同了。[24]

自20世纪60年代,标题中引用"意象"的心理文摘(一本出版所有发表在心理学版块的研究文章摘要的期刊)的论文数量有所增加,这反映了研究兴趣的增加:1960~1964年,平均每年有5篇论文发表;1965~1969年,平均每年有22篇论文发表;1970~1974年,平均每年有99篇左右;1975~1979年,平均每年有165篇左右;1980~1984年,平均每年约有145篇。(从1960年起,参考文献的数量也增加了,但没有"意象"引用增加得快)。在20世纪70年代末对意象的兴趣增加,也反映在一个关于"意象"的国际研究协会[国际意象协会(International Imagery Association)]的成立和意象研究杂志[《心理意象期刊》(*Journal of Mental Imagery*)]的出版上。在20世纪80年代,许多60年代中期关于意象和记忆关系的研究被集结成书出版。[25]

在第2章中,我们看到,图像的记忆是非常强大的,而且语言内容图像化之后的记忆效果也很好。有两个可能的原因:第一,图像本身就比文字更令人难忘；第二，产生图像的文字是双重编码（语言和视觉记忆），所以有两倍回想起的可能性。关于为什么图像能带来如此强大的记忆帮助还有很多其他的理论支持，但不管是什么原因，我们的要点是图像化帮助记忆。我们可以利用这一事实，通过将内容图像化来帮助我们记忆。

语言内容的图像化并不是意味着在脑海中想象文字的书写样子，而是想象文字所代表的物品、事件或观点。有几条证据表明，这样的图像有助于学习语言内容。[26]

1. 具象的（易形成图像的）文字和句子相比抽象的文字，学习和记忆的效果总是更好。

2. 有人声称在学习特定的成对关联词对时，会无意识地运用想象的图片，并且往往以最快的速度学习这些词对。

3. 教导人们用想象的图片将一对的两个词联系在一起，这非常有助于名词的成对联想学习。

4. 图像想象生动的人比图像想象枯燥的人在记忆力的测试中表现得更好。

大量数不清的研究显示，在记忆中图像化的有效性被运用到成对联想的学习任务中（见第 2 章）。成对联想学习的一般方法是教导人们使用语言技巧把这些文字联系起来，并教导他人用图像来表达文字，然后将每一对词的图像联结起来。例如，"狗—扫把"，你可能想象狗用扫把打扫房子的画面，又例如"门—婴儿"，你可能想象婴儿挂在门把手上的情景。这些研究总的结论，使图像视觉化比语言描述性的学习和记忆更有效。事实上，在这些研究中，使用图像的效果可能被低估了，因为一些被指用语言描述的人有时会不由自主地运用图像。

许多现实生活中的学习情况涉及配对联想学习，如国家的首都、人名和头像、名字和姓氏、外语、词汇表以及字母名称和读音。在后面章节中的一些记忆系统也涉及配对联想学习，所以配对联想研究与后面章节介绍的记忆系统的使用也是相关的。图像化在这些领域的重要性将在后面的章节中讨论。

本节大部分都是在讨论使用图像来学习单词，因为大多数的研究已经完成了名词配对。然而，研究表明，图像化的作用不仅限于名词，图像化也被证明可以帮助记忆动词和副词。图像的价值也不局限于记忆单词列表或单词对。视觉化的图像被证明有助于学习句子、故事和其他散文内容，甚至概念。[27] 有效地使用图像化的方法，以及它的一些优点和局限性将会在第 7 章和第 8 章中讨论。

当然，图像的主要优点是它可以使学习更有效，另一个优点是它可以使学习更有趣。大多数人觉得图片和联想比一遍接一遍地重复单词的死记硬背方法更有意思。一个我教授记忆的学生评价提到基于视觉化图像的记忆系统，被收录在这本书的引言部分，评价是这么说的："这种（记忆）系统使学习更像一个游戏而不是工作。我几乎觉得（曾经不爱学习）惭愧，这真的很有趣。"

专注："我没有注意到它"

奥利弗·温德尔·福尔摩斯通过声明提出了一个重要的记忆原则：人必须在忘记一件事之前先关注它。[28] 当我们经常说我们忘了什么的时候，我们实际上应该说的是，我们从一开始就没有关注它：我们从来没有有意识地注意它。以下的小测验可以帮助你认识到忘记和未曾注意的区别。

1. 交通信号灯最上面是什么颜色？
2. 便士上的头像是谁？他戴着领带吗？
3. 在大多数美国硬币上，除了"我们信仰上帝"外另外四个单词是什么？
4. 当水流进下水道的时候，它是顺时针还是逆时针旋转？
5. 如果有的话，电话的拨号区域缺少了什么字母？

你能回答所有的这些问题吗？如果不能，不要觉得太糟糕。一项针对 20 名成年美国市民的研究发现：只有 1 个人能准确地凭记忆画出硬币有头像的那面（而他是一个活跃的便士收藏家），36 个人中只有 15 个人能从一套硬币图画中识别出正确的硬币图画。[29] 如果你不能够回答出测验的某些问题，原因很可能不是你忘了。虽然你看过很多次硬币，使用过很多次手机，你可能从来没有有意识地去关注这些东西。因此，你说你不记得电话拨号盘上缺少了什么字母是不准确的说法。更准确的答案，是你从一开始就不知道。而这些问题的正确答案是：（1）红色；（2）林肯，是的（系领带）；（3）美国（United States of America）；（4）逆时针旋转（在北半球）；（5）Q，Z。

一些有（记忆）困难的人抱怨"记忆力不好"，并不是遗忘的问题，而是从一开始根本就没有用心去学习。人们因为某事归咎于记忆其实并不是记忆的过错。如果你想记住某件事，你必须将注意力放在它上面，专注于它，并确保从一开始你就把注意力放在它上面。只有在有过专注地学习后，我们才能谈论遗忘。

人同一时间只能关注一件事。你也许可以一边读报纸，一边看电视；或同时听两个不同的对话（一个和你同桌以及偷听更有趣的邻桌），但是，通过切换你的注意力，一会儿听这个，一会儿听那个，而不是同时参加这两件事。一位心理学家将注意力的特征和电视遥控器进行了对比。[30] 你一次只能看一个频道，所以与此同时你将错过另一个频道的内容。但你可以坐下来，通过来回切换频道，同时"看"两个频道的内容。这种观看方式对简单的节目没有问题，但如果我们试着去看复杂的节目，我们就迷失了。同样地，我们试着去学习复杂或困难的内容，如果我们的注意力被分散或者不集中，我们就不能学得很好。

有时候，当学生抱怨忘记了他们学过什么，也许是真的不知道他们学了什么。但是，也有可能是另一个原因，他们并没有真正地学习，最初学习时没有把所学的东西放在心上。相比学习过后一段时间，刚学好的他们可能也不会记得更多的内容。只是因为人坐在讲座现场或他们的眼睛扫过教科书，并不一定意味着他们学会且学到心里了。如果他们学得不专注，那么以后回忆的失败（如考试不及格）也是因为他们压根儿就没有学好。这是填鸭式学习方法的问题（见第6章），也是学生无法记住他们学过什么的原因之一，学习的同时他们的注意力可能在看电视、听音乐或分心在其他的事物上。研究发现，相比花费大量的时间，学习时的注意力才是更影响学业成绩的。[31]

可能忘记曾经见过的人的名字，最常见的原因是注意力的丢失。当他人像我们介绍自己时，我们的注意力并不在此，我们从一开始就没有真正记住对方的名字。我们正在准备说出自己的名字，或者在想我们想要对别人说些什么。因此，减少忘记名字的方法之一是专注于别人的名字，集中注意力。

　　注意力的丢失也是走神的常见原因。通常你忘记车停的位置或将伞放在哪里的原因是你在放伞或停车时并没有投入注意力。你的注意力可能在别的事情上。因此，解决注意力不集中的一个方法是将注意力放在你正在做的事情上。当你把雨伞放在柜台上时你甚至可以告诉自己：“我正在把雨伞放在柜台上。”这将把你的注意力集中在你正在做的事情上，并减少你走后忘记的可能性。关于人名和走神将在第 13 章和第 14 章进一步讨论。

　　注意力是本章讨论的基本原则中的最后一个，但这不代表注意力不重要。事实上，如果少了注意力，其他基本原则都无法运用。如果开始时你的注意力不在，你就无法使内容有意义，无法组织、无法联想，也无法将内容想象成图像。

第 5 章
chapter5

如何记住几乎所有的东西：更多基本原则

第4章讨论了一些学习和记忆的原则，这些被视作学习几乎任何内容的基础。本章将继续介绍更多的基本原则：重复、放松、环境、兴趣和反馈，这些原则同样能在几乎所有内容的记忆方面给我们带来帮助。

重复："那又是什么？"

几乎每个人都知道重复的重要性。我们也许可以一次就学会（如果内容简短而又简单的话），但大多数的学习需要一遍又一遍地重复内容。当然，重复确实有助于学习，但有些人没有意识到，虽然重复对学习是必要的，但是对于大部分学习而言，仅仅重复是不够的。也就是说，大部分内容的学习离不开重复，但如果只是重复，并不能保证你学会，重复与其他学习的原则结合才是有效的。[1]

第4章说明专注重要性的案例表明了仅重复接触到的东西对学习是不够的。有一个故事阐述了如果只是重复地学习的不充分性，故事中的小男孩在他学校作业写的一篇文章中，错误地使用了"I have went"（我去了）这句短语。老师让他放学后在白板上写100遍"I have gone."（我走了）并告诉他，只有写完才能回家，然后老师去参加教师会议了。当她回到教室后，她发现白板上写着100遍"I have gone."，最后潦草地写着"I have finished, so I have went."（我写完了，所以我去了。）另一个说明重复的不充分性的例子来自埃德蒙·桑福德教授的经历，他25年来一直读一篇清晨祈祷文，至少读了有5000遍，所以他可以不需要太多的注意力就能脱口而出，但是依旧不能背诵。[2]

在你学会了一些东西后，持续地重复又会有怎样的结果呢？假设你读诗或演讲可以做到一字不漏的程度，你可能会认为你现在已经学会了，还不如停止再学，进一步重复学习可能是无效的，但这是错误的观念。"过度学习"是指继续重复学习，从而超出刚好掌握或单纯记忆的程度，它已被证明对强化学习和提高知识的检索速度是有效的。[3]

有三组人记住了一个名词列表。有一个组一旦他们刚好能够回忆起所有的名词，他们就放弃学习（0%的过度学习）。第二组相比刚好能够回忆起这个列表多花了一半时间继续学习这个名词列表（50%的过度学习）。第三组相比刚好能够回忆起这个列表多花了一倍时间继续学习这个名词列表（100%过度学习）。例如，如果需要用10次重复才能达到标准，第二组通过增加5次重复学习了这个列表，第三组增加了 10 次重复。之后从第 1 天到第 28 天，期间在不同的时间间隔中通过回忆和再学习测试列表记忆。虽然从 0%～50% 的过度学习的提高效果要比从 50%～100% 的提高效果要好，但是过度学习的程度越大，在任意时间记忆的效果也就越好。[4]

过度学习说明了一个问题，那就是为什么考试临时抱佛脚并不能在考试结束后长久地保留知识：因为你勉强学到的内容，被遗忘的速度也会很快。你可能有过这样的经历，在考试前你会感觉到很多死记硬背的东西都在你的脑子里飘着，但没有一个是真正学好或融会贯通的，你只能寄希望于老师的出题方式刚好适合你的记忆方式。然后老师进来了，在分发考卷前老师需要做一些准备工作，你只能祈祷他能尽快让你开始写下答案，以防止你忘记得太多。你几乎可以"感觉"你的知识从你的耳朵里快速流出，堆积在你周围的地板上，你却可望而不可即，这种学习不足的感觉伴随着大多数死记硬背的情况。

在一个关于人们记忆高中同事的人名头像的研究中，记忆程度相对较高的一部分原因是过度学习（即使是 48 年后仍能回忆起 40%）：参与研究的人能知道他们的大多数同事的名字。[5] 过度学习能作为你还记得一些孩童时代学习到的东西（如乘法表、字母表、如何骑自行车）的解释，即使你可能很长时间没有用过了。

过度学习不仅能够帮助你更好地记住内容，而且它可以给你更多你是真的知道这些内容的信心。人们学习了一个列表，列表上的各种项目都要求要么一次能正确回忆起，要么是两次能正确回忆起，或者四次正确回忆起的标准。四周后，他们进行了一个记忆测试，然后对他们自认为能够回忆起却实际没有回忆起的项目进行测试，之后他们就对那些没有回忆起的项目进行了一个识别测试。因此随着过度学习，他们知道能够回忆起之前不能回忆的项目的信心和记忆都增加了。[6]

重复不仅可以让你学到更多（和信心更多），而且可以在你学习技术性和不熟悉的信息时形成不同类型的知识。在一个研究中，当学习者重复不熟悉的技术性的内容时，他们注意到了主要的概念框架，以至于使重复帮助他们把内容转化成了更有意义的想法。逐字逐句地学习实际上减少了重复，而解决问题的能力和学习迁移能力在明显增强。[7]

放松："慢慢来"

你有没有参加过这样的考试？你不记得一些问题的答案，但在交卷之后，你的状态放松下来，答案都飘进了你的大脑。当你在一群人面前站起来发表演讲或报告时，你是否不记得你要说什么？（有一个演讲者曾说过："朋友，就在我站起来和你说话之前，只有上帝和我知道我要说什么，而现在，只有上帝知道。"）你有没有经历过或目睹过一场灾难，如火灾或车祸，后来发现你对此能够记起的东西很少，或者记得的也不是很清晰？

以上的这些范例是各种能够导致压力的情境——时间的压力或者想要表现出色的压力，这些情境下有很多人都在看着你，或是有生理上的危机感或不适应。任何能够引起强烈情绪的情况（尤其是消极的情绪，如焦虑、恐惧、尴尬、紧张、担心）都能干扰你的学习和记忆能力，学习记忆中最常被研究的消极情绪是焦虑。[8]

即使是不直接关系到记忆工作本身的压力情境（例如，离婚、密友的死亡、失业）也会妨碍学习和记忆。年轻的成年人（在他们20岁时）记录了大部分记忆困扰都发生在他们充满压力的情况下。[9]

事实上，焦虑会干扰记忆，甚至是在没有特定产生焦虑的压力的情况下。记忆测试中，人在高出一般焦虑水平的情况下（通常是对生活感到焦虑），往往比焦虑水平低的人做得更差。有一种普遍的焦虑会出现在涉及一些被考核的场合，如在学校参加考试，这就是所谓的"考试焦虑症"，许多这方面的研究已经完成了一些标准，可以用来衡量考试焦虑症。

无论是特殊情境的焦虑，还是更普遍的焦虑，记忆和焦虑之间都不是一个简单的关系。稍许适当的焦虑可以帮助记忆，但如果超过一定程度，焦虑地持续增加会妨碍记忆。例如，不关心自己的下一次考试或即将到来的演讲的人不太可能做得很好，对自己的表现感到担忧的人反而可能会做得更好，但过度焦虑的人可能无法在考试或演讲中有效地准备或正常发挥。

虽然已经有详细的记录表明高度焦虑往往会干扰表现，但是个中缘由及干扰是如何产生的尚不明确。有些问题可能是由注意力不集中而引起的，而高压力和焦虑会使人对外界的事物不能给予足够的注意力，从而错过准确记忆所需的信息。也有一些证据表明，焦虑可能会导致读取（阅读）内容的问题、组织内容（在研究或审查时）的问题以及考试中检索的问题。关于考试焦虑的一些研究已经表明，它在回忆中导致了三种干扰源：①担心——关于一个人表现的认知（如表现结果和与他人的比较）；②情绪——消极感引起的自我否定（生理反应）；③工作干扰——倾向于被与工作无关的事物分心（例如，不能丢下未解决的问题和有时间限制的当务之急）。影响记忆的最重要干扰源似乎是担心。[10]

无论是什么原因导致了焦虑对记忆的影响，有一个重要的现实问题是我们可以做些什么？这有两种方法可以帮助你处理焦虑症——治愈或者预防。治疗焦虑的方法是学习和使用放松技巧，比如通过冥想放松头脑、放松肌肉，让你的身体平静下来。老年人学习了使用记忆技巧记忆人名和头像，他们能够在放松训练之后更加有效地使用记忆技巧。在运动比赛中，放松能使我们把注意力集中在复杂情境中关键的方面，能够辨别出重要的特征记忆，并且生成有用的图像，便于在脑中练习。[11]

除了使用放松策略直接对付焦虑，你也可以采取措施以防止焦虑的产生。一般来说，你为考试或者表演准备得越好，你的不安就会越少。这意味着对有技巧的表演需要广泛的实践，对一个回忆的执行需要过度学习。我们已经看到，过度学习能够提高你记忆能力的信心，增加的信心有助于减少焦虑。[12] 相比你学习得非常深刻的知识，焦虑更可能会干扰你学得一般的知识的记忆。

除了过度学习，你的学习和记忆能力的提高也可以增加你的信心，同时减少焦虑。当然，学习和记忆能力的提高并不只是在学校正式设置的目标，而大多数研究已经完成与学习技能和测试技能的形式相关方面的研究。例如，研究发现，有效学习的学习技能可以减少考试焦虑，而且经历过考试焦虑的学生能够从学习策略的课程中受益。[13] 在另一项研究中，学生被教授考试策略，例如在同一时间只集中注意在一个测试项目上，之后做一些更难的项目，给自己一些其他考试人采取过的有效指示（例如，"我有足够的时间认真读题"）。这些学生在下一场考试中表现得更好，相比其他也做过类似的考试或被教授过放松技巧的学生。学习测试技能的学生也报告说，他们认为在测试过程中，他们很少会去想自己的能力水平大约有多少、每一个项目有多难，以及他们做得怎样不好，他们下学期经过不断累积，也会有更好的成绩。研究人员认为，所谓的考试焦虑症，甚至可能不是一个基于焦虑的问题，因为在测试过程中由于缺乏应试技巧而导致考试不理想。[14]

有时当你需要某些东西的时候，你却不记得了，即使你知道其他的东西在不断侵入。这是一个"精神障碍"，当你开始介绍一个好朋友的时候，你可能会暂时叫不出她的名字，或者是在你学习的一个问题的答案。压力是精神障碍的常见原因，当你处于压力之下时，你更容易受到阻碍。除了克服焦虑的上述策略，研究已经发现放弃可以帮助克服精神障碍；退出后再试图去回忆该项目。下述的两件事经常会发生：第一，当你再回想这个项目时，它可能会立刻出现在你的记忆中，因为你更放松，而不是很努力去回忆；第二，当你在思考其他的事情时，这个项目可能会突然出现在你的脑海中。[15]

环境："我在哪里？"

虽然大部分基本原则是解决你学习什么或者你怎样学习的问题，但环境能够解决你在哪里学。环境是指学习和回忆发生的场合、周边情况、环境或背景。环境效果的本质是，如果你在特定的语境中学习某个东西，你可以在同一个上下文中回忆它，而不是在不同的语境中学习它。据推测，上下文相关的功能与所学的材料紧密相关，也能作为以后回忆的线索。研究发现，环境在不同的例子中有影响，包括对穿着潜水服在水下学习内容，之后在水下穿潜水服回忆会比在沙滩上效果更好；对站着或者躺着学习的内容，用同一个姿势回忆比用其他姿势回忆的效果更好。[16]

大多数人对在上下文环境中的影响并不陌生，比在水下穿潜水服的例子也有更多日常的例子。对于学生来说，与不同的房间测试相比，在作为研究室的同一个房间里被测试可以帮助回忆。甚至可以想象下，当学生在不同的房间里被测试，研究室留了一些环境线索帮助回忆。环境的影响会被通过有目的地将所学的内容与房间的功能相联系来提高。事实上，一项研究发现，只有建立起这样的关联，同一环境才能够帮助更好地回忆。我们假设环境是一个记忆的地标，当环境与所学的内容相关联时，这样的地标可以从记忆中产生，并用于指导检索内容。[17]

研究还发现，让学生在不同的房间里学习不同的单词列表，在做关于这些单词列表的全部测试时，比在同一房间回忆的效果更好。我们假设，在不同的房间里的研究，在环境上产生了变异的线索，并允许更灵活的检索。所以，学习者不那么受环境约束。[18]

如何使用环境效应的研究？至少有四种可能性。

1. 在你要表演的同一个地方练习，因此在练习时呈现的环境线索在你表演的时候也会出现。对于学生来说，这意味着学习每一个科目的教室也就是考试的地方。对于其他的学习任务，如演讲、提供一个话剧的路线或一个音乐表演，这意味着你要在表演的大厅里或在舞台上练习。

2. 当第一个策略是不行的时候，在练习的设置中要尽可能地跟你要表演的设置相似。例如，在一个相似的课堂学习，甚至在图书馆里都会比在草坪上学习好。同样地，在厨房的桌子后面练习你的演讲，很有可能比躺在床上更能模拟出最后的情境。

3. 当你参加考试的时候可以使用环境影响。当你记不起一个答案时，试着回忆一下你学习时的情况。例如，当你在读一个章节的时候，如果你是在图书馆自习室的时候，想象自己在那儿，此时会有心理环境线索，这可能能够帮助到你。我们在第 4 章中看到，在许多年后，人们试图记住学校同学的名字，他们经常会发现这种想象方式有助于他们在心理上重建当时学校的场景,然后叫出在场人的名字。除了在回忆中想象学习环境,你也可以受益于在学习中回忆环境。在演讲、讲座或音乐表演的心理排练可以涉及当你在练习的时候想象你即将表演的环境,许多对体育运动成绩的研究发现,这种心理训练有助于记忆。[19]

4. 提前对环境的变化"免疫"。这种方法适用于当你知道你将在不同的环境中,或当你不知道要测试环境的情况,研究不同环境的内容或者练习,可以避免你对一种环境回忆的依赖。这应该可以给你在受环境影响下的任意检索时更多的灵活性。一项研究发现,不同的学习情境的变化能够帮助学生学习统计简易教程记忆信息。这种策略也有助于大脑受损的患者重新学习,使他们的学习活动可以从医院转移到家里或者日常生活中。患者在尽可能多的不同环境中练习新的技能,在理想的情况下,练习环境应该与他们将要生活的最终的环境相似,但如果做不到这样,在医院环境的大范围内练习要优于单一环境。[20]

这四种使用环境效应的方法都可以改善你对所学内容的记忆。如果你的问题更多地在于让你自己研究而不是记住所学的内容,你可以用另一种方法运用环境。至少有一个地方,你不做任何事,只是学习(没有食物、收音机、游戏、电视、朋友等)。学习将与那个地方相关联,当你去那个学习区域时,你会更容易学习。

在环境这一部分,目前主要集中于物理环境的影响。除了物理环境,学习和记忆也会受到"心理"环境和"内容"环境的影响。心理环境是内部环境,而非外部环境。重新搜索发现,当人们在相同的药物状态或相同的心情学习时,人们可以更好地记住信息(这同样适用于酒精、咖啡因、尼古丁的作用)。内容环境指的是围绕要学习内容的这种内容。如果回忆时其他上下文的单词或图片是现有的，在其他单词或者图片（如在一个句子或列表）的上下文中要学习的单词或其他图片能够被回忆得更好。[21]

就内容环境而言，学习者可以让环境变得非常丰富，就像他们在物理环境中做的一样。学生经常抱怨他们已经用心了解他们的笔记和书，但在考试时却没有做得很好，这是因为他们无法将问题与他们的笔记相互联系起来。反之，如果他们被允许复制他们的笔记，他们甚至可以做到知道答案在哪个页面上。也许他们非常好地知道内容：它过分绑在一个特定的背景下。这可能是数学对许多人都非常难的一个原因。[22] 例如，许多孩子可以轻松地处理这样一个问题"9–3=6"，但是这个问题被嵌入在一个背景，像"约翰有9颗弹珠，给了他的朋友乔3颗，他留下了多少颗弹珠"时，答案就出来了。

值得注意的是，环境效应与记忆测量方式不尽相同，没有任何环境影响（物理环境、心理环境或内容环境）是和使用好的学习技巧或者记忆技巧的效果一样好的。[23] 因此，任何试图使用环境影响而不是使用这样的技能和技巧的尝试去帮助回忆都是不应该的，但除了这些是可以使用的。

兴趣："你是什么？"

我们在第4章中看到了注意力的重要性，注意力受兴趣的影响。你会关注你最感兴趣的事情，因此，你最有可能记住这些事情。如果有什么对你不重要，你很有可能会不记得。随便两个人走进百货公司，阅读餐馆菜单，或者读一本书的人都可能会记住不同的事情，因为他们的兴趣点不同。有一个故事可以解释兴趣对注意力和记忆的影响，归来的军人在机场受到他女友的迎接。他漫不经心地提到有漂亮的空姐走过来，"那是劳拉。"他的女朋友问他是怎么知道她的名字的。"哦，"他说，"所有人员的名字被张贴在飞机的前面。"她问了他下一个问题，难住了他：" 那飞行员的名字叫什么？"[24]

兴趣对记忆的作用可以通过比较两个正在学习法语的人说明。假设他们中的一个人正在计划几个月后去法国旅行，其他事情都是一样的，哪一个人会更容易学习和记住法语呢？同样地，假设你被介绍给了两个人，其中一个向你借了5美元，你会更容易记住哪个人的名字呢？或者假设有人告诉你胆囊周炎是一种胆囊组织炎症，你可能不记得这个事情，但如果是医生告诉你有胆囊周炎，现在你不可能记不住它了吧？这些简单的例子表明，你倾向于记住那些你感兴趣的东西。

有人抱怨说，他们在数学或者力学这些学科上"不好"，这样经常抱怨的原因是他们对这些科目不感兴趣，他们在这些科目上没有看到价值，不想去做，不想努力学习。[25] 女人声称即使记忆不好也可以记住生日和周年纪念日，但是自己的丈夫却很难记住生日和周年纪念日，但是可以详细描述其他女人在晚会上的穿着。不能在学校学习的男孩可以告诉你关于运动或汽车你想知道的一切（或者更多）。原因很简单，那就是兴趣。

为什么有些成年人，特别是老年人可能会觉得很难学习和记住新的信息，兴趣是一个可能的原因。许多老年人对过去比他们现在或将来更感兴趣，并且花更多的时间思考过去。当你去看望你的父母或祖父母，或者70岁及以上的老人，他们谈论什么呢？他们会谈论当前的事件或未来的计划吗？通常不。他们大部分的时间谈论的更多是关于过去的经验和家庭的历史，这是他们更感兴趣的地方，所以他们可能会很难记住他们学习到的新东西。

第 4 章表明了有些人不记得他人名字的一个原因是他们注意力不在此。我们可以进一步指出，他们很少注意他人名字的一个原因是大多数人都对其他人不感兴趣，因为他们只在意自己（当你看到一群人，包括你自己，你会先看谁？）。大多数人会对他们所要说的话或者对其他人关于他们的想法比较感兴趣，而不是别人的。

目前已经提出了用兴趣帮助记忆的两种方式。在记忆中，兴趣帮助我们关注并激励我们去记住。另一种有助于记忆的方法，是人们花更多的时间去思考那些他们感兴趣的事情，而不是考虑那些他们不感兴趣的事情，我们也看到了重复能够帮助学习。

兴趣的重要性可以通过再次提及已被用来说明的 12 位数字：376-315-374-264 来解释说明。你也许现在还没有记住这个数字，实际上记住它并不是特别容易，但更重要的是你看不到这样做的理由。因此，你没有动力去学习它。但我是出于某个目的掌握了这 12 个数字，我一直都是有目的地在使用这个特殊的号码。如果你记住了这个数字，你会记住有 1988 个日历（在其他任何一年，你都能使用这 12 个数字这样做）。你能回答问题，如"6 月 18 日是周几？""11 月有多少个周？"或"4 月的第二个周日是哪一天？"现在你有兴趣吗？你认为你可以学习这个数字吗？有学习的理由可能会增加兴趣，这会使学习变得更容易。第 7 章将会介绍如何使用数字。

兴趣的原则表明，如果你很难学习和记住它们，你应该提高你对某些事情的兴趣。一个随之而来的问题是：如何做才能提高兴趣？如果你对某些事情不感兴趣，它可能不会有效。你只要对自己说："从现在开始我会对这感兴趣。"培养兴趣的一种方法，是你需要学习的是设法找到与你目前的动机和兴趣有关的方法，试图找到内容的一些用处。在数学上有困难的家庭主妇如果她们看到可以在烹饪和缝纫时进行测量的一些方法，她们可能学得更好；很难学习数学的木匠如果能够看到数学能够帮助他们的木工工作更快更精确，他们可能也会提高自己的数学水平；很难记住顾客名字的导购如果能够意识到人们的名字对他们有多重要，知道记住顾客的名字是如何帮助销售的话，可能有助于记住顾客的脸，他们也是可能去努力记住的。

这可能有助于意识到几乎每个科目对于某些人都是有趣的。要试着弄清楚什么东西是你正在学习的并且有些人会认为有趣。不要依赖于作者、演讲者或教师让书籍、讲座或课程变得有趣。如果你积极寻求一些有兴趣的东西，并且探究性地去学习，你会发现大多数的学习都比你的兴趣更有趣，而不是被动地依赖于内容的提供者来取悦你。

除了开发内在的兴趣，你还可以刺激外部或人为的兴趣。外部动机如奖励或惩罚，可能有助于创造兴趣。例如，你可以推迟一个愉快的任务，直到达成一定的学习目标。

反馈："你怎么做？"

假设你正在用步枪射击一个目标，但是这个目标太远了，以至于你看不见你是否命中。你总共射出去 50 发子弹，但是看不到射中的目标，你就不知道你在做什么。这样的目标练习怎么会有趣呢？你认为你会提高多少呢？另一方面，每射击几次后从望远镜看过去，不仅有助于保持你对你所做的事情的兴趣，而且也会给你有关如何做这件事的信息，这样你就可以做出调整来进行改善。

学习中的反馈也有相同的两个作用。首先，知道你在学习中的进展有助于维持你在学习中的兴趣。如果你不断学习,但是不知道你是否记住其中多少内容,你很快就会变得无聊和失去兴趣。一年级的孩子被教导要排演内容来帮助他们记住它。他们中的一些人对他们的工作和其他人没有反馈意见,后来由于既定排练的选择,只有那些在其价值得到反馈的学生坚持使用了它。其次,如果你关于你能记住多少能够得到反馈,你可以做出调整去提高自己,你就可以纠正你的错误,把更多的精力放在你不记得的部分。[26]

反馈可以帮助你更好地学习和记忆内容。有些人在完成阅读后就对他们的书面内容进行了测试。一半的人收到了关于他们测试情况的反馈,另一半则没有收到任何反馈。一周后,那些收到反馈的人记忆内容的效果要比那些没有收到反馈的人好。[27]研究表明,当老师在练习期间提供正确的反馈和应用时,在校学生学习得更加有效,而且整个程序的指令已经建立在从教师到学生反馈的基础上。[28]

除了帮助你更好地学习内容,反馈可以提高评估你如何比较好地知道内容的准确度。一些人为了一些试验研究了一个配对联系的列表,研究试验与测试试验交替进行(给他们关于他们如何学习材料的反馈)。其他人只有研究试验,没有练习测试。第一组关于预测他们在期末回忆考试中表现的预测更准确。[29]

你可以通过使用任何能够提供给你如何做的信息去运用反馈原理。一种方法是和一个朋友一起学习,互相进行小测验。另一种方法是背诵(见第6章)。背诵的效果包括测试自己,如果你在记忆一首诗或练习一个演讲,然后读几遍后试着对自己说说,只有当你被卡住时再去看。如果你正在学习一个章节,然后你看了一眼标题和斜体字,试图自己解释它们的意思,你甚至可以提出用于测试的问题。这会对你的表现给予反馈,这将有助于你保持你的兴趣,并做出调整,以提高你的学习效果。

第 6 章
chapter6

有效学习策略：学习方法

一些策略可以帮助你更加有效地学习和记忆：采取措施减少干扰；把你的学习时段间隔开；在适当环境下采用整体学习法和部分学习法；背诵材料；利用学习系统。在本章中，将对每一个学习策略进行讨论。这些策略是书籍或学校学习方法课程上涵盖的典型策略。而大部分这类书籍和课程也涵盖了一些在第4章和第 5 章中提到的原则，以及在这本书中不包括的学习方法（例如，目标设置、时间管理、考试、写作论文）。[1]

本章提到的策略从学校学生的角度出发，能够帮助学生发展更好的学习方法。（一个学生学习的质量比学习的数量更加重要，好学生不一定比差学生学得更多，只是他们更加有效地利用他们的学习时间。）而差学生并不是唯一能受益于学习方法改进的人。研究发现，大多数高中和大学的学生应对各种各样的学习内容和目标时，只会采取有限的学习策略，而好学生即使比差学生运用更多的策略，他们对更好的学习和记忆的有效策略也知之甚少。[2]

尽管本章聚焦在学校的学生，但其范围比简单的学校背景更加广泛。在学习策略的研究中，"学习者"包括在正式学校、在职培训或非正式学习中获取新知识或方法的任何人。[3]学习策略将不仅有助于记忆考试内容，而且有助于许多其他的任务，如记住所遇之人的名字、学习外语、练习演讲或讲座，或记忆经文、诗词、歌曲，还有记住剧本的台词等。因此，即使你现在不在学校，你会发现你仍然可以使用这些学习策略。在本书介绍中提到的学生评语是一位参加我记忆课程的中年妇女写的："老实说，我之前并不认为这些有关记忆的东西对已经离开学校的我有任何帮助，但它确实有。"

减少干扰

在第3章中，我们已经看到来自其他学习的干扰是遗忘的主要原因之一。什么因素会影响干扰，你能做些什么？

● 内容被学习得多好

一些事物越被深入的学习，受干扰的影响就越少。[4]刚刚学习的内容比已经学习得很好的内容更易受干扰的影响。因此，如果你想记住某些东西，就过度学习它（见第5章）。

● 内容的意义

内容越有意义，就越不受干扰。这并不意味着干扰只发生于无意义的内容，如无意义的音节（已被用于许多关于干扰的研究中）。干扰也可能发生在有意义的篇章中，[5] 但干扰对于有意义内容的影响并不像对无意义内容那样大。在第 4 章中你可以利用的使内容更有意义的任何原则都有助于减少干扰。

● 干预活动量

在学习时间和回忆时间之间你做多少事，特别是在心理活动方面，会影响干扰。一般而言，你做的事越多，发生干扰的机会也就越多。假设一个学生在为一门考试学习，然后去看了电影，读了报纸，还看了杂志，在考试前又学了另外一门科目。而假设另一个学生也在为该考试学习，之后睡觉或休息，一直到考试。其他的事情都是一样的，但对于第一个学生来说，就会有比第二个学生更多的干扰。如果你在学习和测试之间睡觉，应该会产生最少的干扰（假设你学得很好，而且不睡觉的时候在学习）。正如我们在第 3 章中所看到的，有研究证据表明，一个人在学习后马上睡觉会比一个保持清醒的人记得更多。一项研究发现，即使是三个月大的婴儿也表现出他们记忆一个简单的运动任务（如通过踢移动婴儿床）和在学习后的 8 个小时内睡了多久之间存在正相关性，研究者将这种相关性归因于干预活动的量。[6]

● 干预活动的相似性

上一条提到了学习和回忆之间你做了多少。其实你做任何事情都会影响干扰。两类相似的信息会比两类不相似的信息之间对彼此产生更多的干扰。[7]因此，如果你不能在学习之后一直睡觉（以减少干预活动的数量），那么你就应该做一些与你已学习的东西所不同的事情（以减少干预活动的相似性）。在你能够选择的时候，最好不要去研究两个相似的、互相接近的项目。如果你要在接下来的几天里学习法语、西班牙语和生物学，那就最好在学习法语和西班牙语之间学习生物学。法语和西班牙语更相似，因而更容易互相干扰。（当然，如果一个学生在周五同时有法语和西班牙语考试，在周四晚上以前没有学习任何一门，恐怕就没有更多的选择。）

◉ 学习情景的相似性

你所学习事物的情景会对你记忆它的能力产生影响。例如，要是你在第一次遇见她的办公室看到她，而不是看到她走在街上，你会更容易认出那个你只见过一次面的人，并且叫出她的名字。同样地，如果发生在内容被学习的同一情景中，其他回忆也会有所帮助（见第5章）。你学习不同科目的情景也会改变它们相互之间产生的干扰量。例如，在两个不同的房间，而不是在同一个房间里学习两种不同的科目，可以减少科目之间相当于一半的干扰，甚至还可以发现，在不同的地方观察到的两个说话者，他们所说的内容会更容易分辨。[8]

情景效果的实际含义是：如果你需要研究有可能互相干扰的科目，你应该在不同的地方学习它们。例如，在一个地方学法语，而在另一个地方学习西班牙语，这样会帮助你在回忆它们时区分两者。当教师在一个学期中对相同班级讲授涵盖同一主题的两个部分时，学生的一个共同的问题，是他们不记得他们在上一部分中讲了什么，在另一部分中又讲了什么。我发现，如果我在不同的教室，而不是在同一间教室里教授这些部分会更有帮助。

除了学习地点的不同，你还可以为学习的内容创造不同的情景。例如，你可以用蓝色墨水记录你的法语笔记，然后用黑色墨水记录你的西班牙语笔记，或者在每一页上半页写上你的法语单词，而在下半页写上你的西班牙语单词。当你试着回忆它们的时候，墨水的颜色或在页面上的位置会帮助你分清楚哪种语言是哪种语言。

● 学习时段之间的时间

如果你有一个以上的学习项目，在分隔开的学习时段中学习每一个项目会比在同一个学习时段中学习所有项目受到更少的干扰。一部分人在周四学习了两份配对联想的单词表，然后在周五接受了对第二份单词表的测试。另外一部分人周一学习了第一份单词表，周四学习了第二份，同样在周五接受了对第二份单词表的测试。第一组可以回忆起38%，第二组则可以回忆起65%。在类似的研究中，人们学习了与相同的提示词配对的四组单词，之后对第四组单词进行回忆。这种情况也很容易受到干扰。有些人在一个学习时段中学习了四组单词，其他人则在3天期间内间隔开的基础上学习了这四组单词。那些在一个时段里进行所有学习的人在一天后只能回忆起第四组单词的31%，一周后仅能回忆起7%。而那些采用间隔计划分开学习四组单词的人在一天后可以回忆起89%的单词，一个月后能回忆起34%。[9]

如果你没有几天的时间怎么办？假设你明天就必须知道学习内容，那么休息一下仍有所帮助。学习时段之间的时间不需要很长。仅仅是在两个学习时段之间去喝一杯水也会减少干扰。（事实上，这样休息一下之后回到同一个房间减少的干扰与去一个不同的房间开始第二部分学习减少的干扰一样多。)[10] 假设你一晚上的两个小时内需要学习两个类似的科目，像法语和西班牙语。你可以在两个小时的时间里间断地学习法语和西班牙语 20～30 分钟；或者你可以学习一个小时法语，短暂休息一下，然后学习一个小时西班牙语。两个策略都是可取的。

留出空间

假设你已经分配了一段特定的时间去学习一些东西。你是应该在一段时间里进行所有的学习，还是应该把你的学习分配到更短的学习时段里呢？例如，如果你能分配出 3 个小时来学习这些内容，你可以在 1 个 3 小时的时段里集中学习，也可以把它间隔开，分成 3 个 1 小时的学习时段。

第一个策略在大多数做过学生的人看来很容易被定义为"临时抱佛脚"。临时抱佛脚意味着试图在相对短的时间内认真研究学习大量的内容，且通常是在考试之前。心理学家称之为"集中学习"。他们把第二个策略称作"分配式学习"。分配式学习是大多数老师告诉学生去做的，但很少有学生真正做到，大概是因为他们并没有在考试前足够长以致能够间隔开的时间里开始学习。他们采用"灌木丛火灾"学习法，哪里出现了火苗再扑灭哪里，很少有提前的规划。这也是为什么大多数研究如何在学校学习的书籍里都会涵盖一章如何规划时间的内容。

在上一部分关于学习时段之间的时间里，我们看到学习时段之间的间隔能够有助于在不同材料之间减少干扰。在学习一套材料的效率方面，间隔又有多大效率？三个来源的引文总结了相关的研究也许可以回答这个问题。第一段引述是关于记忆研究的评论:"间隔重复总是比集中重复更有助于记忆……在多种环境之下的学习试验中,越大的间隔 [存在] 越有利的影响。"第二段引述来自关于记忆的课本:"影响遗忘的重要潜在变量之一就是间隔练习。"[11]

第三段引述来自名为《什么有效:教学与学习研究》(*What Works: Research About Teaching and Learning*)的手册,是美国教育部 1986 年出版的。它总结出对家长和教师教育研究的 41 项"发现"。这 41 项发现中的每一项都是一个策略或活动,有大量的研究支持,可以由家庭或学校的教育者使用以提高学生的学习效率。这本手册受到大多数教育工作者的好评,其中几项研究成果也有在本书中提到。手册中列举的"声音研究实践实例"的其中一个就提到:"好学生随着时间将间隔开同一主题的学习时段,而不是临时抱佛脚或者连续地学习同一个主题。"[12]

正如上述引文所建议的,研究证据表明,与集中学习一系列不同类型的学习任务或者在学习和回忆之间间隔几秒或更长的时间相比,间隔学习通常都更有效。三项研究说明了这项研究的多样性。在第一项研究中,高中学生在 3 天的时间里每天学习法语词汇 10 分钟。其他学生在 1 个 30 分钟的时间内学习这些单词。在紧接学习之后的测试里他们的表现都一样,但分配学习的小组在 4 天之后表现得更好。在第二项研究中,英国邮递员被告知要在一个新的邮政编码键盘上打字。一部分人每天练习 2 个 2 小时的时段;一部分人每天练习 1 个 2 小时的时段或 2 个 1 小时的时段,而另一部分人每天练习 1 个 1 小时的时段。他们训练的时间间隔得越开,掌握键盘输入所需的练习时间就越少,后续的提高速度也越快。在第三项研究中,同样是在学校里学习西班牙语 3 年,那些既采用间隔式又采用集中式学习法的人在长达 50 年以后仍能记住 72% 的单词;

而那些只依靠死记硬背的通常能记住的则低于10%。[13]

除了有益于学习，研究证据表明间隔可能也有利于复习、提高教学，以及帮助记忆名字。当复习以前学习过的内容时，同样也发现间隔复习比连续复习更有利于保持记忆。同间隔学习一起，间隔测试以及由教师对内容的间隔演示似乎是利用课堂时间最有效的方法。我们在第5章中看到的一项人们对于以前的高中同事人名头像记忆的研究中，较高的回忆水平部分归因于过度学习的影响。研究人员建议的其他有利因素是分配式学习：我们在一个为期4年的时间里才记住其他学生的名字。你恐怕很难记住一个晚上遇到的10个人的所有名字，但如果你10天里每天遇到其中一个人，则会更好地记住他们的名字。同样地，人们更容易记住一个在几分钟到2个小时之间相隔地看了3次5秒的面孔，而不是一次性看了15秒的面孔。[14]

为什么间隔学习通常比集中学习更好，至少有三个可能的原因。[15]

1. 在你的注意力漫游之前，你只能集中这么长时间。因此，如果你想在一个时段里进行所有的学习，你可能无法一直集中注意力。

2. 有证据表明，你在学习过程中所学到的东西可能会在一次休息中在你的头脑中进行巩固。你可以在两个学习时段之间通过有意识地复习内容来加速这个进程。一个21分钟的演讲，如果演讲被3个2分钟的暂停间隔开以便回忆巩固，那么学生就能记忆得更好。

3. 你可能更倾向于在几个不同的学习时段里，在不同的环境和心情中学习内容。考试时的心情和环境与其中至少一个学习时段的心情和环境相似的机会更大。即使不是，你仍然具有优势，相比仅在一个情景下进行所有的学习更不受情景的约束（见第5章）。

间隔学习减少了学习内容的实际学习时间。当然，学习开始到最终掌握的时间之间的时间总量会增加，因为总时间包括了实际学习的时间和学习间隔的时间。因此，为了周五的考试，周三就开始学习的学生会发现他们比周四晚上才开始学习的学生要更加容易间隔开他们的学习。

学习间隔所带来的表现上的提高有一定的限制。随着学习时段长度的减少以及它们之间的时间间隔的增加，表现提高到一个顶点然后就会开始下降。例如，把你3个小时的学习分配成18个10分钟的学习时段，可能比在一个3小时内集中学习的效果更差。一个现实问题是解决多长的学习时段和时段间隔是最好的。有人建议，对于困难性任务，年轻、缺乏经验的学习者以及学习的早期阶段，其学习时段要比简易性任务，更成熟的学习者以及学习的高级阶段要短。[16]

集中式学习可能对那些需要大量准备或特定的解决问题的任务更好。举例来说，如果在每一个学习时段之前你都需要15分钟的时间来准备好，把内容放到一起，充分"热身"以后才可以真正地开始学习，那么把你的学习时间分成30分钟的学习时段就没有太大的意义。集中式学习对学习后立马要求回忆更有效率；而分配式学习通常是在学习和回忆之间存在延迟时更有效果。[17]（这也就解释了为什么许多学生在考试过去很久之后不能回忆起学过的东西：因为他们都是在考试前一晚临时抱佛脚的。）

分散？

对学习内容，你所面临的另一个选择，是你该采用部分学习法还是整体学习法。部分学习法意味着你要把内容分割成更小的部分,并分开研究各个部分(章、节、段落等):学习第一部分直到你掌握它,然后学习第二部分直到你掌握它,接着第三部分,如此类推。而对整体法,你从开始到结束,所有的部分都在一起,直到你学会为止。

以下七个条件可以决定整体法还是部分法更加有效。[18]

1. 整体法的主要优点之一,是它给出了每个部分的上下文,并且对下一部分的回忆有所提示,尤其是对一个有发展式主题的内容(例如,一首诗或讲话)。整体学习会让你有一个整体的画面,部分之间是如何结合在一起的,对上下文的概览有助于你记住这些内容。而在没有各部分是如何结合在一起的整体画面的前提下进行部分地学习,就像拼图时没有看盒子上完好的拼图应该是怎样的图片一样。在部分学习法中,把各部分结合起来的时间多达总学习时间的一半,而且也会成为错误的来源。因此,部分学习法的难点不是学习分开的部分,而是如何把它们合在一起。[19]

2. 部分法的一个主要优点,是人们能够比运用整体法得到学了多少的更快的反馈。如果你一直不断地研究整个事情,你可能不会意识到你学到了什么。然而,学习单独部分的人可能在结束时可以背诵每一部分。他得到了即时的反馈。如果采用整体法的学习者持续学习,他很快就会发现他能背诵大部分的内容,但也许因为整个过程都没有进步的反馈,他在达到背诵之前就放弃了。正如我们在第 5 章所看到的,反馈有助于保持兴趣。

例如,假设一个人需要一个小时来背诵一个有 500 个单词的段落,而其中 100 个词的部分只需要 9 分钟就能记住。9 分钟的学习后,部分法的学习者就可以展示他们学习的成果,而整体法的学习者可能无法正确地回忆哪怕一句话。这可能会打击整体法学习者,从而选择放弃。由于这个原因,部分法可能对不习惯整体法的成年人以及需要反馈来保证他们继续学习的儿童更好。

3. 对持续性练习,使用整体法会提高它的效率,而使用部分法则不尽然。让我们进一步思考上面记忆一段 500 个单词的段落的例子。整体法学习者花的前 9 分钟时间是没有被浪费的,它只是通向了掌握。部分法学习者仍有剩下的四个部分需要记忆,并且有可能在记忆其他部分时忘记之前的部分。除此之外,他们还需要将各个部分组合在一起(见上述第 1 条)。使用过整体法实践的人们能够意识到这些事,尽管目前还没有显现出来,但他们确实在学习。由于过去的经验,他们知道,即使一段时间里他们可能不会得到反馈,但最终的结果也许会证明他们的耐心和耐力。

4. 有越多的内容需要学习,部分法将越有效。顺便说一句,不管你是用整体法还是部分法,学习一段 2 倍长的段落需要付出比 2 倍还多的时间。例如,在一项研究中,100 字左右的短文需要的总学习时间是 9 分钟;200 字需要 24 分钟;500 字的话需要 65 分钟;1000 字则需要 165 分钟。[20] 因此,如果你需要 1 个小时掌握一章 20 页的内容,那么你可能需要 2 个小时以上的时间掌握一章 40 页的内容。

5. 学习的部分越独特,那部分法也会越有效。例如,比起学习格蒂伯格的地址,部分法可能更适合于学习宪法修正案。

6. 与分配式学习对集中式学习的优势相比,整体法的优势更大。

7. 学习者越成熟、越聪明,对于他来说整体法就越有效。

对大部分的学习,你可能会采用整体和部分相结合的方法。例如,你可能会用整体法学习,但会选择某些特定的部分进行额外的研究，或者你可以尝试用一种折中的方法，这种方法被称作"整体－部分－整体"法：你先对整体进行一遍到两遍的概览，然后把它们分割成各个逻辑单元进行学习，最后从整体上对内容进行复习。这种方法对处理又长又复杂的内容很有效果。[21]

另一种组合的方法是"渐进式部分"法：先学习第一部分，然后再学习第二部分，然后一起学习前两个部分。在你掌握了前两个部分后，你开始学习第三部分，然后又一起学习前三个部分，如此类推。渐进式部分法之于部分法有一个优点，即你在学习时是把各个部分连接在一起，而不是把它们作为分离的部分进行学习的。而它对于整体法的优点是你能够得到反馈，认识到你真的学习到了一些东西。渐进式部分法对年长者特别有帮助：在学习的过程中会产生遗忘，因为很多老年人比年轻人需要做更多的努力来学习一些东西，所以他们在学习大量内容时可能会遗忘得更多，而渐进式部分法可以减少这种影响。[22]

背诵

背诵意味着在不看的情况下重复你所学的东西。在你读过一两次内容之后，在背诵的过程中尽可能多地回忆你想要记住的东西，只在必要的时候看一眼内容。例如，如果你正在学习一本书里的一个章节，你可以看着标题并试着告诉自己这章说了什么；如果你正在学习一首诗，你可以看着每行或每段的第一句话，然后试着回忆剩下来的部分；如果你在学习一门外语，你可以看着每个英语单词（原著为英语，原作者站在英语角度），然后试着回忆相对应的外语词。大声地读出来不是必需的，但可能会比你只是在自己的脑海中重复内容要好，因为它迫使你付出更多的注意力。

假设你有两个小时的时间去学习一本课本的章节并且花半个小时诵读它。仅仅只是读 4 遍，或者是读 1 遍或 2 遍后用剩下的时间来背诵、检测自己，然后重新诵读来梳理那些你无法回忆的点，哪一个会更有效呢？一些研究结果表明，花尽可能多的时间来尝试背诵会更加有效。

例如，在一项研究中，学生阅读了一篇包含 10 个段落的 800 字文章。在每一段后进行背诵的学生在回忆测试里比那些重读全文的学生表现得更好（不过，背诵花费了两倍于重读的时间）。在另一项研究中，人们依次听了 8 个含有 5 个单词的列表，他们中的一些人又听了每个列表 3 遍，而另外一些人则尝试回忆（背诵）每个列表 3 遍，但学习时间的总量相同。然后，他们进行了测试，需要从一个更大的有 160 个单词的列表中识别这些单词。10 分钟后，两组间无显著性差异，但 48 小时后，背诵组表现得更好。背诵同样也可以给你反馈，让你知道内容掌握得怎么样，这样你就可以把你的学习时间集中在你掌握得不好的部分。[23]

背诵如此有效的一个原因，是它迫使你使用许多在第 4 章、第 5 章和第 6 章中提到的其他原则和策略。例如，背诵促使积极学习，它对你学得怎样做出反馈，它涉及重复，同时它也迫使你将注意力放在你正在做的事情上。

而且在背诵的过程中，你在练习你之后需要的很重要的东西——回忆。你实际上是在演练检索或在测试自己。在几项研究中，一些人在阅读完一篇内容后马上接受测试，这些人在一到两周以后会比那些没有接受测试的人记得更好，甚至比那些花同样的时间复习内容的人也要好。产生这些结果的部分原因是试验组在测试中对检索材料进行了练习。即使是年轻的小孩也能通过作为复习的即刻式测试来受益。[24]

本章一些策略的有效性受到各种情况的影响，例如，学习内容的类型或谁正在进行学习。但背诵的效果不取决于学习者是愚钝还是聪明，不管内容是长还是短，抑或内容是否有意义，在几乎所有的情况下，它都比读更有效果。最新的一本关于学习方法的书中说道："在从短时记忆转换到长时记忆这一方面，没有什么比背诵更重要的原则。"同时一本关于记忆的课本也说道："练习检索活动的重要性怎么强调也不过分。"[25]

既然背诵是如此的有用，为什么没有更多的人这么做呢？为什么有些人把所有的学习时间都花在一遍又一遍地阅读内容上呢？至少有两个可能的原因。首先，有些人可能没有意识到背诵的价值。其次，背诵比阅读更耗费精力。让你的眼睛在页面上游移（而你的想法可能在别处游荡），比专注于试图回忆你所读过的内容更加容易。

当然，背诵可以自己完成，但你也可以同另一个人一起学习来背诵。你可以通过问他一个有关内容的问题来给他一个尝试检索的机会，然后他也可以对你做同样的事情。你不仅可以通过回答问题受益，而且你的记忆效果也可以通过给他人编造问题而有所受益。[26]

建立学习系统

一项有效的学习方法应该包括以下标准。

1. 基于有效学习策略的研究。
2. 帮助你识别和理解内容的重要部分。

3. 帮助你记忆内容的重要部分。

4. 比单纯的一遍又一遍地阅读内容更有效。

5. 容易学习。

为满足这些标准，许多学习系统都已被开发出来。这些系统的名称都是首字母缩写，这些首字母是系统里的每一个步骤的第一个字母。下面是一份具有代表性、但并不详尽的系统列表：SQ3R、OK4R、PQRST、OARWET、PANORAMA、PQ4R、REAP、SQ5R、MURDER。我选择 SQ3R 作为典型学习系统进行讨论，主要有两个原因。首先，它是学习系统的鼻祖，创建于 1946 年。[27] 其他的学习系统都是 20 世纪 60 年代以后建立起来的（第二个古老的学习系统是 OK4R，创建于 1962 年）。其次，大多数其他的系统都是 SQ3R 的变体，含有基本相同的步骤，只是对它们进行了不同的分类或命名。

SQ3R 包含五个步骤：概观、提问、阅读、背诵、复习。它是一个结合了几种特定的学习策略的通用目的性系统。它可以运用到大量的内容中（比如，教科书的章节），同时也可以在广泛的任务和内容性领域中使用。一本教授高中生阅读的教科书表明了 SQ3R 可以如何应用于内容性领域，如英语、社会研究（历史）、科学和数学中。以下是对 SQ3R 系统的简述，它是学习技巧的书籍对该系统的深层次讨论。[28]

● 概观

概观一本书，就读它的前言、目录和章节摘要。概观一个章节，就研究它的大纲并略读该章节，特别是其中的标题、图片和图表。概观包括获得对书或章节说了什么的总体看法，但这个过程不应该超过几分钟。许多书籍的每一章最后都有一个总结，在阅读该章节之前先阅读章末的总结可能有助于你获得一个总体概念。(事实上，阅读总结比起阅读章节本身可以对一个章节的主要观点产生更好的记忆，同样的结果也在记忆一场讲座内容中被证明。)[29] 概观有点像在旅行之前看地图，或在拼图之前看已经拼好的产品的图片。概观提供了一个框架，在这个框架内，你可以放置你学习内容的各个部分，这不仅可以使各个部分更容易被记住，也可以通过让你更快地全面理解各个部分来提高阅读速度。

对阅读内容的记忆可以通过给读者一个简短的反映内容主要思想的标题来增强。为了说明知道一个段落说了什么的影响，请阅读一遍以下段落，然后试着尽可能地回忆你能记住的。

> 程序其实很简单。首先你把东西进行不同的分类。当然，堆在一起可能就足够了，这取决于有多少东西需要处理。如果因为缺少设备你不得不去其他地方，这是下一步；否则你已经准备得很好了。重要的是不要过度。也就是说，一次弄少点儿比一次弄很多要更好……完成后，再把东西分到不同的类别中，然后它们就可以被放到合适的地方。最后它们将被再次使用，然后重复整个循环。

你对这篇文章的回忆可能会不太好，因为这篇文章对于你来说并没有太大的意义。现在我告诉你这一段话是关于洗衣服的。试着再看一遍，现在你已经有了这段话是关于什么的想法，看看你有没有更好理解它和记住它。[30]

"先行组织者"是这样一种方法，它会给所学习的内容提供一个导言或概述（例如，在学习之前可以看的总结或大纲）。研究表明，它们有助于老年人学习和记忆阅读内容，年轻人也一样。教材编写的作者把内容组织在不同的章节和标题下的原因，是为了向读者介绍各章和各部分的主要思想、如何把内容放在一起，以及主题之间是如何关联的。如果你不使用标题，你就没有有效利用学习内容的一个重要资源。使用文本标题可以在理解和记忆教科书两个方面起到作用。[31]

同样地，对于图片、图形来说和标题是一样的。一本教科书里包含图片的原因不只是占用空间，使书变得更厚，也不是给读者一些可以看的东西来消除阅读的单调。相反，多项研究表明，插入表明文本内容的图片有助于文本内容学习的提高。[32]

● 提问

再浏览一遍，在标题的基础上问自己一些问题，这样你就可以知道你在阅读的时候需要找什么。例如，这一部分的标题是"使用学习系统"，也许可以引发这些问题：什么构成了这个系统？是什么的系统？我如何使用这个系统？研究发现，在文本内容之前、之间或之后插入书面问题可以帮助内容的学习和记忆，由学习者提出的问题也一样。[33] 由于你阅读的大多数内容都没有插入问题，你可以通过在阅读时问自己问题来受益。问题可以使你保持兴趣、集中注意力、积极参与学习，并给你的阅读设定目标，所有这些都有助于你学习内容。另外，一些教科书会在章节的末尾提供复习性问题，你可以尝试在阅读该章节前看看这些问题，这样你就可以知道你在看的时候需要着重看些什么。

● 阅读

在不做笔记的情况下阅读该章节。回答你提出的问题。阅读章节所有内容。有时候表格、图表和图形会比文本传达更多的信息。请注意这是 SQ3R 系统中的第三步，然而对于大多数学生来说，却是学习的第一步。事实上，对于一些学生来说，这是唯一的一步：他们认为当他们用眼睛扫了教材一遍就是学习了它（我记忆课程上的一个学生在看完这部分关于 SQ3R 的内容以后说他也是用 3R 的方法——读，读，再读）。

我心理学课程中的一个学生来找我谈她测试得低分的原因。她说她学了需要测验的章节，但她就是记不起她学过什么。我请她描述她是怎样学习的。她说："好吧，我会在测验的前一天晚上或当天早上阅读那一章节。"那就是了——只有阅读，没有概观，没有复习。阅读是 SQ3R 步骤里她唯一使用的一个。我告诉她，她的问题不是记不住内容，而是在一开始就没有很好地学习它。她可能在阅读后立即就能告诉我不会的比在之后的测验里记得的更多。

在阅读的时候下划线是很多高中生和大学生常用的学习技巧。关于下划线有效性的研究表明，如果做得对，那么下划线可以帮助人们从阅读中获得更多的信息，但也存在几种可能误用下划线的方式。[34] 第一种误用是在阅读一个章节的时候使用下划线，但在随后为了考试只复习下划线的部分。这样做的问题，是你一开始读这一章节时通常不知道什么是重要的，或者什么和什么相联系。因此，当你回顾画线部分时可能会错过一些重要的内容。你第一次阅读时就做下划线也会产生其他问题。下划线很容易，所以大多数学生会画得太多，这就会导致复习到不仅画了重点部分，还画了很多重复或冲突部分的内容。

第一次通读时就画下划线还有另一个问题，某些学生养成了为了标记重点去阅读，而不是为了理解和记忆去阅读的习惯。由此，这些学生可能在一个斜体句子下画线，然后甚至没有理解它就继续阅读。为了更好地使用下划线，你应该一直等到看到章节的末尾，然后思考重点是什么，再回去只把重点短语画出来。在错误的地方画线实际上可能会妨碍学习。[35]

背诵

在本章的前面我们已经单独讨论了背诵策略。重读，问自己关于标题或斜体字的问题然后尽可能地回答这些问题。根据它们的长度，你可以在每个部分或每个章节结束后这样做。你需要花费多少学习时间来背诵呢？对大多数教科书，你应该花费一半的时间来背诵。你可能会想花更多的时间背诵一些毫无联系、没有意义的内容，如规则和公式列表等，却花费很少的时间去背诵故事性有联系的内容。

复习

复习是一个非常基本但又经常被流行记忆书籍所忽视的学习策略。有些作者会让你产生只要你运用正确的工具（他们的）来学习，就永远不会忘记的印象。事实上，无论你如何学习，如果你偶尔不去使用它，你就会忘记它，除非你进行复习。有三项研究表明了在各种各样的学习任务中复习是如何产生帮助的。一位心理学家研究了她对4年半以内记录在日记里事项的记忆。对那些她从没有复习过的事项，她只能记得36%；而对那些在4年时间里至少复习过 4 次的事项，她的记忆上升到 88%。在另一项研究中，对一场在最后提供短暂停顿以供复习的讲座，学生会记得更多。而在第三项研究中，那些复习过的巴基斯坦大学生在 6 个小时后比那些没有机会复习的学生对无意义的音节记忆得更好。[36]

把复习作为 SQ3R 学习系统的一部分去使用，再概观一遍，复习那些你能够背诵的部分，并且标记那些你不能背诵的部分。再次对自己提问。像概观一样，复习也只需要几分钟。在第 2 章中，我们看到重新学习旧的内容比学习新的内容需要更少的精力（即使用回忆的角度衡量，它也已经完全被遗忘）。因此，偶尔去复习学习过的内容来刷新你的记忆是有用的，这样你就不用在考前花很多的时间重新把内容从头看一遍。

前面也提到过间隔开的复习比连续的（集中式的）复习更好。复习的最佳时间分别是：学习时，在每一个主要部分后复习；学习结束后立即复习；然后就是考试之前。在学习结束后立刻复习可以帮助你更好地巩固记忆里的知识，而之后的复习则可以帮助你重新学习遗忘掉的部分。一项研究表明，在学习后马上复习一次，然后一周后再复习一次，会比学习后仅仅马上复习一到两次，或者一周后再复习两次更有效果。对于 8 岁的孩子来说，即刻的复习测试会比一周后的复习测试更有效果。[37]

许多学生提到一个节省学习精力的规则：在没有对刚刚阅读过的内容进行主要观点的大纲式复习之前，永远不要结束一个阅读活动。这条规则被许多学生认为是减少遗忘的重要一步。它不仅能帮助你知道你刚学了什么，而且可以帮助你在遗忘内容之前进一步学习它（在第 3 章中就提到，大多数遗忘发生在学习之后很短的时间内）。此外，这样的复习能够节省时间和精力，因为你记得越多，在之后你就不需要花太多的时间为了考试重新阅读或者复习。[38]

一项研究发现，记住人名字最好的复习计划是在每次复习之间一系列地逐渐增加时间间隔。[39] 例如，你可以在见到一个人之后马上复习她的名字，然后是 15 秒之后，接着可能是 1 分钟以后，然后可能是几分钟以后。我曾经在一个 16 个月的时间段内采用增加间隔复习计划去记忆一些经文。我每一天学习一篇新的经文，然后带上 7 张写有经文的卡片——我当天正在学习的新的篇章加上我之前 6 天学习过的 6 篇。7 天之后，一张卡片就会进入一个月里每周复习一次的文件夹里，然后是几个月里每个月复习一次的文件夹。这样一份逐渐增加复习间隔的计划让我在 16 个月的时间里记住了大概 500 篇经文（平均每篇都有两节）。

要注意，在考试之前复习不同于考前临时抱佛脚。两者差异的关键字是"新"。如果你正在学习的内容对于你来说是全新的（即你是第一次学习它），那你就是临时抱佛脚。如果不是新的（也就是说你在浏览之前学过的东西），那你就是复习。尽管提倡在考试之前进行复习，但并不提倡临时抱佛脚。

本部分关于复习的内容像适用于教科书一样适用于讲座或阅读笔记。研究者发现了记笔记可能带来的两大好处。笔记"编码"功能的好处来自为了写下来你要运用自己的语言表达这些内容。而"外部存储"功能的好处在于有一些写下的东西之后可以复习。尽管研究已经为编码功能找到一些支持，外部存储功能却一直有研究证据支撑。笔记为你提供了稍后可以复习的东西，而且复习笔记比不复习笔记能产生更好的效果。[40]

每当我的学生来我的办公室讨论他们参加过的考试时，我都会让他们把课堂笔记也带过来。我常常发现他们的笔记里就有他们一些跳过的问题的答案。他们的笔记做得很好，却没有好好学习它。同样地，调查发现大多数大学生的讲座笔记里都包含了他们考试时漏掉问题的答案。一个常见的错误是等到考试之前才复习他们的笔记，而那时就失去了笔记的意义。你可以通过比较阅读和解释你最近一场讲座的笔记同那些你几周以前记下的从未读过的笔记的能力，来表明在讲座之后马上复习笔记的重要性。[41]

这些方法和策略运用得怎样

在第 4 和第 5 章中提到的"原则"与本章提到的"策略"之间的差异是随意的。一些原则可以被视作策略（如"联想"和"过度学习"），同样一些策略也可以被视作原则（如"复习"）。这些策略本身就是高度重叠和相互联系的。例如，间隔学习就为复习和部分学习法提供可能，而学习系统就包含了若干策略，如在另一部分提到的背诵。你也许用过其中一些原则或策略，但你可能是在不确定你在做什么或为什么这么做的情况下使用它们的。又或者你在不知道它们是否带来任何好处的情况下用了其他原则或策略，甚至你可能在它们不发挥任何作用的方式下使用它们。

在第 4 章、第 5 章和第 6 章中谈到的原则和策略真的有用吗？一项经典的研究表明它们真的有用。人们先被告知关于记忆的七项规则。第一组人在这七项规则的指导下进行试验，并被给予 3 个小时的时间利用这些规则进行记忆实践。第二组人同样被给予 3 个小时的时间来记忆，但他们没有任何规则的指导。两个小组在随后都参与了一场含有一系列不同内容的记忆测试，内容包括诗歌、散文、事实、外语和历史事件等。受过指导的小组比没有受指导的小组的记忆能力提高了 8 倍——前一组平均能记住 36%，而后一组平均只能记住 4.5%。[42]

这些学生在原始学习时被告知的七项原则已在下面列出。在每一项规则后面都列出了与之相联系的原则和策略。

> 1. 通过整体来学习（整体学习法，SQ3R 中的"概观"）。
> 2. 采用积极的自我测试（背诵）。
> 3. 利用韵律和分组（意义，组织）。
> 4. 注意意义和图片的优势（意义，图像化）。
> 5. 精神警钟和专注（注意力）。
> 6. 利用次要关联（关联）。
> 7. 对记忆能力的自信心（放松，过度学习）。

对各种各样包括在本章中提到的学习策略的研究，为人们使用这些策略就能变成更加有效的学习者提供了很多证据。最近一项关于学习方法课程的研究评论，在该课程中学生学习如何运用大多数的基础原则和学习策略，发现这类课程能够提升阅读能力，减少焦虑，提高课程成绩，同时改善专业表现。学习策略的训练似乎从小学一直到大学都有效果。[43]

基于学习技巧的《什么有效》（*What Works*）列出的结论之一，就是儿童学习的方式方法对他们学到多少有着深刻的影响。手册中关于声音学习实践的实例已被列出，大多数都在本章中被涵盖，它指出能力较低或缺乏经验的学习者，当他们使用这些技巧时能够学到更多信息，并且更有效率。[44]

SQ3R 及相似的学习系统都被发现有利于提高阅读率、理解水平和考试成绩。SQ3R 系统的修正版本（PQRST）甚至帮助一位脑损伤的病人完成了没有使用该系统情况下无法完成的记忆任务。在被称作"信息处理"的学习理论的框架下对 SQ3R 做出的分析,解释了为什么 SQ3R 学习系统的每个步骤都可以促进信息的处理,并且作者表示应当展示给学生为什么 SQ3R 有用,这样他们就会使用它。[45]

然而,对学习系统的评价并不总是积极的。一些对学习系统研究的评论表示,尽管 SQ3R 似乎有很多直观的吸引力,但它并没有大量的经验支持,而那些大多数感知到的学习系统的潜力也只是更多地基于观念而不是事实。SQ3R 以及其他学习系统的主要问题之一仅仅只是大多数学生都没有使用它,大概是因为这些学习系统在阅读内容之外都意味着需要做很多的工作(像我在之前关于背诵所提到的)。同样,这些系统对于儿童或不成熟的学习者来说,要想使用得有效果也许太过复杂。[46]

第7章 chapter7

用记忆创造奇迹：记忆术引言

20多个顺序混乱的词汇你能只听一遍之后就记住它们吗？30位的数字你能只听一遍就原样重复出来吗？一组卡片你可以只浏览一次就按顺序记得它们所有，或者说出任何一张特定卡片的编号吗？一本50页的杂志你能说出其中任何一页的内容吗？

这些都是各种记忆技巧在进阶表演中的成功表现，而这些技巧我都曾用这本书中的方法展示给了公众。当然，我还展示了很多其他技巧，包括对20世纪后半叶（1950～1999年）日历的记忆，我可以告诉你任何一天是周几；记忆我所在的一个100多人的组织中所有成员的电话号码；记忆赞美诗集中近200首赞美诗每一首的页码；记忆239个图书区域中任意一本书的主要内容。

对于那些不熟悉记忆术体系的人而言，这些技巧看起来就像奇迹。当然，这些记忆技巧和无关联记忆相比，它们确实是个奇迹。然而，虽然看起来像是奇迹，其实只要人们足够渴望学习，足够努力实践这种高效的记忆术体系，大多数人都可以创造出这样的奇迹。例如，我女儿在13岁的时候，曾做了30位数的数字记忆和杂志内容记忆的展示；我儿子在8岁时，做了20位数的数字演示。你可能不太想表现这些特殊的记忆技巧，但重要的是，其实你完全能做到，这并不超出正常记忆能力的范畴。如果你能做到这些，你也可以用你的记忆力去做其他你所想做的事情，它们可能是你原本认为超出你能力的事情。本章和剩余章节的内容都会教你如何使用记忆术来帮助你创造属于自己的记忆奇迹。

什么是记忆术

"记忆术"（mnemonic）这个词在这本书的引言部分被简单地定义为"帮助记忆的方法"。这个词来自古希腊记忆女神摩涅莫辛涅。记忆术的应用并不新鲜，它最早的应用可以追溯到大约公元前500年，古希腊演说家用第10章中描述的定位系统来记住冗长的演讲稿。这在一本非常有意思的书中有过记录，这本书将记忆术从远古时期追溯到文艺复兴时期，另外，还有几篇文章也回顾了记忆术自公元前500年的历史。[1]

"记忆术"一般是指提升记忆的方法。广义的记忆技巧其实可以是任何一种帮助记忆的方法和技巧。但是，大多数研究人员将记忆术狭义地定义为人们不常用的、不熟悉的帮助记忆的方法。例如，我们在本书第 6 章所讨论的帮助记忆的学习策略，通常不被称为记忆策略。大多数记忆技巧的一个共同特点，是它们不需要与要学习的材料之间有内在的联系，相反，它们把有意义或有组织结构的材料附加在那些无意义或无组织架构的材料上；另一个特点是，它们通常会赋予被记忆的材料一些特殊的特征，以使其变得更加令人难忘。因此，这种方法被许多研究人员称为图像或语言加工，这些加工把你已经知道的内容和你将要学习的内容进行了有意义的联结[⊖]。[2]

记忆术既可以通过构造图像，也可以通过构造语言来帮助记忆。图像记忆术是指把要学习的内容和已经知道的内容运用视觉图像关联起来帮助记忆；语言记忆术是指把要学习的内容和已经知道的内容运用语言联系起来帮助记忆。例如，如果要把猫和老鼠联系在一起，你可以形成一种视觉影像——猫吃老鼠（图像）；或者你可以造一个句——"猫喜欢吃老鼠"（语言）。[3] 本章的第一部分给出了一些语言记忆术的例子，但是本书的其余大部分章节都侧重于研究图像记忆术。

一般而言，只能用来记忆特定内容的记忆术称为记忆技巧，而可以用来重复记忆所有不同内容的记忆方法称为记忆系统。在本章中，大多数例子都是单一地用来记忆特定内容的记忆技巧，但是，在后面的 9 ~ 12 章中，我们更多地讨论可以用来反复记忆所有不同内容的记忆系统。

◉ 记忆术举例

第 4 章中讨论的一些运用联想来记忆的例子被称为记忆技巧（比如记忆港口对比右舷、记忆钟乳石对比石笋，以及单词拼写，

⊖ 也就是全脑记忆圈经常会用的一个词"以熟记新"。——译者注

就可以用联想记忆），当然，还有很多其他例子也可以说明联想对记忆的作用。比如，你可以通过对字母"B"有两个峰和字母"D"有一个峰的区别联想记住 Bactrian camel 是双峰驼，Dromedary camel 是单驼峰的意思。你可以通过一副牌（52 张）或一年的日历（一年 52 周）的联想来记住钢琴有 52 个白键，通过度量衡（36 英寸）的联想来记住钢琴有 36 个黑键。联想记忆法经常被用于单词拼写记忆，在此之前，我已经出版了一本包含 800 个单词的联想记忆拼写法的书。实践证明，这种通过联想记忆的单词拼写法对六年级学生的学习是非常有帮助的。[4]

第 4 章中讨论过的韵律准确来说其实也是一种记忆技巧。比如"伟大的耶和华对我们说，在创世记和出埃及记、利末记和民数记看到，紧随其后的是申命记，以及余下的 34 卷书"（That great Jehovah speaks to us, in Genesis and Exodus; Leviticus and Numbers see, followed by Deuteronomy, and continues for the remaining 34 books）。这句话的韵律可以帮助我们记住《旧约全书》的顺序[○]。另一个利用韵律的记忆技巧是我从早餐麦片盒上读来的（早餐时一般很难能阅读文字资料），目的是帮助孩子记得每一种维生素对我们身体健康的帮助。当时部分的韵律内容如下：

> 维生素 A，很重要
> 提升视力、阻止感染有奇效
> 维生素 C，也来到

[○]《旧约全书》共 39 卷，其中摩西五经是成书最早的 5 卷，分别为：《创世记》（Genesis）、《出埃及记》（Exodus）、《利末记》（Leviticus）、《民数记》（Numbers）、《申命记》（Deuteronomy）。——译者注

恢复牙龈，健康大笑

B 族全家包

B1 为神经，当保镖

B2 加活力，为细胞

B6 消化蛋白最可靠

(The vitamin called A has important connections

It aids in our vision and helps stop infections.

To vitamin C this ditty now comes,

Important for healing and strong healthy gums.

Done with both of these?

Here come the B's:

B_1 for the nerves.

B_2 helps cells energize.

Digesting the protein's

B_6's prize.)

"脸红抬头，脸白抬脚"（if his face is red, raise his head; if his face is pale, raise his tail），这句话中的韵律可以帮助我们掌握撞击受害者的急救常识；除此之外，韵律还可以帮助人们掌握一些生活常识，比如"一品脱一磅，全世界一样"（A pint's a pound, the world around），这句话可以帮助我们掌握品脱和磅这两种单位之间的换算关系；"一碗饭，米是水一半"（Cooking rice? Water's twice），这句话可以帮助我们掌握煮饭时米和水的比例关系；"一勺三匙"（One big T equals teaspoons three），这句话可以帮助我们掌握汤匙和茶匙之间的等量关系。"春前秋后"（Spring forward, fall back），这句家喻户晓的俚语可以帮我们掌握设置闹钟来珍惜时间的最佳方式（春天提前一个小时，秋天滞后一小时）；如果要记住一串很长的数字，可以构造这样的语句，使每一个单词字母的数目和每个数字对应（如果第一个数字是 3，那么第一个单词就应该有 3 个字母）。例如，"Yes, I know a number"（这句英语的 5 个单词分别有 3、1、4、1、6 个字母），可以帮我们记住圆周率小数点后 4 位（3.1416）；对于那些更有雄心壮志的记忆者而言，这种方法可以和韵律结合起来，以掌握小数点之后的 30 位小数，下面是从《门萨○期刊》(Mensa Journal) 中选来的示例。○

Sir, I send a rhyme excelling In sacred（3.141 592 6）

truth and rigid spelling（5358）

Numerical sprites elucidate All my own（979 323）

striving can't relate（846），

It nature gain（264）

Not you complain（338）

Though doctor Johnson fulminate（3279）

我们之前讨论过的"一个月有 30 天的月份有 9 月……"（Thirty

○ 门萨是一个高智商俱乐部。——译者注

○ ①以上一段话，每个单词的字母数目可以记忆圆周率前 30 位数字；②最后一句 though doctor，实际应为简写"tho'Dr Johnson fulminate"，所以对应数字是 3279，而不是 6679。——译者注

days has September……）这句话中的韵律可以帮助我们记住每一个月有多少天，但有些人仍然很难记住这一点［曾经有人调侃说：我认为"30天的月份有9月，其他我不记得了（Thirty days has September, all the rest I can't remember），这句话更好］。如果你确实很难通过韵律来掌握每一个月有多少天，你可以选择运用另一种记忆技巧来记住每个月有多少天（见图7-1）。双手靠紧并紧握在胸前，掌心向下，左小指头的指关节代表1月，它与无名指之间的凹谷代表2月，无名指的指关节代表3月……直到右手无名指指关节，它代表12月。所有的指关节所代表的月份都有31天，而所有指关节之间的凹谷所代表的月份都是小月份。实际上，一个拳头也可以达到相同的效果，当第一遍数到代表7月份的指关节时候，再从小指头的指关节开始继续数就可以了。

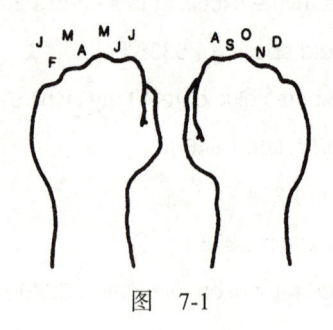

图 7-1

● 记忆日历

在讨论有关日历的话题时，我们可以再回顾一下之前已经遇到了好几次的376-315-374-264这12位数字。在第5章中我已经告诉大家，如果你能有效地记住这12位数字，那你就已经成功地记住了1988年整整一年的日历。这里我简单说一下原理。这12位数字中的每个数字代表每个月的第一个周日的日期，比如，1月的第一个周日是3号，而在6月的第一个周日是5号，12月的第一个周日是4号。

在此基础上加上月份和周次的推算，每周任意一天的日期你就能准确地掌握了。比如，1988年7月4号是星期几？因为7月是第7个月，而对应的第7位数字是3，所以7月的第一个周日是3号，再加上1天，便可以知道1988年7月4日是周一。再比如，1988年6月18日是星期几？因为第6位数字是5，所以6月的第一个周日是5号，再加7天就可以知道第二个周日是12号了，然后在这个基础上，再另外加上6天，就可以知道18号是周六了。（当然，在这个例子中如果再多加7天就可以在第二个周日的基础上得到了第三个周日的日期是19号，再减去1天就可以知道18号就是周六了，这种方法或许更简单）。

接下来大家自己试试，1988年的5月中有多少个周一？5月所对应的那个数字是1，所以5月的第一个周一是5月2日，再依次加7天就可以得到其他周一的日期分别是5月9日、5月16日、5月23日和5月30日，所以5月有5个周一。再试一个问题，11月的第四个周四（感恩节）是几号？11月所对应的数字是6，也这意味着11月的第一个周四（倒推）是11月3日，那么第二个周四应该是11月10日，第三个周四是11月17日，第四个周四是11月24日。

从这些示例中，你清楚分块原则是如何成为记忆术的一种了吗？你本来需要记住365件事，但分块儿之后，你其实只需要记住有12件事就可以，而这12件事的每一件事都代表约30个具体的信息（日期）。因为记住代表任意一年的12个数字应该不难（尤其是在读了本书之后），所以你可以用这种只需记住这一年的适当数字的方法来记住任意一年的日历。

我有个学生曾经通过这样的 12 位数字记住了一年的日历,并且在第二天的工作中进行了展示和应用,这让他的同事们感到非常惊讶。他说,其中一位同事一脸困惑地看着他说:"我猜你昨晚熬夜了 5 个小时来背日历。"然而,实际上,他只花了不到 3 分钟的时间来记忆和巩固这组数字,并骄傲地说:"这是魔法。"我的儿子 11 岁时利用这种数字方法做了一个令人印象深刻的示范,几名观众中报出了他们的生日(月份和日期),在不到 10 秒的时间内,他便说出了他们的生日是那一年中的周几。

首字母和关键词

在上一节中,我们通过不同的记忆案例使大家对记忆法到底是什么有了直观的感觉。之前我们的案例大多都是通过联想和韵律来帮助记忆的,而本节中我们将要讨论的是心理学家通过对"首字母"和"关键词"的专题研究所发现的利用词汇来帮助记忆的案例。

◉ 首字母记忆法

你能说出美国中西部的五大湖吗?趁着还没有看后面的内容赶紧试一下吧。如果你有尝试的话,刚刚的行为称为回想记忆,现在我们再把它变为一个辅助性的回想记忆。HOMES 这个词是由每个湖的第一个字母组成的,如果刚刚你不能够回忆起这五个湖的名字,那么用这个词作为提示,现在能做到了吗?实际上,大多数不记得这五大湖的名字的人在知道这个提示以后就可以说出这些湖泊的名字了。这个提示词被称为缩写词，它是由要被记住的每一个词的第一个字母组成的。在这个例子里，缩写词"HOMES"代表 Huron（休伦湖）、Ontario（安大略湖）、Michigan（密歇根湖）、Erie（伊利湖）和 Superior（苏必利尔湖）这五大湖泊。藏头诗是一种与此类似的记忆技巧———系列词汇中的第一个字母就组成一个单词或短语，例如，Healthy Old Men Exercise Some 这个藏头诗可以帮我们记住五大湖的名字。首字母缩写词和藏头诗被大多数研究者称为"首字母"记忆法（原因很明显）。

ROY G.BIV（书名）这个众所周知的缩写词可以用来辅助记忆可见光谱中彩虹的颜色。这个词代表 red（红）、orange（橙）、yellow（黄）、green（绿）、blue（青）、indigo（蓝）、violet（紫）。同样地，假设你有一个购物清单，这个清单里面包含了 banana（香蕉）、orange（橘子）、milk（牛奶）和 bread（面包），那么 BOMB 这个词就可以用来帮助记忆这个清单。缩写词甚至不必是一个真实的单词，比如，如何记住美国单一点的四个州呢？杜撰词"CANU"可以帮助你记住是 Colorado（科罗拉多州）、Arizona（亚利桑那州）、New Mexico（新墨西哥州）和 Utah（犹他州）这四个州。缩写词"SKILL"可以帮助我们记住身体的排泄组织有哪些 Skin（皮肤）、Kidneys（肾脏）、Intestines（肠）、Liver（肝脏）、Lungs（肺）。缩写词可以帮助法国学生记住大多动词和助动词放在一起便通常是女士的名字。

首字母缩写词被广泛用来代替社团（CORE 是 Congress of Racial Equality 的缩写）、组织（NOW 是 National Organization for Women 的缩写）、政府机构（CAB 是 Civil Aeronautics Board 的缩写）、军事名称和术语（WVVES 是 Women Accepted for Voluntary Emergency Service 的缩写，SNAFU 是 Situation normal, all fouled up 的缩写……）。目前至少收录了 10 000 个这样的首字母缩写词（仅仅是国家层面），[5] 首字母缩写词被众多机构认同的一个重要原因就是它能帮助大众更好地记住它们。

藏头诗的案例也很多。比如，可见光谱的颜色可以通过 "Richard Of York Gave Battle In Vain" 这首藏头诗来记忆；119 首赞美诗被分为 22 个 8 首诗组成的节段，这 22 个节段的首字母和希腊字母相对应，每一段每一句的第一个字都是由对应的希腊字母开始的；许多解剖系的学生喜欢用 " On Old Olympus' Towering Top, A Finn And German Viewed Some Hops" 这首诗来记住脑神经的种类（Olfactory, Optic, Oculomotor, Trochlear, Trigeminal, Abducens, Facial, Auditory, Glossopharyngeal, Vagus, Spinal Accessory 和 Hypoglossal）；[6] 许多音乐系的学生使用 " Every Good Boy Does Fine" 这首来帮助记忆高音谱号 EGBDF 的笔记。

" Men Very Easily Make Jugs Serve Useful Nocturnal Purposes" 这首藏头诗可以帮助人们记住九大行星的顺序（Mercury, Venus, Earth, Mars, Jupiter, Saturn, Uranus, Neptune, Pluto）；" Shirley Shouldn't Eat Fresh Mushrooms" 这首藏头诗可以帮助家庭主妇记住做饭时放原材料的顺序（Sugar, Shortening, Eggs, Flour, Milk）。" Bless My Dear Aunt Sally" 这首藏头诗可以帮助数学系学生确定数学计算时的优先操作顺序（Brackets, Multiplication, Division, Addition, Subtraction）。

相关研究表明，首字母记忆法是人们最常运用的记忆技巧之一，这种方法可以帮助人们显著地提高对物品清单的记忆，甚至这对一些大脑有损伤的人具有同样的效果。[7]

这里至少提到了四种应用首字母缩写词或者藏头诗来帮助记忆的好处。

1. 首字母缩写词和藏头诗让被记忆的内容更有意义，这会让你更好地回忆，比如 HOMES，ROY G. BIV 和 Every Does Fine。

2. 将要记忆的内容进行分块，这会帮助你简化记忆。例如，要记住五个湖泊的名字或七种颜色，你只需要记住一个单词或一个名字就可以了。当然，缩写词或藏头诗本身并不是原始的信息，它们只是给你一些线索来帮助你回忆起原始信息，当你记住缩写词或藏头诗之后，你还得从这些词上面生成原始信息。（如果一个学生在一次考试中用 ROY G. BIV 去回答可见光谱的颜色，物理教授应该不知道这学生想表达的意思）。如果你不熟悉缩写词和藏头诗的内容，那就给不了你足够的线索去生成原始信息，因此，相比于那些你不熟悉的内容，缩写词和藏头诗应该使用你所熟悉事物。[8]

3. 首字母记忆法能够提供线索帮助生成原始信息，因此，它们把一个回想记忆任务变成了一个辅助回想记忆的任务，这使记忆任务缩小，记忆搜索更容易。研究表明，首字母的缩写词能够帮助人们回忆起一些词汇（阿尔茨海默症患者和有脑损伤的人同样适用）。研究还发现，当人们试图回忆他们所知道的东西时（比如一个国家首都的名字），他们常常通过产生的线索字母来提示自己，以触发检索。[9]

4. 首字母记忆法可以告诉你有多少东西需要被记住，在你回忆时就可以知道是否回忆完全。例如，当你要回忆起四大湖的名字时，你就可以知道你还有一个湖的名字没有回忆，因为不管是缩写词 HOMES，还是藏头诗 Healthy Old Men Exercise Some 都有五个信息。

只要你能记住首字母缩写词或藏头诗所对应的信息，首字母记忆法的这四大优势就是有意义的，但如果你忘记了这些信息呢？

那它将变得没什么效果。例如，如果你不记得帮助记忆五大湖泊名字的首字母缩写词了怎么办呢，这里有一个建议，可以帮助你防止类似的问题发生：把缩写词和它代表的信息联系在一起。你可以用语言来联想，比如，"The Great Lakes make good HOMES for big fish"，你也可以采用视觉联想，比如想象一个漂浮在湖泊上的房子的形象。所以，现在当你试着去回想五大湖的缩写词时，你想到的是漂浮在湖上的东西，这样你就和 HOMES 这个词联系起来了。

◉ 关键词记忆

曾经有过许多关于记忆术的研究被称为"关键词记忆"。这个术语是由理查德·阿特金森在 1975 年的一篇描述外语词汇学习的文章中提出的。[10] 后续研究者通常认为"关键词记忆"是他提出来的，可能是因为他是第一个提出"关键词记忆"引起大家注意，并引发大家对此系统研究兴趣的心理学家。然而，在 1975 年前，该技术已被他人开发和运用，特别是对外国语言学习的应用。

关键词记忆分为两个步骤，一个是文字处理，另一个是图像处理。第一步是构造一个具体的关键字来表示将要学习的"外语词汇"。例如，西班牙语单词 pato 对应的英语单词是 duck（鸭子），这可以用声音相似的关键词 pot（锅、罐、容器）来代表。第二步是用关键词的图像和英文意思关联。例如，你可以想象一只在"锅"里煮的"鸭子"，或在"鸭子"的头上扣着一只"锅"。当回忆西班牙语单词 pato 的意思时，你首先（根据相似的读音）检索关键词"锅"这个单词，然后根据大脑中存储的想象画面关联到 duck——鸭子。

关键词记忆结合了本章稍后所讨论的替代词和图像联想两种

记忆术。它也和后续章节中介绍的其他记忆术（如定位系统和人名头像记忆）一样分享了一些特征和原则。研究表明，关键词记忆在学习外语词汇时很有效，它也被用来有效地帮助学生完成几种配对联想学习任务（见第14章）。[11]

在我到其他国家演讲关于我的记忆研究的过程中，我有机会学习6种语言的词汇和发音，包括西班牙语、法语、意大利语、德语、希伯来语和日语。我没有深入地学习这些语言，没有用这些语言来做研究报告，或是达到谈话自如的程度。但我学到了一些足够的礼貌用语和一些必要的沟通词汇。每种语言里包括三四十个的基本词汇和短语，如"请"和"谢谢你""是的""不""你好"和"再见""哪里是……""我不明白……""你会讲英语吗？""那太贵了。"我用关键词记忆帮助我学习了很多词汇，并发现它甚至可以用于一些短语的学习。例如，"欢迎你"希伯来语的发音是"al lō da VAHR"（a load of air，充满空气），以及日语中的发音是"dō eTASHeMASHta"（don't touch the mustache，不要碰胡子）。

记忆术的基本原理

最近的一本记忆教材建议：如果运用记忆术来帮助记忆的原因能够更好地被人们理解，那么对记忆法持反对意见的人（见第8章伪局限性）应该会减少。如果我们认识到它们是基于所公认的学习和记忆原理，它们将有助于更好地理解记忆术，以及揭开环绕记忆术的神秘面纱。20多年前，一位心理学家发现，记忆技巧是奇妙的，在某种意义上，它们会使它们的运用者记忆大多数人日常生活中不会尝试的记忆任务，"从另外一个层面来说，它们又是不奇妙的：它们使用的是日常生活中所不会发生的基本流程。它们仅仅是专门为阐述正常的记忆活动而精心设计的。"在20世纪70年代，其他记忆研究人员也提出了类似的发现：[12]

> 那些练习记忆艺术之人的秘密应当揭示记忆中分组和运用的机制。
> 一个关于记忆术和记忆专家的研究可以提供日常记忆功能的线索，以及测试记忆理论方法的共性。
> 如果不考虑记忆系统的有效性，任何记忆的理论都是不充分的。

这一点和早些时候提及的概念是相同的，记忆技巧和系统并不能代替学习的基本原则，而是合理地运用这些原则。记忆术利用所有在第4章及其他章节中介绍的学习和记忆的基本原理，从而使学习和记忆更有效。[13]

意义。记忆技巧和系统运用押韵、模仿和联想使内容更有意义。事实上，大多数记忆术的主要功能是使本身没有意义的内容更加有意义。这种本身无意义的内容能够最大限度地展现出记忆术的作用和价值。这种记忆术不适用于已经有意义的内容。使用这一原理的最有力的例子是语音记忆系统（第12章），它赋予一个最抽象、无意义的内容（数字）有意，这样它们就更容易学习了。

组织。大多数的记忆技巧刚刚都有介绍到分组和组织，所有的记忆系统在以后的章节中也将介绍，给内容加上一个有意义的分组。作为大脑档案系统，它们给出了一个系统的方法来记录和检索内容。再次说明，记忆术对于那些已经有一个内在的逻辑、结构、意义的内容是不需要的。

联想。我们已经看到一些关于联想、关联的记忆术实例。关联、联想原则对在以后的章节中所讨论记忆系统是基础的。在关联记忆系统中，一些项目与彼此相关联。在定位、限定、语音记忆系统中，容易记住的内容是你已经提前记忆好的大脑档案系统；你把新的内容，你要学习的内容和以前记住的、所熟悉的内容联系在一起。

图像化。视觉图像也起着记忆系统里的核心作用，因为联想通常是视觉的。可视化可能是记忆系统的最不寻常的方面，也可能是最容易被误解的。因为这些原因，它在本书中比任何其他原则更深入地讨论了。第3章讨论了记忆图片和文字的区别；第4章讨论了视觉图像在记忆文字内容上的有效性，本章为有效地运用视觉联想记忆文字内容提供了一些建议。

注意力。记忆系统迫使你集中精力在学习的内容上，使你把它们转换成图片并联系在一起。因为记忆术往往比死记硬背更有趣味和娱乐性，所以记忆术可以培养专注度。

◉ 其他原则和策略

除了第4章对记忆术所有基本原则固有的使用方法外，也可以使用其他在第5章和第6章所讨论的原则和策略。例如，虽然运用记忆系统学习相比不使用任何辅助记忆方式的学习往往会较少地复习内容，但如果你过度学习，内容的保持仍然会增加。

虽然记忆术不能完全排除干扰，但有相当多的证据表明，它们确实减少了干扰，当它与不使用任何辅助记忆相比较时。例如，记忆系统被用来学习几个连续的列表，或同一列表的几个不同的顺序，这将很少出现干扰。[14] 你可能仍然会受到干扰，如果它们连续运用相同的记忆系统去学习不同列的内容，但干扰会比你没有使用记忆系统少了很多。当然，你可以进一步运用记忆术，结合其他降低干扰的方法来减少干扰，这些已在第 6 章有过讨论。

记忆技巧的有效性可以增强，如果你将它们与其他学习策略相结合。拉开学习课程的时间间距；在适当的情况下，使用整体和部分的学习方法；尝试背诵；最后在适当的情况下，使用 SQ3R 学习系统的相关步骤。例如，仅仅用记忆术学习东西并不意味着你不需要偶尔复习内容。记忆系统通过补充学习策略帮助记忆，而不是取代它们，就像学习的基本原则一样。[15]

如何创造有效的视觉联想

因为视觉联想在大多数记忆技巧和系统中起着核心作用。它指导如何在联想时做到视觉图像的有效运用。研究选取了可以让你的图像联想变得有效的三个因素——互动、生动和怪异。[16]

● 互动

视觉图像本身并不能做到最大限度的有效。让视觉联想有效，你的图像必须同时做到"可视化"和"关联"。你所相互关联的两个项目画面上应该在某种程度上是相互作用的（其中一个对另一个做某个动作），而不是仅仅坐在彼此旁边或是在另一个的顶部。例如，如果你把狗和扫帚联系起来，那么更好地描绘将是一只狗用扫帚扫地，而不是想象狗站在扫帚旁边。

相当多的研究证据支持互动效果：比起单独的图像，视觉图像之间的互动是更有效的。有几项把图片给人们展示的研究显示，当图片中的项目进行互动时，比起没有互动的图片，它们被记住的可能性更大，无论被测试者是幼儿园的儿童还是老年人。[17]

在其他的研究中，人们用自己脑海中的图像来记忆单词，而不是向他们展示照片。这再一次证明，相比单独、没有互动的图像，有互动的图像在系列学习以及成对的联想学习时更有效。事实上，即使当人们没有被教导要记住这些单词，只是告诉他们把每一对单词进行比较，成对单词相互比较的记忆也比单独对每个单词做判断要好。然而，小到一年级的学生，当指导他们通过想象力补全自己脑海中的图片，而非把图片直接展示给他们看的时候，可能相互作用的图像并没有太多益处。[18]

相互作用的图像印象深刻的原因之一可能是两个单独的图像可以被组合成一个单一的图像，被当作一个整体来记忆。因此，每个部分的图像作为一个线索，以方便记住整体图像中的其他部分。这表明，分块记忆在互动图像记忆效果中是起作用的：一个图片代表两个或多个项目之间的互动关系。在已经有相关意义的词的记忆上，互动图像并不会比单独的图像对词的记忆好很多，可能是因为它们已经作为一个整体的单元记忆，而不是作为一对类比存在。[19]

● 生动

一个生动的视觉图像应该是清晰的、鲜明的、强烈的，尽可能像看到一幅图片一样。图片对记忆的影响比可视化说明的影响力更强，以至于你从一张图片中看到的越多、越详细，你就看得越清楚。[20] 你应该尽可能看清楚你脑海中的图片。例如，如果你把这只狗和扫帚联系起来，你不应该只考虑把这两者放在一起，或者只想象狗用扫帚扫地，你应该试着感觉在你脑海中的眼睛看到狗拿着扫帚扫地的那种真实的场景。不习惯于图像化的人（许多成年人都不行）会发现，如果他们闭上眼睛尝试去想象脑海中的画面是非常有用的。这似乎也有助于使你脑海中的图像更加具体。[21] 那是一条什么样的狗？什么样的扫帚？它在哪里扫地？它在扫什么？想象一只腊肠犬用推扫式扫把清扫门廊上的泥，或是一只斗牛犬在用稻草扫帚打扫掉落在厨房地板上的食品。

除了细节，有三个建议我经常推荐给人们以帮助使可视化联想更有效，从而使它们更加生动（甚至更加怪异，请看下一节）：

1. **运动**。看到的画面是动态的（这只狗正在用扫帚扫地，而不只是拿着扫帚不动）。

2. **替代**。将其中一个意象替换掉（你在用一只狗扫地，而不是一把扫帚，或狗窝里面出来一把扫帚）。

3. **夸张**。在大小和数量方面夸大其中一个或多个意象［一只吉娃娃（一种墨西哥狗）正在用是一个巨大的扫帚扫地，或一只巨大的圣伯纳犬（一种瑞士国宝狗）正在用微小的扫帚扫地］。

另一个可能有助于增强生动性的因素是熟悉：如果选取的图像是以往的生活经历中熟悉的，那么图片会更加生动。[22]

研究人员很难界定和衡量"生动性"，这将在一定程度上影响他们的结论——生动性是否有助于记忆。即使如此，一些不同种类的研究表明，可视化联想应该是生动的，这样有助于记忆。在一项关于意象对配对联想学习影响的研究中，当人们构建画面时会评估图像的生动性。对于每个人，图像越生动，越容易回忆。在另一项研究中，那些被教导使用生动的视觉图像的人，往往比那些只被教导使用视觉图像而不突出生动的人在记忆一个单词列表时表现得更好。那些被教导要使内容变成生动、活跃的视觉图像的人们趋向于表现得更好。[23]

对于那些能够形成生动的过程和／或控制记忆图像的人来说，头脑中的练习对运动技能的影响更大。那些倾向于形成他人生动形象的人，不仅比那些不形成他人生动形象的人更能记住他人的外貌，而且还更好地记得此人的其他信息（态度、价值观、历史）。最后，那些形成画面越是形象生动的人，可能比那些形象生动性不足的人，能更有效地利用图像记忆术（虽然一般而言，总体记忆可能并没有显著的不同）。[24]

● 怪异

流行的记忆训练的书籍通常建议视觉联想应该是怪异的（不寻常的、怪诞的、不合情理的、不协调的、荒唐的）。与怪异相反的是貌似合理的——想象一个有意义并可能真实发生的画面。例如，一只狗被人用扫帚赶出了房子的画面就是合理的；狗用扫帚扫地这个画面就有些怪异；一只狗像女巫一样骑着扫帚，或者一个人扫地，而把狗绑在扫帚末端，这样的画面就是怪异的。

针对怪异与合理图像的有效性对比至少做过 30 个研究。[25] 大多数的研究已经发现在其有效性方面，怪异和合理的图像之间没有多大区别。但少数的研究发现，在某些情况下，怪异的图像比合理的图像更有效。而另一些少数的研究发现，怪异的图像比起合理的图像是不太有效的。一些结果的差异可能是由于研究方法上的差异（如对怪异的不同定义、立即回忆与过后回忆、真实图片与脑海中的图像，以及配对联想与自由回忆）。

怪异确实有帮助，这可能是因为离奇的影像也包含其他帮助记忆的因素，如互动、生动性、独特性以及更多的时间。一些研究发现，它们可以与互动相互混淆；相互作用的图像可能是怪异的，这样才能涉及相互作用（例如，很难想象一个合乎常理的图片展示大象和钢琴之间的相互作用）。怪异的图像可能更引人注目，从而比合理的图像更生动。在上一节中，我们看到了生动的图像往往比不生动的图像更容易被记住。

相比合理的图像，怪异的图像往往是特别的（独特的或新颖的）。而图像的独特性有助于人们记忆。比起普通而合理的联想，新颖的视觉联想之间的关联有助于记忆，只要新颖的联想是合乎常理的；相比普通而合理的联想，那些令人难以置信的、新颖的关联联想仿佛没有那么有效。[26]（一个关于合乎常理的关联的例子是一个人玩竖琴；合乎常理的怪异联想会是一个人坐在竖琴上；一个令人难以置信的新颖的关联是一个竖琴在打人。）比起合理的图像，怪异的图像一般都需要更多的时间才能形成，而花费额外的时间和精力思考图像可以帮助你更好地记住它。

然而，没有必要因为一个怪异图像的受益因素而去形成一个怪异的图像（互动、生动性、独特性，额外的时间）。你可以使用所有这些因素去形成一个不那么怪异的图像。一个流行的记忆训练通过飞机和树的关联实例说明了荒唐的、不可能的或不合逻辑的关联的优势：一个合乎常理的画面将是飞机停在一棵树的附近。因为这是可能的，书中说这可能对记忆没有效果；更好的图片可能是树上生长着飞机，或树上降落了一架飞机。[27] 固然后者更有利于记忆，因为后者会比一架飞机停在一棵树的附近更令人难忘。然而，更合理的图片涉及互动、生动性、独特性也会更难忘，这也是千真万确的。例如，低空飞行的飞机削掉了树木的顶部，或一架飞机撞上了一棵树。

对于一些人而言，怪异的图像对记忆的帮助可能是无效的，原因之一是这些人很难做出这样的联想。同样，老年人往往不想使用怪异的图像，他们更倾向于与自然相互作用的图像。[28] 如果你发现难以创造出怪异的图像或者这么做你觉得不自在，那么我建议你把精力集中于图像的互动和生动性上。不要在怪异方面花费功夫。另一方面，如果你不觉得创造怪异的联想会有麻烦，相反你觉得很顺其自然，那么我建议你继续创造怪异的联想并使用它们。

更多关于高效记忆术的内容

除了运用有效的视觉联想，还有一些其他的因素可以帮助你有效地运用记忆术。如何使用视觉联想在抽象的文字内容上？使用你自己的图像和联想，或者用别人提供的更多的经验更有效吗？如何使用应用指南进行有效的文字联想？这些问题的答案将进一步指导我们如何高效地使用记忆术。

● 抽象内容如何变成图像

在第 3 章中，我们看到具象的词比抽象的词更容易被图像化。例如苹果、汽车、书和马这样的具象文字并不难想象成画面，但难想象的是一些类似营养、自由、正义和幸福等抽象词汇。由于大多数记忆系统都要使用到视觉图像，那么记忆系统如何用来记住抽象内容呢？

使用图像来帮助记住抽象内容的过程与具象内容是一样，除了增加一个使用"替代词"的步骤，用具象的词来代替抽象的词。这样做的方法之一是使抽象名词特征化："自由"，你的脑海中可以想象自由钟的画面；"正义"，可以想到法官；"幸福"，可以想到笑容；"教育"，可以想象校舍；"时尚"，可以想象一个模特；"深度"，可以想一个孔；"同意"，可以是一个点头；"工资"，可以是支票。用具象的词代替抽象的词的第二种方法，可以用读音相似的具象词代替抽象词：celery（芹菜）对应 salary（工资）；fried ham（油炸火腿）为 freedom（自由）；happy nest（幸福窝）为 happiness（幸福）。你甚至可以用这种技术来记住无意义音节：cage（笼）对应 KAJ；rocks（岩石）对应 ROX；seal（封条）对应 ZYL；sack（麻袋）对应 XAC。

训练记忆书籍中经常推荐使用替代词的技术。在第 13 章中，我们将看到它在记住人名和头像方面扮演着重要的角色。我们看到，替换词技术是在本章前面介绍的关键词记忆技术的一部分。在对关键词记忆的研究中发现，人们很善于利用上述两种方法将抽象的内容具象化，使之成为有效的视觉图像。然而，一项研究发现，那些没有替代词记忆经验的大学生，使用替代词的第一种方法（基于意义）比第二方法（基于读音一样）更有效，但也更难运用。[29]

在学习抽象内容上，替代词是否真的有帮助？具象替代词的图像对抽象的配对联想是有帮助的。举例来说，锤子捶打真空吸尘器的画面可以帮助人们记住"impact-vacuum"（碰撞－真空吸尘器）的关联，一朵盛开的鲜花在一个敞开的门口的画面可以帮助人们记住（blooming-portal）（盛开－门户）的关联。通过使用具象替代词，人们运用视觉图像可以如同学习具象词一样学习抽象词，也可以记住比单词更复杂的文字内容（例如，谚语说的"历史不断重演"）。人们甚至可以使用视觉图像帮助概念的学习。[30]

◉ 应该创造自己的记忆系统吗

曾经有人说过，思想就像一个孩子：你自己的才是最棒的。一些研究证据支持了这一观点。相比他人给予的信息，人们倾向于记住他们自己产生的信息。除了单词和句子的记忆，在各种其他的项目中发现同样有"生成效应"（generation effect），也称自我生成效应，是指在学习过程中，人们对自己生成的信息的记忆效果，要好于单纯阅读所取得的记忆效果的现象，例如，身体的运动、广告中的产品名称以及计算机命令等。[31]

生成效应适用于记忆术吗？使用自己的记忆系统（替代文字、图像和联想）相比使用他人（专家、教师、研究员等）的记忆系统是否更有效？自古以来流行的记忆著作都建议形成自己的记忆系统是最好的。一些研究发现，比起使用研究人员提供的关联联想，如果人们使用自己创造的联想，那么联想往往更有效并且更容易使用。然而，相比视觉联想，针对文字联想的研究更多一些，并有少数研究的结果含混不清。[32]

还有一些你会更容易记得自己的记忆系统的可能原因。比起别人给你的记忆系统，你可以花更多的心思和精力在内容上面。你自己的记忆系统可能是你在回忆的时候，最首先想到的。另一个可能的原因是其他人认为的记忆系统不同于那些自己所认为的。因为他们的记忆系统对你可能没有意义。有时在我的记忆训练课堂上，在我们完成一个活动后（包括使用文字或视觉记忆），我让一些学生向全班解释他们的一些记忆系统。其中许多记忆系统对于某个特别的人是很有意义的：在回忆的一瞬间，他轻松自然地想起来了，但可能需要几分钟的时间来解释给其他人听，有可能很麻烦。事实上你不需要解释你自己创造的记忆系统。

当教导年幼的孩子（或其他不知道如何有效地利用可视化联想的人）如何使用可视化联想时，刚开始最好能帮助他们创造联想，直到他们有一定的实践和经验基础。研究发现，如儿童或智力发育不良的人可能无法独自创造良好的联想关联，那么他们将得益于别人的联想建议。幼儿（学龄前儿童）的问题不是那么多，他们不是不能产生视觉图像，而是他们中的大多数人不能产生有效的视觉图像。[33]

但是，即使人们不能形成自己有效联想，仍然可以利用别人给他们提供的有效图片来记忆。例如，在一项对外语词汇学习的研究中，当给学龄前儿童提供记忆图片时，他们学习的知识增加了高达1000%！大多数11岁的孩子似乎能像成年人一样有效地生成自己的图像，但教师提供的图片仍然比自我生成的图像更有效，即使与一些四年级、五年级和六年级的高才生相比。此外，患有严重脑损伤的人不能使用他们自己的照片，但他们仍然受益于别人为他们描绘的画面（只要是轻微脑损伤的人对自己或他人提供的图像都能受益）。[34]

◉ 如何才能使文字联想更有效

本章的大部分内容都集中在图像记忆术上。然而，我们也看到，不是所有的记忆技巧都包括视觉图像。之前我们给过非可视化（文字）记忆术的例子（文字联想、押韵、首字母缩略词、离合诗等），并且大部分的可视化记忆对象都有与对应的非可视化记忆对象联系起来（比如之前在"什么是记忆术"一节中将猫和老鼠这两个词关联起来的例子）。[35]

相比图像记忆，文字记忆对于有些人可能会更加自然。大学生课堂笔记的记忆往往是不可图像化的，关于他们用在学习单词表时的多种不同技巧的调研中没有发现图像化技巧的使用。在对英国大学生和家庭主妇的一项调查发现，押韵、离合诗是最常用的辅助记忆的方法。有人提出建议，相比图像记忆，老年人可能更多地受益于文字记忆。因为很多有记忆问题的老年人，似乎图像处理比文字处理困难更多。[36]

虽然一些研究还没有发现图像和文字联想在其有效性方面存在显著的差异。比起文字联想，图像联想对记忆具象的内容会更有效，而文字联想可能经常被用于记忆抽象的内容更有效。[37]是否有办法最大限度地发挥文字联想的有效性呢？

前文讨论的决定图像联想有效性的许多因素也与文字联想有关。有一些证据表明，生动性可以影响文字以及图像内容的记忆。回忆和图像的生动性之间有着正相关的关系。在其他的研究中，人们学习具象的句子或段落，它们所描述的事件具有或多或少的生动性。（生动的描述是富有情感的、丰富多彩的、有效的，并产生了更多生动的图像。）比起不生动的句子和段落，那些生动的句子和段落回忆起来更容易。同样，比起平淡的段落，那些包括生动形容词的段落可以更好地被回忆起来。我们知道了熟悉性可以增加一个画面的生动性；同样，在句子中，添加熟悉的人名和地名，这样个性化的句子被认为具有更高的图像价值以及更容易被回忆。[38]

已经研究了一些怪异的联想，包括怪异的句子和图片，所以对于它们的结论是：可以合理地被用于文字联想以及图像关联。

创造你自己的记忆或者使用别人提供的系统也可以应用于文字记忆。

　　使用替代词使抽象的文字内容变得具象，但它和文字联想比起来，不够直接。最基本的尝试让文字内容更具象的想法是相关性。一个可能的使抽象文字内容更具象的方式可以借鉴"对抽象句子的研究"的结论，如"惹恼推销员的条例"或"从桌子上掉落下来"，这样的句子如果增加一些内容会被记得更好，如"严格的停车条例惹恼了推销员"和"象牙棋子从桌子上掉下来"。[39]

第8章
chapter8

记忆术是真的吗：局限性和伪局限性

虽然记忆的实际应用可以追溯到20世纪以前，但对记忆研究的兴趣只能追溯到20年前。20世纪前半期，记忆术通过流行记忆书籍和商业课程而广泛传播，但只是记忆专家和一些业余爱好者在使用，大多数心理学家对此并不感兴趣。直到20世纪60年代，美国的心理学家为了所谓的"科学"起见都只关注通过表象能反映出来的行为，并认为脑力过程是一个非常不正统的研究领域。此外，许多心理学家将记忆与煽情、演技和商业化相联系（1960年一些研究人员发现，许多实验心理学家的态度是："记忆是不道德的伎俩，只适合……舞台上的魔术师。"）。[1] 因此，直到大约20年前，许多研究人员认为，研究记忆术不会产生有用的知识,或者说这样的噱头不值得严肃的科学研究。

意外的是,一些心理学家关于记忆术价值的怀疑不仅仅局限于 20 世纪。1888 年一个心理学家引用了 17 世纪著作中记忆术大师的描述:"在如今这个时代,虽然他们得到的耻辱和蒙羞多于他们得到的利益,但这是一种卑鄙的流氓行径,(将记忆术)强加给无知的年轻人,只为从他们身上攫取一些钱来满足自己当下的生存。"心理学家接着说,"至少阿格里帕时期的记忆术老师和现在的记忆术老师之间有一个区别,那就是后者一般得到的不是一小部分的钱,而是非常多的钱,他们有时强加给别人,包括幼稚的年轻人。"[2]

重新兴起对记忆术的研究兴趣始于 20 世纪 60 年代中期,对于这一兴起最大的帮助就是把脑力过程的研究项目列为正式的科研领域(见第 4 章)。实际上,几乎所有的关于记忆的学术研究也是在这段时间出版的。此后,到 20 世纪 70 年代初,一些赫赫有名的心理学家和颇有成就的研究人员认为,记忆术应该用科学的态度严谨对待,并鼓励更多的心理学家研究记忆术。1973 年,记忆术的研究终于赢得了它正式的学术名称"记忆学",被记录在心理文摘上。此后每年约有 20 篇参考文献可以在这个标题下被找到。到了 20 世纪 80 年代中期,已经有足够多的记忆术研究被编纂成一本包含 20 个章节的书,每一章节都综述了记忆术研究的一个领域。(我曾经写过一个更详细的有关记忆术研究的合理性上升到台面上的文章。)[3]

然而,有心理学家、研究人员、教育工作者和其他仍然怀疑学习和运用记忆术合理性的人。他们怀疑的部分原因是对记忆术的应用局限性,另一些则不是。本章会对两种局限性进行讨论。(其他心理学家还分析了记忆术的研究和应用中的局限性和存在的问题。)[4]

记忆术的一些局限性

我们在第 7 章了解到，你可以使用记忆术来创造奇迹般的记忆。然而，你也在第 1 章中认识到，没有哪种记忆技巧神奇到对所有的学习和记忆任务都是全能的。它们除了优势，也有弱点和局限性。一些记忆术的局限性主要是由于使用了视觉图像，因此主要适用于可以图像化的内容记忆，其他局限性是记忆术还需要用上文字记忆。这些局限性包括时间限制、抽象内容的物质、不断学习再记住、丰富的想象力、逐字逐句地记忆、解码的干扰、转移方式和保持记忆。

● 时间

我们从第 2 章看到，不知道为什么，视觉记忆过程可能比文字过程稍慢一些。可能的原因是我们需要花一点时间来思考由文字所代表对象的图像，而不是思考这个词本身书写的图像。许多研究已经表明，如果内容呈现的速度太快，你可能没有时间来形成图像，并将它们联系起来。[5] 因此，当内容出现得太快时，视觉联想记忆可能不是一种有效的策略。

什么叫"太快"？根据限定记忆系统（第 11 章）研究发现，在演示内容间隔为 4~8 秒时是有效的，2 秒对于视觉联想不熟练的人来说显然不够。在使用视觉或文字联系时，5 秒通常是足够的学习时间，以产生保留数小时甚至数天的印象；对于图片（对比想象生成的图像），1~2 秒可能就是足够的。1~2 秒的差异（5 秒相比 6 秒或者 3 秒相比 5 秒）充分表明了视觉联想记忆在帮助记忆项目中的巨大差异。在配对关联记忆的研究中，通常给人们至少 5

秒来使用视觉图像。如果允许人们自己调配时间的话，人们平均用时约 7 秒能记忆一对，如果文字内容以 1 秒或 2 秒的速度呈现给你，你可能无法使用视觉图像来记住它。[6]

你可能会注意到，你可以通过更多的练习来提升你形成图像关联的速度，图像关联练习得越多，实际操作时花费的时间就越少。第一次使用视觉联系的人每次关联所用的平均时间为 7 秒。对于经历过专门训练的大学生而言，最终能够使用包括视觉图像的记忆术在 2.5 秒内完成一个德语单词的学习（关键词记忆），而他们第一次完成则需要 10 秒。此外，在许多实际的学习任务中，时间限制并不重要，因为你可以决定自己的速度，通常情况下，内容并不会以特定的时间和速度出现。最后，应该指出的是，即使最开始可能需要更长的时间去梳理内容，一旦使用视觉图像将会比不使用它们的学习时间更少，因为你可能不必再通过内容多次地复习它。[7]

无论是图像化、分组、联想、组织或寻求其中的意义，我们以前看过的任何一种编码从短期记忆到长期记忆的内容都需要时间。因此，时间的限制不是唯一存在于使用视觉图像方法中的（虽然时间问题对抽象词图像化比具象词图像化更严重。在下一节会讨论）。例如，人们被教导使用八行离合诗（类似藏头诗）来帮助他们学会八列由六个词组成的词组，需要比不使用离合诗的人花费更长的时间来学习列表（虽然他们在之后的记忆测试中会记得更多的词）。[8]

检索时间是另一个可能会限制记忆术的方面。它可能比只考虑直接信息需要更长的时间来解码。有一些研究证据表明，视觉图像比死记硬背需要更长的时间检索，但是与此同时，还有一种检索记忆方式的速度与死记硬背一样快的就是重复练习。[9]

除了图像化时间和检索时间，记忆也往往需要额外的学习时间学习记忆方法本身。例如,一个系统,如限定记忆系统(第 11 章)可能不值得额外的时间学习,如果它是一次性的学习系统。然而,如果它能多次使用,后续使用时间的节省可能会远超它的额外学习时间。记忆术的效率问题,在省时省力与学习收获方面,仍然是一个开放的研究问题。[10]

抽象内容

我们在第 2 章中看到,你可以用视觉图像来帮助记忆抽象的术语,用具象的替代词来帮助记忆。然而,这种方式至少会带来三点可能的局限性。

> 1. 给抽象词构建一个图像要比给具象词构建图像花费时间更长,因为你需要额外的步骤去思考一个用具象词来表述抽象词的意思。[11]
>
> 2. 替代词只是一个提醒你抽象概念的提示,你总会有时记住了这个词,却不记得它代表的意义。你可能会通过想起独立钟(指美国费城独立厅的大钟,1776 年 7 月 4 日鸣此钟宣布美国独立,1835 年被损)的画面回忆起法官或微笑的面孔,而不能够回忆起他们代表的是自由、公正或幸福。这可能是抽象概念比具象概念更难被构建图像的一个原因。[12]
>
> 3. 对于某些抽象术语或概念来说,构建具象词会很难(例如,断言、理论、分析、推断)。即使你可以找到一些具象的词汇,它们可能需要相当长的时间建立关联且不能很牢固地表示它们所代表的抽象概念。

虽然视觉图像可以帮助你记住抽象的内容，但上述的限制表明，文字介质可能比视觉介质对某些抽象内容而言更有效。文字介质不以其使用的内容为依赖性。例如，把理论和分析联系起来，你可以说，"理论是值得分析的"，但很难对这个关联匹配一个非常恰当的画面。此外，研究表明，相比具象内容，抽象内容使用文字介质不需要花费更多的时间，但使用图像介质需要更多的时间。[13]

● 学习与保留

有一个研究人员广泛讨论的问题：记忆术是只能帮助学习获取信息，还是同时也有助于记忆保留。在第 3 章中我们可以得知，遗忘率取决于你学习内容时有多牢固，而不是学习的速度有多快。因此，如果不需要更长时间的保留，那学习内容的速度可以更快。一些研究人员说，虽然记忆技巧和记忆系统可以帮助学习内容提高速度，但不会对记忆的长期保留有所帮助。事实上，研究一直声称，我们不能真正提升记忆力，通过记忆系统，我们能做的只是提升学习时获取信息的速度。另一方面，也有人说，记忆让人记住的内容更快且保留的时间更长。有关研究的评论表明，虽然有一小部分研究表明图像对记忆的长期保留没有帮助，但大多数研究仍然表明，使用图像帮助保留记忆的同时也可以帮助学习时获取信息。[14]

学习与保留这一问题有两点考虑我们应该牢记。首先，记忆术是否帮助保留记忆取决于如何测量保留程度，保留的程度在不同的研究中已经有了不同的测量方式。一个简单的例子就能说明这种不同。假设有一组人要使用记忆术学习一张 20 个词组成的列表，第二组不使用记忆术。第一组平均记住了 18 个项目，而第二组的平均值为 12。这一发现表明记忆术可以帮助学习。一周后，第一组可以记住 12 个项目而另一组为 8 项。记忆术可以帮助一周后的保留效果吗？用记住量来考量的话是可以的：使用记忆术的一组比其他组多记住 4 个项目（12/8）。用遗忘量来考量的话它是不可以的：使用记忆术的一组比其他组多忘记了 2 个（6/4）。用记住或忘记的百分比来说，它们没有什么区别：（一周后）他们彼此都忘了自己所学到的 1/3（6/18 和 4/12）。

其次要考虑的问题，是对于研究人员来说，学习与保留的问题可能是一个重要的理论区别，但对于学习记忆术的人来说，它可能没有太大的实际差异。假设记忆术只帮助学习，并且有一组用记忆术系统学习内容，而另一组不用。每个小组都学习这些内容，直到他们能够完美地背出来为止。现在，如果记忆术能帮助学习，但对保留没有作用，那么我们预计一周后两组会记得同样的内容。但记忆术组可能仅用了 15 分钟学习内容，而其他组可能花费了 30 分钟。(在一项对学习障碍学生的研究中，在相同时间内，记忆术组学到的科学事实两倍于直接指导组。)[15] 这意味着记忆帮助人们更有效地利用他们的学习时间：他们用只有其他研究组一半的时间记住了相同的内容。现在假设这两个群体研究了 30 分钟，这就意味着记忆组会花 15 分钟过度学习内容，所以他们会学得更好，因此将继续保留得更好。

◉ 想象能力

在第 7 章结尾我们看到，一些成年人不习惯于图像式思维，所以通过文字记忆会比通过图像记忆更自然。也许这是因为图像比文字更难起作用，或者就像孩子学习语言技能，他们更多地依赖于语言能力而不是图像，或者由于我们的文化和教育体系强调事实和语言倾向，破坏了他们童年对图像的依赖。不管是什么原因，有证据表明，年纪小的孩子往往比大龄儿童和成年人更依靠图像记忆。[16]

即使是成年人，由于人们的图像或文字思维的习惯不同，他们的想象能力也不同。我们已经看到，特别是老年人往往不使用视觉图像。因为很多人都不习惯想象的事情，视觉图像在他们看起来不自然。研究已经发现，那些有能力使用图像的成人和儿童比那些缺乏这种能力的人，可以通过教导更多地建立视觉联系。因此，利用视觉图像记忆系统对于一些成年人来说可能用处不大。[17]

然而，即使有些人可能由于图像思维的习惯而没有有效地使用图像，但是大多数人都有这样做的能力，可以通过训练使用图像。利用视觉图像是一门学问，需要指导、培训和实践，就像其他的记忆技巧。[18]成年人、老年人、儿童以及学习障碍的残疾儿童、智障和脑损伤患者和其他低效的学习者，都可以被训练来有效地使用图像记忆。[19]

具备想象能力的人一开始就可以从学习记忆术中尝到甜头；那些图像化有困难的人可能需要一些时间来发展能力，但如果他们实践，就可以获得这些技能。有些人做得不太好，可能是因为当他们第一次尝试使用视觉图像记忆时努力得不够，或可能采取了其他方法。他们不信任图像记忆过程的原因，是他们没有图像化的能力。一些人不能使用视觉图像或不能学会这么做，可以使用记忆技巧，包括文字转化，但记忆系统在直接的文字记忆方面可能显得不够实用。

◉ 一字不漏地记忆

一些记忆任务可能需要逐个记忆单词，做到一字不漏（例如，学习圣经、诗歌、剧本等）。记忆系统并不是特别适合这样的逐字记忆任务。当人们问我如何一字不差地记住这些内容时，我告诉了他们在第 6 章讨论的记忆策略。我们将在随后的章节看到，记忆系统可以帮助记住这些内容中的要点或观点，并以正确的顺序回忆这些点，从而提供一个框架，从中可以准确地知道关键词。但是这个系统对一字不漏地记忆并没有太大的帮助。

● 干扰

我们已经看到，记忆系统可以减少不同内容间的干扰。但是现在我想说的是，视觉图像可能实际上增加了干扰。这两种说法真的没有不一致，因为我现在谈论的是一种不同的干扰。

一个图像可以很容易地被记住，但当用于记住文字内容，图像必须被转换回适当的文字形式。干扰问题出现在回顾一个具象名词的时候，因为有同义词，不同文字可以用相同的图片表示，因此，一个图片可以代表不止一个词。例如，一个小孩的照片也可以表示婴儿或孩童；一只狗的图片也可以代表犬或狼；而汽车的图片也可以用来指代汽车本身，也可以用来指代交通工具。

我们使用图像学习抽象内容时，这种干扰问题是最有可能出现的。例如，我们用一个微笑的脸来代表快乐这个词，那么稍后当我们回忆时，我们可能会想到微笑、脸或头。许多研究表明，虽然高辨识度的图像记忆优于低辨识度的图像，但这种转化错误更可能发生在视觉图像中，而不是在单独的文字内容上。[20]

● 留存与转化

被教导如何使用记忆的人后来都继续自己使用那些方法吗？

这种记忆方法到底是否可以把技能本身转化成一种能力，还是仅仅只用于训练？这两个问题涉及的关键点分别是留存和转化（或普适）。大多数已开展的自主使用记忆术的研究以儿童为对象，让他们自发来学习记忆术。尽管儿童很年轻或智力上尚未开发，无法有效地学会使用记忆术，但他们往往不能在自己随后的工作学习中使用记忆术，即并不能推广延伸到其他的学习中。[21]

可能影响儿童自主使用记忆术的最重要的因素，是他们受到多少培训和实践之后才开始自己独自完成的。在大多数研究中，孩子都给出了简短的指令，很少或根本没有实践。有种方式能让记忆术的转化作用提升，那就是让孩子将记忆术运用到新的内容时，给他们一些理解性的指导，比如什么时间、什么方式、为什么以及何种情况下使用记忆术和记忆术课程中额外的教学实践。如果有足够的训练，甚至幼儿园学前班的小孩子已经能够转化视觉图像记忆方法到其他类似的学习中。[22]

可以通过鼓励和提示来让儿童在以后的工作中使用记忆术。事实上，即使他们已经学会使用记忆术，他们往往没有自己有意识地考虑使用记忆术。对于记忆术，他们的掌握程度可能不足以成为他们习惯的记忆方式。大一点的孩子可能不需要和培训年轻的孩子一样给予太多的激励。例如，八年级的孩子学会使用一种记忆术后能够在几周后再次使用，而不需要提示。[23]

一些研究人员认为，儿童不能自主使用记忆术可能不是一个很严重的问题。如果目标是提高孩子的学习，那么自主使用很重要，如果真的没有任何人来提示孩子使用记忆术的话。记忆的效果是相同的，无论孩子是自己意愿去使用，还是在指导下使用，当孩子在最自然的环境中学习时，经常会有人提供这种激励（例如，父母或老师）。[24]

留存和转化问题不仅限于儿童。我发现，成年人也可能无法自发地继续使用记忆术。例如，在我的大学记忆课程中，在完成课程的几个月后，许多学生反馈他们使用技巧的程度显著下降（虽然他们反馈的使用程度仍然高于课程之前）。此外，在一项研究中，我们教老年人使用图像关联和限定系统（第11章），我们发现，研究结束几个月后，几乎没有人使用它。这一发现与其他的研究是一致的，如果不是提醒这样做，大多数被教导了图像关联记忆术的老年人都不使用它们。[25] 在成人是否继续使用记忆术的问题上，除了他们如何学习记忆的能力，动机和机会可能也发挥了重要的作用。

需要注意的是，这种继续使用新技巧的缺失不限于记忆术，任何一种心理技巧（学习策略、创造性思维、解决问题等）的留存和转化对于孩子、大学生和成年人都是很难的。同样地，这种问题也出现在很多的疗法中，比如在诊疗所用于进一步提升记忆能力的疗法，实际上是在倡导病人每天都使用。[26] 日常生活学习策略研究已发现，其他的学习和记忆能力的自主使用可以同记忆术一样用同样的两种方式来提升——增加记忆术培训和实践与策略，以及深入解释记忆术是如何以及为什么起作用的，何时使用记忆术。[27]

记忆术的一些伪局限性

本章到目前为止已经讨论了有关记忆术的一些实在的局限性和问题。还有一些"伪限制"问题和局限性，不像刚刚讨论的问题一样有效，或者说不像有些评论家会让我们相信的那么严重。例如，最近一本关于如何学习的书中列出了记忆术的三种主要局限性：缺乏理解的死记硬背来获得内容记忆；记忆系统只是增加记忆的负荷；通过记忆术记住的内容很快就被遗忘。[28] 前两个限制都在下面的章节中有所讨论，而第三个问题其实无须我赘言。

一位心理学家曾指出："像很多东西一样，记忆技巧很容易被模仿和嘲笑。"但是，他指出，这并不使得它们变得无效，"没有什么像成功地强化一个人新的学习方法一样有价值。"他还观察到，评论家要么很少明确地表明什么可以代替记忆术，要么是"单纯的憎恶或直接指出记忆术的失败案例，好像压根也没有人会支持比记忆术更好的方式"。[29] 评论家对记忆术提出了五条局限性，我把它们归类为伪局限性。[30]

1. 它们不实际，不具有可操作性。
2. 它们不利于人们理解。
3. 它们让你不得不记住更多的东西。
4. 它们让人有依赖性。
5. 它们弄虚作假。

◉ 记忆术是不实际的

实验室中研究的记忆和示范表演者展示的记忆，这两种记忆任务都认为图像记忆并不实际。在实验室研究中，大量的视觉图像在文字学习和记忆中的研究主要集中在对非相关名词的配对和序列学习上。虽然这些范例和实验方式便于心理学家的研究，但许多人的实际记忆问题并不与实验一样。

在第 7 章一开始我描述道，当我在演讲或示范中完成一个或多个记忆壮举后，人们有时会在过后找到我并说，记忆术对记忆不相关的名词长名单或记忆杂志没有太大的作用。毕竟，他们不打算去做记忆巡演。他们中的许多人把记忆术都当作魔术表演在看，而不是应用于心理学的演示。同样，一本关于记忆的教科书说，记忆术的一个主要的困难点是它们只在记忆简单的列表，例如简单的食品项目。这可能有助于在紧要关头回忆，但总的来说，在回忆日常生活中的事物时，它们的用处不大。[31]

如果，事实上，研究与示范中的记忆任务都是好的，也许还是会有人声称它们在日常生活中实用价值不大。一个很好的例子，毕竟你需要记住一个名词的列表，或一个不相关的单词，或一本杂志吗？我在我的教学中预料到会有这些反对意见，并且强调记忆系统不只是为了研究或作秀。我向观众指出了我在第 7 章就指出的问题——人们是否愿意表演这些惊人的壮举，重要的一点是他们可以做到，这意味着他们可以同样在其他方面使用记忆术，但可能被认为超出了他们的能力。

这些"其他方面"是什么？人们可以用他们的记忆术来做什么？研究表明，记忆技巧和系统可以对学校功课的很多领域有效适用（见 14 章），以及其他实用的记忆任务，如学习外语，克服精神不集中，记住人的名字、工作、数字（电话号码、日期等）、圣经和广告，等等。研究人员认为，学术领域也是记忆术的有效应用领域，而且在工业和军事设施上有广泛的需要。事实上，人们已经开发了军事训练领域，如记忆摩尔斯密码、信号旗以及哨兵指令。此外，它们不仅有助于记忆配对联想或列表形式的内容，也被发现有助于学习散文的内容。[32]许多这些应用以及其他的方面将在其他章节中讨论。

已经有很大一部分使用过记忆术来记忆的人群提到过记忆术的应用不仅仅只是在实验室里，与此同时，它的应用性有很大的潜力空间（请参见在本章前部分的"想象能力"）。许多记忆技巧和系统已纳入记忆康复治疗来治疗脑损伤。[33]

就记忆术是否有实用性这个问题，我的结论是，"实用"取决于个人的利益和需求。例如，一个人可以记住很多人的名字，而这种能力对于有些人来说可能是非常有用的（例如，教师或营业员）；一个人可能觉得记住数字的能力也没什么用，而另一个人工作中充斥大量的测量、价格或时间表，他可能会发现它非常有用；一个人可能不喜欢学习外语，而另一个准备去另一个国家深造的人可能会发现外语很有用；记住一列项目对于有些人来没什么用，但对于女服务员或厨师来说是非常有用的。即使是教育中的记忆术，对于一些不在学校的人来说，可能也能起到作用。因此，对于一个人来说的现实，对于另一个人来说可能就不是。

● 记忆不帮助理解

有些人（和一些心理学教材）对记忆术不予理会，并批判说它们只是在某些特定的背诵记忆任务时有效，但事实是许多学习任务涉及理解，而不只是直接记忆。其含义是，因为它们不帮助理解，所以记忆术都不值得学习。

回应这种批判的方式有两种。首先声明，它们不能帮助你更好地理解可能不完全准确。一位心理学家最近指出，尽管图像记忆技巧往往不被用来促进综合理解，但它们可能对综合理解有潜在的帮助，且一些研究支持这一说法。教学实践的心理研究表明，学习者产生图像往往增加他们的理解和记忆，而记忆的图片和图表也能促进学习者的理解和记忆。[34] 视觉图像可能涉及内部表示，如时钟时间、货币价值以及年月。有证据表明，图片和视觉图像可以帮助理解概念和句子以及散文阅读内容。图像介质在教学认知策略和学习认知策略的训练中有广泛的应用。心理图像甚至被发现有助于解决问题。[35]

但我们假设记忆术不帮助理解，事实上，它可能是真实的，它们在帮助理解方面的表现并不像对直接记忆任务那么突出。另一个回应这些批判的方式是：那又怎样？记忆术并不是为了推理、理解以及解决问题这样的任务而开发的。它们的目的是帮助学习和记忆。我们需要抛弃一种并不能很好地完成它不擅长领域的任务的有效方法吗？

在第1章中，有一个记忆工具和木工工具的比喻。它指出一个锤子应该做什么，它做得非常有力，但它不打算被用来做所有的事情。我们不会放弃它，因为它没有看到木板或钉子。同样，记忆使人做出惊人的壮举，这些惊人的壮举无法进行独立的记忆；它们所应该做的，它们做得非常好。这不是有效的批判，因为强大的记忆术不应该用来做它不应该做的事。

因为许多学习任务不包括直接的记忆内容，就说记忆系统没有价值的说法，就像许多数学问题不涉及乘法，就说乘法口诀表没有用，或者许多人不说西班牙语，所以就说西班牙语没有用一样。同样地，许多任务不涉及直接的记忆，但许多任务涉及直接记忆也是事实。不管我们喜欢与否，我们中的大多数人都有很多东西要记住，名字、电话号码、将做的事情、需要买的东西、地址、日期、任务、演讲、报告和作业。因此，即使它们确实有助于只记不理解，但是记忆术还是值得学习的，因为它们可以帮助人们记住想记的东西。（见第14章对学校中记忆和理解的讨论。）

在第 3 章中所描述的俄罗斯记忆专家 S 的经验，已被用来作为一个例子阐述它们不仅不能帮助理解，实际上可能妨碍理解。S 用视觉图像来记住每一件事：给定一个固有模式有内在关联的数据表，他不去理会这组数据的关系；相反，他用图像化的数字来记住这个列表。这个发现使得一些人得出一个结论，因此有人学着心理学家的方式来总结说："显然，记忆术对记忆抽象事物的能力并没有什么帮助。同时我们可以合理地认为，记忆术有时会通过一些抽象的思维方式干扰到有秩序的整体记忆。"[36] 这其中的含义是，我们使用的记忆术也会影响我们看到和理解的抽象模式和原则的能力。

然而，S 受他的认知方式所迫，形成视觉图像，他自己无能为力。我们选择使用记忆术强加意义到一些内容，并不意味着我们就不能学习其他那些没有记忆术的内容；对散乱的内容使用记忆术，也并不意味着我们也必须在有组织和有规律的内容中使用它们。

● 记忆术增加记忆负担

大多数记忆技巧和系统实际上在一定程度上增加了你要记住内容的量。记忆系统需要你除了记住你要记的信息之外，还要记住组成大脑档案系统的资料。事实上，这就是当心理学家谈论图像和文字的论述时所表达的意义。例如，使用定位记忆系统（第 10 章）记忆一个 10 项的内容，除了 10 项要记住的项目之外，你必须记住 10 个位置。这一事实已经导致一些批评者认为，该系统实际上比只学习信息本身要记的更多。（就像是要数清一群马，必须数清有多少条腿再除以四才能得出结论。）

这是真的，大部分的记忆系统会增加记住内容的数量，作为一个结果，当它们第一次被学习的时候，它们可能需要额外的努力。但这额外的努力可以用三个原因阐释。

1. 一旦学会一组定位系统（或其他记忆术的准备内容），它们在学习新内容时会派上用场。它们一遍又一遍地被用于学习新的东西。因此，学习的额外努力只发生一次。

2. 无论记忆是怎样完成的，记住是工作，而记忆术并不是让记住变得简单的必要事项，只是更有效（如在第1章中指出）。学习使用记忆术就像其他任何技能的获得，它是一项需要实践的技能。例如，当一个人第一次学会使用打字机时，打字可能会比写作慢，而且看起来比它提供的价值更麻烦。但是一旦一个人掌握了这项技能，打字就比手写效率更高。或是一个高尔夫球手可能会发现，学习一种新的抓地力或新的摆动方式起初可能阻碍她的比赛，但如果她坚持练习，她会发现她的技术提升了。同样，记忆系统似乎首先要带给人们更多的麻烦，但那些努力学习并习惯使用它们的人通常反馈说他们的努力是值得的。学习一个系统的额外努力，可以部分地被在没有记忆术系统下学习其他内容所节省的时间和精力所抵消。他们用图像记忆术记忆一些名言清单或工作，反馈说做这些记忆任务比那些没有使用记忆术的人更容易。[37]

3. 记忆能力并不只是一个记忆内容数量的函数，还有很多其他的因素要考虑，如怎样让内容更有条理或更有意义。例如，我们在第2章中看到，分组的数量比项目的数量更重要：你能记住一句包含40个字母的话，比记住一系列的10个不相关的字母要容易。我们也在第7章中看到一个句子，如"东西从桌上掉下来"，当说明具体细节的变化（象牙棋子从桌上掉下来）时将更容易被记住。

其他研究也发现，增加相关的细节可以提高对句子的记忆。例如，当存在括号中的部分内容时，下面的句子被认为是更容易被记住的：胖子买挂锁（放在冰箱门上）；光头剪碎了（护发素的）优惠券；有趣的人羡慕的指环（在喷水）。在另一项研究中，人们被提供了有关名人的事实：在他生命中的一个关键点，莫扎特从慕尼黑到巴黎旅行了一圈。有些事实有相关的细节补充：莫扎特想离开慕尼黑以避免感情纠葛。提供了这一细节的人可以比事实被单独提出时更多地回忆起上面所述的事实。[38]

因此，要记住的内容的量并不是评估记忆能力的首要问题。一旦一个人学会了记忆系统所需要额外记住的内容，他通常发现，在组织和意义方面的优势大于有额外内容需要记的缺点。

◉ 记忆术有依赖性

一些人批判记忆术是建立在"人们可能会依赖记忆术，并像一个拐杖一样使用它"的基础上。（事实上，一位心理学家提到记忆术作为"人工记忆拐杖"。）没有拐杖，那么人们将无法记住内容。也就是说，一个人记住了记忆术所需要的内容后，将对记忆术产生依赖以记住别的内容。例如，有多少人可以不背"四六九冬三十日"口诀就记住11月有多少天？评论家提问说，如果你忘记了记忆拐杖该怎么办？

至少有三个对此问题的回答。

1. "记忆拐杖"相对于要记忆的事物本身并不容易被忘记，人们在忘记了事物本身很久之后，仍然记得几丝记忆术的痕迹。一位心理学家从朋友那里学习了记忆圆周率前 20 位的口诀，之后他依然记得口诀，只不过他需要打电话问他的朋友，如何把口诀转换为正确的数字。同样地，一些人可以记住他们为了记住颅神经名字而编写的句子（第 7 章），即使已经忘记了神经名字很久之后。然而，记住记忆术并不能对他们忘记了事物本身承担什么责任。

2. 这种依赖性并不经常发生，更可能出现的结果，是当人们并没有彻底学会和（或）经常使用时才发生。然而，特别是如果内容会被一个人定期使用，他最终会发现，不再需要他去回忆原本的记忆术和内容之间的联系，他依然可以记得内容。[39] 我记得我多年前用记忆术记住的内容，但我不记得一些我原本用来学习内容时设置的联系。

3. 如果一个人变得依赖记忆术来记住某些内容，是坏事吗？一个人的视力变差而依赖眼镜的帮助，这是不可取的吗？甚至一个视力好的人可能需要一个望远镜来清楚地看到远处物体，是不是比不能看到远处物体的人更好？一个人依靠记忆术记住他遇见的每一个人的名字比忘记他们的名字更糟吗？我用语音记忆系统（第 12 章）来记住我所属的一组 100 多人的电话号码。我必须参考我的记忆关联来记住所有的数字，但这比不记得号码更好，不是吗？即使依赖拐杖的批判是正确的，更好地记住内容可能比不去记住更好。

一个对拐杖批判的讽刺，是它实际上是两个相互矛盾的批判的基础。一方面，批评家说没有拐杖你不能记住内容（这意味着如果拐杖丢了，你就迷失了）。另一方面，批评家说，你太依赖记忆拐杖去记住内容了（这意味着你不能忘记拐杖）。

在拐杖批判的另一个方面，涉及对记忆方法的一般依赖。这是说，人有了使用记忆术的习惯还能不能不用记忆术来学习内容。

作为一个心理学家的解释是:"记忆术成功后可能会建立一种恶性循环:更多地使用它们,我们更需要它们,而我们越是倾斜的,甚至是被迫的,在我们试图理解新信息时候就越敷衍。"[40] 卢里亚报道的 S 经常被用来作为一个例子,来说明对记忆依赖如何导致不能够学习(但没有看到对记忆和理解的部分的讨论)。

其实,记忆术的恰当使用能使自我在其他记忆时有更强的信心,而不是让人无奈地削弱记忆。以下是我记忆中的两个学生的话,可以代表很多人的想法:

> 我发现记忆关联不仅明显地帮助我学习,而且也提高了我的正常记忆的敏感性。现在当我使用死记硬背的方法时,我发现它更容易,因为记忆系统给了我自信。
>
> 我发现自己对日常活动的每一种情况都会运用口诀,同时发现自己的回忆是更有效和更有组织性的,并有相当大的自信,这是我以前没有经历过的。

◉ 记忆术只是弄虚作假的小把戏

艾萨克·阿西莫夫描述了一个经验,说明了与一些人看待记忆一样的智力观点。当阿西莫夫在商店买几个物品时,他看着店员在一张纸上写着数字(例如,1.55 美元、1.45 美元、2.39 美元、2.49 美元),便自动喃喃说:总共 7.88 美元。当店员完成了他的加法,并得出 7.88 美元时,他抬起头敬畏地说:"这太让人震惊了。能做一件类似的事情,你一定很聪明。"然后阿西莫夫解释了如何做到这一点。"你不要把 1.45 美元和 1.55 美元直接相加。你把 1.55 美元的 5 美分添加到 1.45 美元上,所以你就有 1.50 美元和 1.50 美元了,这是一次性计算 3 美元。然后,不要增加 2.39 美元和 2.49 美元,你分别增加 1 美分,应该加上 2.40 美元和 2.50 美元,这是 4.90 美元,记住,你将必须要减去你添加的零头。3 美元和 4.90 美元是 7.90 美元,当你去掉 2 美分的零头,答案就是 7.88 美元。如果你练习这样的事情,你也可以……"

这时,阿西莫夫不得不停止,因为他不能忽视店员的白眼,店员说:"哦,这只是一个玩笑。"阿西莫夫说:"我不只不聪明,我只是一个骗子。对于一般人,换句话说,理解数字的属性和使用这些属性是不聪明的。执行机械操作才是智能的。"[41]

在做记忆表演时,我观察到一些人表现出与阿西莫夫故事中的店员相同的反应。他们对我的记忆表示震惊,直到我解释关于记忆系统的使用后,在他们眼里,我不再有惊人的记忆,我只是一个骗子。(也许这就是为什么一些记忆的"专家"不泄露他们的秘密。)一些人理解记忆的原理并通过记忆技巧应用它们,这并不是记住。重复和练习才是记忆。我有印象,20 世纪 80 年代心理学教科书将记忆术称作"把戏",而且一些心理学家把记忆术视为"人造记忆"。

区分"自然"与"人造"记忆也许是一种人为的区分;什么是自然和人造的记忆,其区分往往是不清晰的,相比于差异,可能是更多的相似性(见"记忆术的基本原理",第 7 章)。[42] 在我看来,那自然的人造的区分部分源于"独立"与"自然",但无帮助的死记硬背感觉也没有比记忆关联更自然。

认为死记硬背和用死功夫是真实的记忆,使用记忆术是人造的这种想法可能导致用记忆术是不公平的声音。因为记忆术是一种技巧或方法,你不是真的记住,所以使用记忆系统是不公平的。记住日历牌上 12 个数字是一个很好的例子：你还没有真正背过所有 365 个日期，因此，你还没有真正记住一年的日历。这一论点似乎是说，如果你不选择一个困难的方式做的话，你就是在欺骗。你是欺骗使用记忆术。事实上，对批评人士的"不公平"可能在于你能够记住的事实超过了他们的能力。使用记忆术训练记忆与使用特殊训练技术训练长跑运动员，键盘学习辅助教钢琴课，或找到一个数学公式来发现一个圆形的周长一样，没有什么不公平。（绕场行走并用卷尺测量比只使用公式 $c = \pi d$ 更公平？）

本章的开头已经提到，将记忆术看作技巧和噱头可能促成了许多心理学家接受记忆术作为一个正式的研究领域的犹豫。这也可能是人们为记忆表演就像是魔术表演一样鼓掌，而不是当作一个心理学理论的展示的原因（毕竟，魔术师是耍把戏）。不幸的是，一些商业记忆培训师支持，甚至鼓励这一形象。一堂使用汽车零件作为基础的定位系统记忆课程（见第 10 章）被取题为"魔法汽车"，而另一堂商业课程则取题为"记忆魔术"。

第9章 chapter9

大脑档案系统：关联和故事记忆法

第7章对记忆的"技巧"和"系统"进行了区分。这本书中目前讨论到的有关记忆的例子说明的都是特定记忆目的的技巧，举例来说，"1492……"的诗歌有助于我们记住哥伦布发现美国的时间，但它不会帮助我们记住其他事件；"'e'在'i'之前"的口诀帮助我们记住如何拼写有"ie"的单词，但它不能帮助我们去拼写其他单词；HOMES的藏头诗帮助我们记住了"五大湖"的名字，但它不能让我们记得其他名字；当然，其他构成的韵文和缩略词可以记住其他事件、单词拼写、名称等，但这些特定的记忆方法缺乏通用性，它们只为达成某一个特定的目的。

记忆系统是通用性更强的方法，可以适用

于不同类型的记忆任务，它们不局限于一种内容，而是可以一次又一次地使用，学到不同的内容。第 9 ~ 12 章讨论了五种记忆系统：关联、故事、定位、限定和语音。这四个章节中每一章都有三个主要部分：第一部分介绍某个记忆系统；第二部分介绍一些最近关于如何让该系统工作顺利的研究证据，强调了其有效性；第三部分提出一些方法，你可以在实际的记忆任务中使用该系统。

在第 7 章和第 8 章里，记忆的所有原理、特点、应用、优势和限制既可以适用于记忆系统，也可以适用于记忆技术。当你读完第 9 ~ 12 章，再读一遍第 7 章和第 8 章，关于记忆术的要点都将变得更有意义，你也会更加熟悉记忆系统。

你的大脑档案系统

在第 1 章里，讨论记忆容量时，我们把组织有序的"3 × 5"文件盒的功效与一个较大的散乱的归档系统进行比较。然后在第 2 章中，在讨论短时记忆和长时记忆时，我们用一种大脑档案系统的方法进行了类比，记忆系统可以真正地被看作大脑档案系统，可以允许你在你的记忆中存储信息，这样当你想要它时，你就可以找到它，并把它取出来。

假设你被要求去当地的图书馆找一本书，即使图书馆可能有几千本书，这项任务也不会太难，因为书有系统地被归档。你可以去找到书本编号卡或者电脑目录，查一下这本书的编号，然后去图书馆找到这个编号所在的地方，并找到这本书（除非你的运气像我一样不好，这本书可能已经被取走了）。

现在假设把图书馆里所有的书都扔进了停车场或街上，要求你拿某一本书。这时，你的任务就会变得更困难。为什么呢？这一堆书还是这个图书馆的量，但不同的是，你现在没有系统的方法来定位一本书。你必须通过搜寻所有的书，寻找那本特定的书。

同样，假设你被要求记住列表上的 10 个单词。之后当你回忆时，你开始从你的记忆中寻找这 10 个单词。对于大多数人来说，这个任务就像是在数千本书中找一本书，你知道这 10 个单词是放在你的记忆里的，但是你知道成千上万的单词，你怎么能系统地搜索所有的词，并识别出你所寻找的这 10 个单词？除非这些单词最初是以系统、有序的方式被存储，否则你就无法系统地搜索到它们。对于那些使用记忆系统记忆 10 个单词的人，任务更像是在图书馆找到一本书。他们以一种有序、系统的方式存储了这些单词，所以他们可以识别出这些单词，并给予自己一些线索去知道该单词在哪儿。

当你试图在你的记忆里找东西，记忆系统可以作为记忆归档系统，提供至少三种方法。

1. 它会提供给你开始搜索的地方，一个来查找第一个单词的方法。

2. 它会给你一个系统的方法，从一个单词搜寻到下一个。

3. 它会让你知道，当你已经搜寻到最后一个单词时，你的回忆何时结束。

即使你对内容知道得很清楚，但是如果你没有经过第二步或者第三步，你也可能很难记住。例如，我们在第 4 章中看到，如果你试着按随机顺序背诵字母表，你很可能会发现，你背到一半的时候就忘记了。你不知道你背过了哪些字母，也不知道你背了多少个字母，而当你按照字母表的顺序背诵字母时，这种问题就不会发生。

什么是关联系统

关联系统，也可以称为"链系统"，由两个步骤组成。首先，对列表中要学习的每一个单词形成视觉图像。其次，将列表上每一个单词的图像与下一个单词的图像联结起来，这样，你就在前两个单词之间形成了一个视觉联想，然后在第二个和第三个单词之间形成视觉联想，在第三个和第四个单词之间等。你不用尝试把每一个单词与其他单词联想起来构成一个大的图像，相反，你要依次联想连续的两个单词。定义这个系统名称的原因应该是很明显的：你将这些单词联结起来，形成一个关系链。

关联系统是记忆系统中最基本的方法。事实上，它可能真的太简单了，所以被称为"系统"。当我在上一个简短的记忆课程时，我有时会把关联系统作为范例，关联系统虽然简单，但是它足以说明记忆系统的基础原理，以及说明该系统对各种内容的适用性是多么强大。关联系统适合于序列性学习的任务，如你有一系列的单词需要记住，关联系统可以帮助你记住所有的单词。

第 7 章和第 8 章中关于记忆的讨论是在说明配对联想学习，但序列性学习真的很不一样。序列性学习可以被看作一系列的配对联想任务，列表中的每一个单词都是作为前一个单词的响应，然后作为下一个单词的线索。例如，假设我们有四个单词，用字母 A，B，C，D 来表示，你将 A 和 B 配对，C 和 D 配对，然后通过 A 和 C 的提示去回忆 B 和 D。序列性学习任务由连续的 A-B-C-D 组成，可以看作组成了三对：A-B、B-C and C-D。因此序列性学习与配对联想学习很相似，所以我们之前讨论的记忆成对的单词也与关联和故事系统相关。

举一个关于关联系统的例子，假设有人给了你一张列表，列表上前五个单词分别是：纸、轮胎、医生、玫瑰、球。要使用关联系统来记住这五个单词，你首先就要形成一个关于纸和轮胎的视觉联想。你可能会想象一辆纸质轮胎的汽车正在前行，或者想象用一个轮胎来擦掉纸上的文字。接下来联结轮胎和医生，你可能会想象一个轮胎快速滚动超过医生的画面，或者医生正在给轮胎做手术。联想一下医生和玫瑰，你可能会想象一个医生在玫瑰上做手术，或者医生给病人送玫瑰。而要把玫瑰和球联结起来，你可能会看到两个人在玩接力玫瑰游戏（通常接力游戏的对象是球），或是球生长在玫瑰丛里。当然，有些人不需要使用这个系统就能记得五件物品，但是无论你有五个单词，还是 50 个单词，记忆流程都是一样的。

我对这五个单词所给出的视觉联想只是我想象的一些可能性，这些联想可能对你的记忆不是最好的。我们知道，如果你自己想象这些联结的画面，视觉和语言介质会比别人给予你联想要更加有效。上述中我提出的联想比较奇怪，有些也是合理的。如果你喜欢它们，你可以使用怪诞的联想；如果不喜欢，你也可以使用合理的联想，只要是生动和相互影响的都可以。一般来说，你应该使用你脑中出现的第一个联想，因为当你想要回忆它们的时候，它们很可能也是第一个出现。无论你的联想是什么，使用第 7 章提到的提示和原理，形成好的图像以及有效的视觉联想即可。

每当我把列表上的单词读给观众听，让他们可以尝试使用关联系统或者其他的记忆系统，我都强调两个附加的部分。我首先告诉他们："要确定你真的看到你的每一个联想，哪怕只是一瞬间。

如果闭上眼睛有助于排除干扰，就闭上你的眼睛。"然后我告诉他们，"在我给你几个单词之后，你会担心忘记前几项，然后你想要回想它们。记住，千万不要回头想，否则你会错过新的单词。只要专注为每一个单词做一个好的联想，并且相信你的记忆，当你想要回忆它们的时候，你将能够回忆起它们。

用关联系统去回忆你学过的列表，你从第一个单词开始，按照顺序一个接一个。举例来说，想到纸，就看到了关于纸的图像，它会提醒你想到轮胎，然后可以想到医生，再想到玫瑰，最后从玫瑰想到了球。

除了第一个单词，在关联系统的每一个都由以前的单词提示。你需要一些方法来提示自己记住第一个项目，有一种方法是把第一个项目与该列表其他相关的东西联结起来，这样会让人很容易记住。例如，你可以把第一个单词与列表的来源联结起来：如果一个人给了你一个列表，把列表上的第一个与那个人联结起来（这是当我给学生读列表的时候，我告诉学生的）；如果该列表是来自一本教科书，那就把第一项与该书联结起来；如果该列表是一个购物单，那就将第一项与商店的门联结起来。

什么是故事系统

故事系统是从关联系统发展出来的，通过把需要记忆的事项串成一个关联的故事从而实现记忆。它扩展了配对联想任务中作为介质的句子，你只需继续使用扩展的句子，以你想记住的单词为基础来形成一个故事。例如，你可以像上述的五个单词的列表一样使用以下的方法，即一个报童沿着街边滚动轮胎，撞到了出来打电话的医生（这是一个奇怪的想法！）；轮胎把医生撞到一片玫瑰丛中，然后医生捡起一个球，把它扔向了报童。用故事系统回顾所学单词的过程与使用关联系统基本上是相同的。从第一个单词开始，然后继续贯穿整个故事，一边回忆一边提取出一些关键词。

虽然故事系统与关联系统非常相似，但至少也有四个不同之处。[1]

1. 在关联系统中，你将之前独立的单词配对；在故事系统中，你用一种连续性的、完整的顺序把这些单词联系起来。这个逻辑顺序可能是故事系统优于关联系统之处，有些人会觉得回忆一个故事比一系列不相关的联系要更容易。

2. 故事系统比关联系统可能需要更多的时间将每个单词联系起来，因为你必须想到一个适合叙述故事的联结，而不是使用第一个在你脑中出现的联结画面。

3. 列表越长，就越难将每一个后续的事项编成一个完整的故事。大部分人觉得很难通过组成一个故事去记住一个20个事项的列表。然而，使用关联系统去记住20个事项比记住10个事项的难度并没有增加多少。

4. 关联系统所学到的事项可以通过反向回忆，几乎和正向顺序的效果一样好，但从反向回忆编排成一个故事的事项可能会增加很多难度，需要更长的时间。

故事系统可以在没有伴随视觉图像的情况下直接通过语言形式记忆，这也很有效，但如果你想到故事的时候，也能想象出发生的画面，故事系统会更加强大。事实上，不能使用视觉图像的人可以通过语言介质使用该关联系统。（语言联想也可以有效地用于之后的章节中讨论的记忆系统。)[2] 如果你在关联系统或者故事系统中使用了语言介质，那么你可能能够将它们更直接地运用到抽象的内容中，不需要使用具象的替代词。

关联系统和故事系统是如何运行的

20世纪70年代中期的几个研究发现，关联和故事系统可以有效地学习和记忆单词列表。使用关联系统的人通常在记忆一个20个单词的列表上的单词数量是那些没被教过使用关联系统的人的2~3倍。同样地，使用故事系统的人在学习10多个单词或者多个10个单词的列表时，通常是那些没有使用故事系统的人的2~7倍。研究还发现，故事系统可以有效地运用在抽象单词的记忆上（虽然效果不如具象的单词好），甚至相比作为不相关的句子，句子串起来的故事能够被记住得更好。[3]

最近的研究在支持一些以前的发现结果，并从新的视角去看待关联和故事系统。其研究结果在一些关联系统上的发现包括以下几点。[4]

1. 相比学习5个不同的20个单词的列表，同一个列表每隔几分钟打乱记忆一次，5遍之后的出错率惊人得少。

2. 指导使用关联系统的人们减少了人们之间不同的范围，而不是消除了这种不同。（人们使用关联系统回忆的正确率是55%~97%，对于那些没有使用关联系统的人们则是29%~95%。）

3. 这种关联在立刻回忆12个单词时是有效的，但是一周后就不行了。

　　4.关联系统要比仅仅是自由回忆任务中的想象或者复述要更加有效，但是将单词的回忆顺序考虑在内的话，这种有效性会变得更强。

　　5.实践过几次关联系统的人（他们通常没有被用到研究中）能够提高他们的表现，不久之后就能记住30～40个单词的列表。

　　大部分最近的研究使用了单词表，类似于早期的那些研究。第3章描述了一位有着非凡的故事记忆的学者使用了关联系统和可以替代的单词。研究中可以看出关联系统是否能够被用来记住事情或者要去做的事情。让大学生记住记有22个单词的列表（剪发、汽车加油等），他们在每做一个事情后有一个10秒的停顿去听这个列表。已经被教会使用关联系统的学生比那些没有被教过关联系统的学生记得更加有效，而且使用他们自己的视觉图像记忆的第二组学生也比其他学生（大约和那些没有学过关联系统的学生一样）回忆得更加有效。[5]

　　一些关于故事系统的研究也发现了故事系统对小学生和大学生有效，比如说，即时记忆和延迟记忆、直接性回忆、系列性回忆以及识别。实验者提供的故事说明了记忆5组各6个单词的列表的有效性。然而，虽然研究已经发现了故事系统有助于学习几个简短的列表（最多16个单词），但是当学生学习一个较长的列表（最多30个单词）就容易产生混淆。也有一些研究发现，自我生成的故事对长列表的记忆是有效的，但是听他人的故事不一定能有效记忆。[6]

　　在非西方文化以及对于一些特殊的人群来说，关联系统和故事系统也被发现依然也是有效的。印度的大学生也能有效利用关联系统。一个故事能够帮助慢性失忆的患者记住单词列表，尽管他们的回忆很慢，他们比正常对照组的学生进步得更多。其他的研究通过对比正常人和大脑有损伤的人记忆单词，比较了首字母缩写、故事、关联系统以及第 10 章提到的定位系统，发现了关联系统和故事系统均要比不使用更加有效，在两组人经过了 24 小时后，证明了故事系统是最有效的记忆方法。[7]

● 示范

　　除了研究性学习，我的观众和学生的示范展示了关联系统和故事系统的有效性。我不断地使用关联系统去帮助人们证明他们自己拥有视觉联想力量，因为我能在 5 分钟之内向他们解释这个系统，并且让他们尝试。我给他们读了一个 20 个单词的列表，让他们记住，并让他们尽自己所能写出他们按顺序能够回忆出来的单词。然后我教给他们关联系统。最后，我给他们读了第二个 20 个单词的列表，让他们使用关联系统并尽可能多地去回忆。很少有人记得第一个列表中的 20 个单词（记得的那些人通常都使用了某种记忆方法）。然而，在学习了关联系统后，大约有一半的观众普遍都回忆起了第二个列表上的 20 个单词，许多人都对自己的表现震惊了。

　　在我的记忆课程中，我会在前几个课时给我的学生一些记忆测试，然后过段时间再给他们同样的测试。其中一个测试与我之前给我课程观众描述的一样，让他们以每 10 秒听一个单词的速度听完所有单词后，去记住一个 20 个单词的列表。我总结了最近实验的几个班级大约 100 名学生的表现：在学习关联系统和故事系统之前，18% 的学生能记起完整的 20 个单词。（这 18% 中的大部分学生使用了关联系统、故事系统或者他们在上课前学过的相似的记忆系统。）几周后，通过使用该系统，能够回忆起20个单词的学生数量翻了3倍，占54%。而在学生表现的另一端，还未学习该系统的学生能够回忆的单词数量少于14个单词的比例为40%，学习该系统之后就变成了15%。

由于几个程序上的差异，从我的记忆课程中得到的这些结果要比一些在研究中发现的结果更加引人注目。例如，我给我的学生大约10秒去记住一个词，这种呈现的速度比大多数研究中使用的速度要慢。同样地，我们是让相同的人学习两种列表上的单词（一个列表是在还未学习该系统之前学习的，另一个列表则是使用了该系统），而不是比较那些使用该系统的人和没有使用该系统的人，而大多数的研究确实这样做的。

因此，有大量的证据表明，关联和故事系统确实可以在记忆中产生差异。重要的是，也需要注意在研究中的人们和一些示范都是第一次使用系统。通过不断的实践，你可以期望使用该系统变得更有效。（这样的想法也同样适用于在接下来3章中讨论的定位、限定和语音系统的研究。）

你如何运用关联和故事系统

在听到描述的这些系统后，有些人会很好奇它们的运用，因为大多数人不需要记住一个列表上那20个不相关的单词。当然，如果这是唯一的用处的话，那么系统就可能不值得他们花费努力去学习了（你可能使用这个系统让你的朋友震惊）。这些系统能够运用在哪些实际的环境中呢？

列表

在任何你想要记住列表单词的情况下，都可以使用关联系统和故事系统，这似乎相当有限制性，但实际上有许多种涉及系列性学习的日常记忆任务，甚至是随意回忆单词，用什么顺序都是不重要的（系统排序只是为了帮助回忆这些单词）。有一类包括购物清单和一些要去做的清单，对购物清单的使用是相当直接的，只需将列表中的事项关联起来。一位女士参加过一次我的讲座，之后说自从她开始使用这个关联系统，她几乎再也不用写下她的购物清单了，关联系统不仅使她能够记住单词，而且也让她感到更多的乐趣。

对列表上要做的事情使用关联或故事系统，可能不像购物清单那样简单，但程序是相同的。假设你明天需要做以下工作：打电话给报社办公室订阅报纸；给你的车换上轮胎；去医生办公室；送一些玫瑰给朋友；并为即将开始的球赛取票。为了帮助你记住这些单词，你可以选择用一个关键词来代表每一个任务，如纸、轮胎、医生、玫瑰和球（这些词是不是看起来很熟悉？），然后把它们关联起来，或者把它们串成一个故事，就像本章开头所描述的那样。

这些系统还可用于学习包括分离的、有序的内容，如宪法的修正案、十诫或总统的名字。这样一个任务的过程是选择一个关键字来表示每一个单词，然后将它们联结在一起或与它们形成一个故事。例如，要记住十诫，你可能用以下 10 个词来帮忙记住：一个神、雕刻偶像、咒骂、安息日、父母、杀人、奸淫、偷窃、撒谎、贪求。你可以用具体的单词和图像代替表示抽象的术语。因此，你可能会画一个教会会议代表安息日，画一张绿色的脸来代表被嫉妒，在一个人的眼中画美元符号则代表贪求。

记住一系列人的名字的程序也是相似的，可以通过一位观看过我演讲的女士的经历来说明。她说，学习周日学校的课程时，她使用了关联系统认识了《新约》中的12个使徒的名字。她分别用了一个替代词来代表每个名字（用 mat 表示 Mattew，beater 表示 Peter，等等），并且把它们都联系在一起。然后，她能够按顺序说出12个人的名字，这不仅让同学感到惊奇，也令她大吃一惊。我的其他学生也做了同样的事情记住了《新约》和《旧约》上的人名。

通过关联和故事系统记忆事项不一定要有一个自然的顺序。妻子可能会这样想到，当自己的丈夫回家时，她希望丈夫做的事情，并且按照这些事情在她脑中出现的顺序把每一件事情都关联起来（倒垃圾、修剪草坪、更换大厅的灯泡等）。同样，她可以用同样的程序来记住当天发生的事情并且告诉他（来自他父母的一封信；他们的儿子在家庭作业上得到了一个"A"；这只狗怀孕了，等等）。

使用替代词的故事系统已经能够帮助用于记住脑神经的名称（用一种替代词表示我们在第7章学习的离合诗"On Old Olympus"）：

> At the oil factory (olfactory nerve) the optician (optic) looked for the occupant (oculomotor) of the truck(trochlear). He was searching because three gems (trigeminal) had been abducted(abducens) by a man who was hiding his face (facial) and ears (auditory). A photogragh (glossopharyngeal) had been taken of him, but it was too vague (vagus) to use. He

appeared to be spineless (spinal accessory) and hypocritical (hypoglossal).[8]

验光师（视神经）在采油厂（嗅神经）寻找到卡车（滑车神经）的主人（动眼神经）了吗？他正在搜索，因为三宝石（三叉神经）已经被一个把脸（面部）和耳朵（听觉）藏起来的人绑架了（外展神经）。有一张照片（舌咽神经）已经拍到了他，但它太模糊了（迷走神经）以至于不能使用。他似乎很懦弱（副神经），而且虚伪（舌下神经）。

下面使用故事系统记住按加入先后顺序的美国最初的 13 个州的例子，与之前一个范例很相似：

A lady from Delaware bought a ticket on the Pennsylvania railroad. She packed a new jersey sweater in her suitcase, and went to visit her friend Georgia in Connecticut The next morning she and her friend attended mass in a church on Many's Then they took the South car line home, and dined on a new ham, which had been roasted by Virginia (the cook from New York). After dinner they took the North car line and rode to the island.[9]

特拉华州的一位女士在宾夕法尼亚州铁路上买了一张票。她收拾了一件新的毛线衫放在她的手提箱，去拜访她住在康涅狄格州叫佐治亚（州）的朋友。隔天她和她的朋友参加了梅尼

（指马里兰州）的一个教堂的弥撒（马萨诸塞州）活动。然后他们就坐了南车线（指南卡罗来纳州）回家，吃了一个弗吉尼亚（州）（一位纽约州厨师）烤的新火腿（指新罕布什尔州）。晚饭后，他们又乘着北车线（指北卡罗来纳州）到（指罗得岛州）了岛上（指新泽西州）。

我的记忆课程上有一个学生，他是一个二年级的老师，尝试着和她的学生使用了故事系统，她惊讶于他们如此迅速地记住了这13个州，以至于她邀请校长来看孩子在这样的短时间内就完成13个州的学习。两周后，经过一些间断性的复习，33个孩子中有26个还可以回忆起13个州中的至少12个。

有一种故事系统的方法甚至可以用来学习方程，如把华氏（F）温度换算成摄氏度（C）：F = 9/5C+32。这个公式可以编成故事"周五（F）是（=）按照惯例的（C）朝九（9）晚五（5），但我中间只有32分钟（32）可以离开"。[10]

● 演讲或报告

关联和故事系统的另一个可能的用处是记忆演讲内容。(主教富尔顿 J. 希恩说，他说话时不用笔记，是因为曾经有一个爱尔兰老太太看主教宣读他的布道说："如果他都不能记住它，他又怎么能希望我们可以记住？")[11] 假设你想在当地的家庭教师协会的演讲中提出下列几点：交通灯应安装在学校的十字路口；围墙应沿着操场边的街道修建；需要筹集基金为学校购买更多的乐器；教室太拥挤；一些校车路线应该改变；图书馆的媒体部分需要扩大。

在使用关联或故事系统去记住你的要点的第一步是选择一个具体的关键词来代表每一点：交通灯、围墙、乐器、拥挤的教室、公共汽车、视听器材。（你可能想要更加具体，使用长号代表乐器，使用录像带代表试听器材。）一旦你选择了你的关键词，你只要按照你想要讨论的顺序把它们关联起来就可以了。

据记录，马克·吐温曾试过用几个系统去记住他的演讲。最后，他创造了视觉形象的办法，通过画图表达他的想法。例子如下。

> 首先，干草堆下有一个波浪下划线代表响尾蛇，提醒他开始谈论在西部牧场的生活。然后，一些斜线下面必须是一把伞和罗马数字二。这提及了每天下午 2:00 将有大风攻击卡森市。
>
> 接下来，一些锯齿状的线，闪电形，很明显是在告诉他，是时候谈论旧金山的天气了，他后来补充道，关键是旧金山没有任何闪电和雷声。
>
> 从那一天开始，马克·吐温说话都不用笔记，他的这套记忆系统也都没有失效过。他对他演讲的每个部分都画了一幅图，排成了一排，然后他会看着它们，再把它们擦掉。当他说话的时候，他脑子里会出现清晰的一组图像。他如果要根据前一位发言者的讲话做笔记，只需在一组图片中插入另一张照片。[12]

马克·吐温的记忆系统非常好。他说，他做演讲后，即使25年过去了，他都能记得整件事情，回忆出每一个动作。当然，你能够将马克·吐温的系统作为关联和故事系统的一个运用。

同样的系统你可以用来记忆演讲内容，也可以用于记住别人的演讲，或是记住学校里的课堂内容。你可以把演讲者说到的点按顺序连在一起。当然，这需要迅速形成联想的技巧，也需要你集中精力在演讲过程中选择关键词。随着不断的实践，你甚至可以用同样的程序记住你阅读的内容。[13]

◉ 其他运用

我记忆班的几个学生的经验表明，关联和故事系统可以在学校也很顺利地运用。一个学生使用关联系统，可以帮助他完成一个自学的物理课程。该课程包括了24章教材、一个6组学习指导、一系列关于主修课程的电影以及可选电影讲座。学生将每个单元下的信息联系起来，以获得与每个单元相关联的一连串信息，然后将每条信息链与相应的电影相关联。这样，他就可以用这部电影来提示自己需要的信息链以获取信息。利用这个归档系统，他在两周内就完成了一个学期的课程，并在4门考试中都获得了"A"的成绩！他写道，"这样的课对于我来说是第一次，所以我有点怀疑我要怎么做，"他说（很惊讶的样子），"结果是相当惊人的。"

另一个学生说，一个基于4章阅读的填空题测试使她至少要思考4个小时才能熟悉内容。她说："当时间只剩下了1个小时，我不得不做出最后的努力，感到能帮助我的只有记忆法。我使用了关联系统，经过1个小时的研究，我可以正确地回答更多的问题，花费的时间比平常要更少。

一个学生描述了她如何使用这个关联系统来准备一篇关于罗斯福的新合同文本的文章测试的论文。在学习了他创造的行为和管理之后，她将它们分为3类，每类下约有6小类，并且使用了关联系统来记住列表。她说，她有 10 个文章的问题，并使用了这些列表记住，"我能够记得整个章节，可以有效地回答每个问题。测试结果是什么呢？ A！"另一个学生使用了关联和故事系统来记住通信委员会关于电台的 20 条规则和条例。而她花了大约 45 分钟来组成替换的单词并且把他们关联起来。3 天之后，虽然期间没有复习，但是仍然记住了所有的规则。

关联系统可以帮助学习外语。雅克·罗马诺，死于 1962 年，享年 98 岁，他以非凡的记忆力而为人所熟知。尤其令人注意的是他能够说许多外国语言的能力。罗马诺发现他只需要大约 25 个基本词就能用新的语言进行交流，他每天学习 10 个词，两周就能掌握基础词汇。（如果使用第 7 章描述的关键词记忆法，这个时间可能会缩短。）然后他把这些词和 125 个基本单词联系起来，建立起新词的连锁链，增加他的词汇量，直到他能够流利地使用这种语言。[14]

一些学习任务可能涉及系列性学习和配对联想学习，从而结合了关联系统和关键词记忆法。例如，当有人告诉你一些国家或有人告诉你一个总统的名字时，你就能说出对应国家的首都城市，这就是一个配对的任务。但是，如何能够回忆起每一个国家的名字和它的首都呢？你可以使用关联系统将国家名字连在一起，用关键词记忆把每个国家和首都联系在一起。

当然，以上关于关联和故事系统运用的这些例子并没有涵盖所有的可能性。它们证明了记忆系统确实有实用价值，并提出一些建议，可能可以激发你应用的想象力，可以更好地满足自己的需要。此外，关于记忆训练比较受欢迎的书包含了如何实际使用记忆系统的例子，不胜枚举。在本章中提及的，以及在接下来的章节中的一些例子，都是改编于这些书，详情请见备注。[15]

第 10 章
大脑档案系统：定位记忆法

前一章中讨论的关联和故事系统的一个限制是因为每个项目都与前一个项目关联，因此忘记某一个项目会影响后续项目的记忆。但是定位系统没有这个限制。在定位系统中，你将可以建立一个之前记忆图像的大脑档案系统，通过这个系统你可以联系学习新的信息。这些图像与要学的信息之间是独立的。因此，大脑档案系统相比关联系统是一个更适合定位系统的比喻。

什么是定位系统

定位系统是最古老的记忆系统，可以追溯

到公元前 500 年左右，直到 17 世纪的中期，其他系统，如锚点系统和语音系统（在接下来的两章中讨论）才开始演变。从公元前 500 年到 17 世纪，定位系统一直持续至今。[1] 这一章仅就定位系统的起源和古老应用这几个问题进行研究。

● 起源

定位系统的起源一般认为是西塞罗（古罗马政治家、雄辩家、著作家）讲述的下面这个故事。一位叫西蒙尼特斯的诗人在宴会时收到有人给他带来的消息，说有人在等着见他。而当西蒙尼特斯来到外面时，宴会厅的屋顶坍塌，下面的人面目全非。西蒙尼特斯能够从尸体存在的位置来辨别出死的人是谁。这种经历说明西蒙尼特斯具有系统记忆。请注意他是通过记忆中客人坐在哪里来辨别出他们的身份的，他推断，一个人可以通过将头脑中图像与其相应位置建立联系的方式提高记忆。据说，就是这一观察产生了后来的定位系统。

定位这个词是场所的复数形式。意思是地方或位置，就是古希腊语地方的意思，也就是所谓的"局部"系统，是指使用场所或地点的系统。古希腊和罗马演说家用定位系统来记住冗长的讲话。演说家将他们演说中的言论用视觉形象来代表，然后头脑中给视觉图像安排不同的位置——通常是建筑物的一部分。然后他们顺着建筑物回想图像并开展演讲。这种用位置来记忆演讲的方式可能是定位系统最初的表达。

● 怎样使用定位系统

定位系统主要由以下两个步骤组成。首先，用某种自然的或有逻辑的顺序在脑海中记住（过度学习）一系列熟悉位置的图像。这一系列的位置就是你的大脑档案系统，你可以一次又一次地利用它来记住别的项目列表。重复使用是一个很重要的特征，如果你每次需要记住一个新的项目清单，都要先记住一系列新的位置图像，那几乎不值得做了；你会需要两倍的时间来进行每一次学习。第二步，把每一个项目的视觉图像和一系列的位置图像关联，这样就可以在视觉上放置物品到你想象中的位置。位置具有具象化的优点（因而易于形象化），并可以按照自然的顺序来回忆。

　　让我们思考一个范例。你的脑海中每一个位置你都很熟悉，而图像就在这些位置上。第一个位置是通向房子的前走道，第二个是前廊，第三个是前门，第四个是大衣柜，你把你的大衣挂在里面。第五个是冰箱，也就是下一个合乎逻辑的地方。想象自己走过前走道来到门廊，通过门，到壁橱放下衣服，然后到冰箱。确保你清楚地看到你的脑海中的每一个位置并按着这个顺序往前走。

　　现在假设你想使用这些位置来记住我们在第9章中讨论的相同的5个项目：纸、轮胎、医生、玫瑰和球。（我在第9章中指出只有5项需要记忆时，可能不值得用这种定位系统的方式记忆，但这个过程一样适用于50个项目。）你可能按照以下步骤进行：将纸和前走道相关联，你可能会想前走道是纸做的（当你走在上面上时你可以听到纸张折皱的声音），或者想象你看见你的报纸掉落在前走道上。将轮胎与前廊相关联，你可能看到轮胎在你的前廊上滚动，或者想象你的前廊是轮胎做成的。将医生与你的门相关联，你可能看到一位医生挂在你的门把手上或者钉在你的门廊上。将玫瑰与你的大衣柜相关联，你可能看到大衣柜里面除了从搁板上长出的玫瑰丛之外一无所有，或者有一大束红玫瑰挂在衣服架上。最后，将球和冰箱关联起来，你可能看到一个大球形状的冰箱或者开门时从冰箱里滚出大量的球。

现在通过思维旅行穿过这 5 个位置来尝试回忆这 5 个项目。你将可能会发现这项任务是相当简单的。定位系统使你能够将散乱回忆转变成 3 种方式来帮助回忆。

1. 因为你可以用定位系统帮助你找到线索，回忆任务被转变成为辅助回忆任务。

2. 该任务采用配对的联想学习，对于每一对来说，位置是第一个单词，要记忆的任务则是第二个单词。

3. 因为位置是按照自然的一列顺序组织起来的，所以记忆任务也变得有序。

构建几个广泛的大脑档案是不难的。你可以继续把你的记忆档案拓展到客厅，到卧室，之后到你房子里的每一个房间，然后你可以下楼到院子里，你可以通过在每个房间看到两个或三个独特的位置，来增加你这一系列位置的数量（例如，厨房中的冰箱、桌子和水槽、客厅中的沙发、窗户和电视，以及卧室中的床、抽屉以及衣橱）。其他建筑也可以使用，如熟悉的学校建筑、办公楼或商店。你也不必局限于建筑。你可以在你的社区或市中心散步，并构建一个思维的位置空间。一个熟悉的高尔夫球场至少有 36 个现成的位置（18 个球座、18 块绿地）。你也可以使用你身体的不同部位，或你的汽车作为定位基础。

● 其他特点

定位系统的特点已通过一些细节分析来解释它是如何以及为

什么这样运作的。(有关它是如何运作的研究将在以后讨论。) 除了我们迄今所看到的一些特点，还有五个特点值得注意。[2]

1. 定位系统在潜在结构和操作上对于大多数记忆术技巧来说是相似的。例如，与其他记忆术，例如第 7 章中的关键词记忆术以及第 13 章中的人名头像记忆术相比，它们是基于相同的原理，有相同的操作步骤。

2. 在古代，定位系统受到推荐而被广泛使用。然而，对于定位系统来说，不同位置之间的区分度似乎比相邻位置的距离更重要。至少对于如何快速地检索要记忆的事物来说是这样的。大学生学习包含 12 个具象单词的列表，使用 12 个校园建筑作为定位系统。然后，他们每次被告知一个不同的地点，并计时需要多少时间来找到距离这个位置一、二或三个位置距离的位置。检索时间与实际物理距离之间的定位是不相关的，但与定位系统的数量相关。找到相隔两个位置以外的位置所花的时间是找到相邻位置的 2 倍，找到相隔三个位置以外的位置所花的时间是找到相邻位置的 3 倍。这一发现表明，人们不能跳过定位而直接获得所需的一个位置，而是一个个排除过程中的干预定位（跟你通过你的关联系统使用的思维方式相同）。

3. 无论给定的位置是关于抽象项目还是具体项目，检索一个信息的时间是一样的，但想要回忆起一个位置，对于抽象对象来说，所用时间比具体项目（在实践中）稍长。

4. 重要的是，为每一个项目及其相应的位置要形成一个良好的、强大的关联（记得在关联成对项目的关联系统中同样强调的重点）。如果人们记忆了一系列的位置，但没有告诉他们如何和何时使用它们，他们将不会有任何记忆的改善。只有当你有意识地把它们与列表项目相匹配时（同样地，在记忆成对的项目的副项目时，想象一个上下文中的每一对以帮助记住它们，只有当它们被想象为与上下文有相互作用时才可以），位置才是有效的检索线索。[3]

5. 让一个项目与每个位置相关联是没有必要的。如果你构建了一副宏大的场景，其中每个位置都有不同的项目与其相关联，那你可以将多个项目关联到同一个位置上。重要的一点，是几个项目必须同时存于脑海中。例如，你可以每个位置关联 4 个项目从而可以只用 10 个定位系统来学习 40 个项目。但是，你可能会不记得与每个位置相关联的项目的顺序（一种克服这个限制的方法将在本章稍后讨论）。

我在本章一开始提到关联系统的缺点，是忘记某一项目将影响之后项目的记忆，当一个人不记得某一个词，通常序列中的下一个词也会忘记。[4] 定位系统在这方面比关联系统有优势，忘记一个项目不影响回忆定位系统中的后续项目，因为被记住的项目是与一个独立的定位相关联，而不是与彼此关联。

同关联系统一样，定位系统使你能够记住所有的项目，并记住它们的顺序。当然，当顺序不是最重要的时候，这两个系统也可以用来记住项目。关联和定位系统的一个限制，是它们不允许直接检索在列表中特定位置的某个项目。例如，在关联系统中找到第 12 个项目，你必须通过你的关联顺序，直到你找到第 12 项。同样地，正如我们在本节所看到的，一个思维行走通过一系列的轨迹也是一步一步的过程，在该过程中，在同一时间内只有一个定位被识别。因此，对定位系统，你必须穿过你的思维位置，直到你到达第 12 个位置，然后检索属于该位置的项目（当然，同样的限制适用于任何连续的有序信息，甚至是我们所学的信息。例如，你能说出第 12 个字母而不必通过字母计数吗？大多数人不能直接找到这个字母）。一个帮助记忆顺序的古老方法同样有助于减轻定位系统的这一限制：每 5 个位置（或者其他数）增加一些识别标志。例如，你可能总可以想象出一只手（5 个手指）并把它放在第 5 位置，也可以想象出 10 美元的账单并放在第 10 位置。然后，当你想回忆第 12 个项目时，你可以快速找到第 10 位置，并只需要从该位置再往下走两个位置就好。

定位系统的记忆效果有多好

在第 3 章中，俄罗斯的报纸记者报道了 S 一些惊人的记忆壮举，下面的文章描述了 S 使用的一种用于完成这些壮举的方法：

> 当 S 阅读一长串单词时，每个单词他都会联想出一个生动的图像。由于这串单词是相当长的，他必须找到一些方法来分配这些图像到脑海中的行或序列位置。最经常（这个习惯在他的一生中一直坚持）的方法，是他将单词"分发"到一些在他的脑海里的道路或街道上……他的思维经常会沿着这条大街"走一走"……慢慢一直"走"下去，将他联想到的图像"分布"在道路两旁的房子、门和商店的橱窗上。将这一长串的词转换成一系列生动的图像的技巧可以很容易解释为什么 S 可以这么容易地回忆起一系列单词，并且不管是从头到尾还是从尾到头都可以做到；他是如何能迅速地找到某个单词之前或之后的一个呢？要做到这一点，他将简单地开始自己的思维旅途，或者是从起点开始，抑或是从末尾开始，找到我提到的对象，并看看两旁的单词是什么。[5]

这个过程听起来熟悉吗？当然熟悉，它本质上是一个定位系统。这个定位系统是基于对位置的形象记忆，这将有助于记忆与这些位置相关的项目的假设。人们做了三条与这一假设相关的研究。

> 1. 研究发现，人们回忆起看到或听到某件事物的地点与回忆事物本身同样简单。
> 2. 研究发现，位置记忆对内容和事件记忆有帮助，例如，记住在哪里某人帮助了我们可以帮助我们回忆起帮助我们的人的名字。即使是孩子也可以通过物理位置来帮助记忆。
> 3. 几个关于定位系统本身的研究发现，定位系统可以显著地提高对列表项目的记忆。

到20世纪70年代中期以来，有关上述三条的有价值的研究在其他地方已有总结。[6] 让我们看看最近的有关这三条的研究。

◉ 位置记忆

你有过不能够记起某个信息，但能记住你在哪里看到这个信息的经历吗？你可能会记得，这是在左边的页面，在页面的右上角。你甚至还记得在书的具体哪部分（例如，在书的结尾）。下面这个类似的经历很可能发生在你的生活中：当我们看到一个人，我们已经见过面，我们记得遇见过她，但是不记得她的名字。有时我看到我从前的学生在校园里，在我想起他们的名字之前我会先想起他们上课的教室，甚至记得他们在课堂上坐的位置。这些经历说明了记忆中位置的作用非常重要。

最近有几项关于位置和使用位置以帮助记忆的研究。这样的研究与定位系统是相关的，因为定位系统的基础在于关联事件与独特的想象位置。此外，对书上图片位置的良好记忆与有效地使用定位系统是正相关的。[7]

研究表明，物体的位置和书面内容的位置的记忆是自动的。也就是说，当你在学习一个对象的细节或者你读到的内容的时候，它的位置似乎不需要有意识地努力而被记录下来。例如，当人们试图记住一位演讲者所说或读的东西时，他们会记得当时的演讲者是在哪儿，或者阅读内容在哪一页上，即使他们在学习过程中不会刻意地记录那个位置。[8]

老年人与青年人记忆的研究显示，他们对位置的记忆有一些不同之处。例如，老年人和年轻人在记忆页面上图片的位置比记忆相应文字的位置效果都更好，但年轻的成年人在记忆图片和文字方面都表现得更好。另一项研究还发现，老年人比年轻的成年人回忆的准确率差一些，年轻人比老年人更能记得城市地标和它们的位置。当他们试图记住一些建筑时，年轻的成年人似乎用脑海中的漫游去回忆起建筑，这意味着他们可以更自然地回忆他们的记忆。对于定位系统来说，相比较于关联系统，老年人的表现不及年轻人可能是一个潜在的弱点，尽管老年人会被建议使用关联系统以帮助他们更好地记住他们思维轨迹的路线。[9]

◉ 利用位置帮助记忆

我们已经提到西蒙尼特斯如何用人的位置回忆对应的人是谁的故事。相似地，位置可以为我们提供寻找记忆的一个系统的方式。举例来说，当我试图回忆我的同事的名字时，位置可以帮助我走过他们的办公室和照片，直到我来到他的办公室。我已经使用了类似的方法来回忆一个特定班级的所有学生的名字；我继续思维旅途下的每一行，描述和命名每个座位的对应的人。这些都是使用位置来帮助记忆的例子。

我们在第 5 章中看到，回忆将会受到场景环境是否和原来记忆之初相同的影响，第 3 章中"发散思维"的内容也与这部分内容有关。研究发现，物理位置可以帮助回忆，也适用于语言材料的记忆。一项研究发现，人们对散文中关键词的记忆和他们记住关键词在页面上的位置的能力是正相关的。此外，对他们提示一个词可以帮助他们记住它的页面位置，而提示他们词在页面中的位置可以帮助他们记住单词。[10]

把单词放在一个页面的不同部分上，而不是在一个垂直的列中列出单词，有助于你更好地学习单词，因为你可以用图形上的位置来检索单词。一项研究发现，被放置在不同的视觉位置的单词（包括从心理学教科书中的抽象术语）比放置在相同位置上的单词更容易被回忆起来。许多学习策略和记笔记策略（网状、联网、映射、流程图、图表等）已发展到利用这种视觉组织或文字和图案，并在页面上做注释。对于四年级学生来说，已经发现这样空间布置的笔记比正常的笔记更有效。[11]

伦敦大学的一项调查发现，大约一半的人经常使用这样的"页面上的位置"的方法。[12] 我的一个记忆课学生说她在西班牙语课上将规则动词写在页面的左边，不规则动词写在页面的右边。当参加考试的时候，她能够通过思考它在左边还是右边来记住一个动词是规则的还是不规则的。

使用地图的研究也显示了位置帮助记忆的力量。在地图上，相比列表对应的省份和首都，把虚拟的省份和首都直接标在地图上将更容易被记住。人们听到描述一个虚构的岛屿的事件。当他们在听的时候，一些人研究地图上岛屿的位置并定位了它，一些人研究了地图轮廓与旁边的信息，而另一些人没有研究任何特征信息。看到地图的人从回忆中想起了更多的信息，以及更多的功能相关信息。在另一项研究中，拥有自己的"类似地图"的意象的人在学习文章时可以记得更多。这样的结果表明，知识以位置的视觉形式存在可以帮助我们记住相关的信息。[13]

● 定位系统的有效性

迄今为止的研究表明，我们能够记住我们所看到和听到的东西的位置，我们可以利用这些位置来帮助我们记住自己的事情。这两者可以结合起来，使定位系统更加具备有效性。对位置和记忆的研究是有趣和有用的，但它只提供间接支持的定位系统。定位系统涉及想象的位置，而不是物理存在的位置，并想象将要记住的项目放置在这些位置上。最近的定位系统的研究本身提供了更多的直接支持。

一些研究发现，在不同的条件下，定位系统能够帮助我们有效地记住单词列表，包括抽象名词的记忆以及具体名词的记忆。一项研究发现，回忆能力与良好学习过的定位是具有相当有效性的。事实上，在学习过程中，通过看得见的位置来回忆往往使记忆受到干扰，这表明，记住定位的位置然后回忆比看着位置回忆的效果更好。定位系统的使用不限于文字列表或单独的项目列表。学生在大学的"学习技能"课程中被教导使用定位系统，以记住一个散文的主要思想。他们比那些被教授传统学习技能的学生从2200个单词的文章中多回忆起了50%的重点想法。[14]

大多数对定位系统的研究，就像那些对其他记忆术的研究一样，并没有对参与者进行很多训练，但依然在他们第一次尝试使用系统之后就测试他们的表现。在一项研究中，被提供了更多训练和授课的人比接受普通授课的人可以回忆起更多的内容。[15]

研究还表明，该定位系统可以有效地用于特殊人群，如老人（包括使用该系统来记住一个食品杂货清单，同时购买杂货）、盲人（老年人和年轻人）和脑损伤患者。[16]

如何使用定位系统记忆

在第 9 章所讨论的关联系统的所有运用也能适用定位系统来进行——记住购物清单，将要做的事情列表，自然有序的内容，如十诫、姓名列表、演讲等。唯一的区别，是你将每个项目与一个位置关联，而不是与前一个项目关联。除了上述所有的用途，定位系统还有一些进一步的用途。

◉ 大脑档案系统

定位系统可作为一个大脑档案系统。例如，你有没有过想到一个点子但一时间不方便写下来？也许是你认为明天你需要做的事情，或者说你在做演讲的想法，就像你在晚上睡觉，但你不想起床，打开灯，寻找纸和铅笔写下想法。或者当你在一家电影院里，当你在街上开车时（你的乘客可能会有点紧张，如果你放开方向盘来写），以及在做菜或修剪草坪，或在任何其他情况下，你不能在想法产生时立即写下它。次日早晨，或看完电影后，或在下一个红绿灯，或当做菜或修剪草坪都完成之后，你就忘记了这个点子。你可能记得你有一个想法，但你不记得它是什么。一个解决这个问题的方法是在想法产生时把这个想法关联到一个位置。你可以过后检索它，并且如果你希望更持久地存储的话，你可以写下来。

举例来说，假设你在家里使用了一系列的定位，当你睡觉时你记得你必须明天早上给你的孩子吃午饭的钱。你可以想象硬币滚下你前面的人行道。当你早上醒来，记得有一些你需要想起，你可以搜索你的定位系统。或是当你坐在黑暗的电影院，你想起，当你回家后你需要把一封信给邮递员。你可以想象字母打乱家门前的人行道。当你回家想，"在睡觉前，现在有什么我需要做的"时，你可以搜索你的定位系统并想起你要做的事。

如果你把东西记在笔记本上或者放在一个文件柜里，那么想要其中的东西对你有用，你还记得去看你的笔记本或者文件柜。同样地，定位系统可以作为档案系统运用到记录备查项目上以供过后参考，这要求你记得搜索定位。通常这不是一个问题，你会记得你需要记住某样东西，你只是不记得具体是记什么。然而，如果你甚至不记得你想记住某件事，或者如果你经常使用定位系统的话，那么你可能要养成每天有一个固定时间（或多个固定时间）来搜索你的定位系统的习惯。例如，如果你在早餐、午餐和（或）睡觉前需要几分钟的时间来复习你的定位，那么你就不需要特别努力来记住搜索你的定位系统。

◉ 重复使用相同的定位系统

有人注意到，相同的定位可以用于新的列表，且不止一次。这提出了定位系统在实际用途中的一个潜在问题：学习几个列表时，关联到相同的定位可能会导致不必要的干扰。例如，假设你有一系列的 20 个定位，你想学习 3 个不同的 20 个项目的列表。如果所有的项目都连接到同一组的定位，你可能会被干扰辨别哪个项目在哪个列表中。

这种干扰是在我上课时人们最常问的基础问题，人们会问："如果我使用相同的定位学习新的内容，不会有新的和旧的内容之间的一些混乱吗？"我回答："是的，当然……但如果你想记住几组不同的内容，而不需要任何系统，那麻烦恐怕会更大。"我也指出，这个问题并不是那么严重，如果你只想记住一个列表很短的时间，或者有足够的学习时间（例如，一两天），两个列表之间的干扰是不可避免的，当你把新的项目放在名单中的位置时候，它会削弱旧的名单。

此外，有两种方法可以减少这种干扰。首先，你可以构造多套位置，所以你不必多次使用相同的设置。学生可以选择在校园的一部分作为定位来记忆某一类内容，选择校园的其他部分作为定位来记忆另一类内容。人们可以有一套围绕房子建立的定位，而另一套周围的是办公室，再一套是熟悉的街道。这样的话，如果你有三个列表需要一起学习，你可以使用你的房子学习第一个列表，你的办公室学习第二个列表，你熟悉的街道学习第三个列表。你甚至可以使用每一组特定类型的记忆存储，例如，你的家庭定位系统可以用来记住关于你家庭的事情，你的办公室定位系统用来记住与工作有关的事情，你的学校定位系统用来记住与学校有关的连接。如果你每天使用这个系统的话，那么你花时间建立 7 个不同的定位系统也是值得的。

第二种减少在几个列表与相同定位系统之间干扰的方式是"逐步完善"——将后续的每一个词添加在一个特定的位置上，组成一副渐进的图片。当你把新的项目通过精心的关联放在位置上时，重新想象每个位置上的早期项目。例如，如果你的前廊是你一套定位系统的第二位置，而且每列单词表单的第二个词分别是"摆动、帽子和鱼"，之后的场景可能是：列表一中秋千摆荡在你的门廊；列表二中帽子放在门廊里的秋千上；列表三中鱼头上戴着一顶帽子，在你家的前廊里坐秋千。一些研究发现，这种渐进的精心想象的场景确实有助于降低不同列表之间的干扰。[17]

这两种降低干扰的方法——多套定位系统和逐步完善中，哪个是更好的？答案取决于使用它们的人，但我建议经常使用的人可以使用多套定位系统来学习几个不同的列表，并使用多套方法。有几套定位的好处不需多言，一定是值得付出的。

◉ 其他用途

你可能会认识到，逐步完善的方法是一个定位系统和故事或关联系统的组合。定位被用来开始每个故事或关联，而一个故事或关联服务于在每个位置检索的项目。注意，如果在每个位置上的物品仅仅是独立的一张张图片，而不是按顺序关联或故事系统联结起来的，那对象很有可能会丢失。

有另一种将定位系统和关联或故事系统相结合的方法。一组10个定位可用于记住100个项目。将第一项放在第一的位置；然后用关联或故事系统按顺序关联剩下9项；将第11项放在第二位置并关联接下来9个项目，等等；直到你把第91个项目放在第十个定位系统，并关联剩下的项目直到第100个。在回忆中，你使用你的定位系统来想起每个位置的第一个项目，然后用其他的记忆关联来想起剩下的9个。这样你记起100个项目所花费的记忆链不超过 10 个。

在我记忆课程的学生已经尝试了这一关联和定位系统的结合，并记住一个 40 个单词的列表。单词只读给学生一次，每一个词之后有 5 ~ 10 秒的停顿。学生使用 10 个定位，每一个定位关联 4 个词。以下是 100 多名学生的成绩：约 1/3 的学生（34%）得到了一个完美的记忆成绩为 40，并且大约一半的学生（52%），回忆了至少 40 个词中的 39 个单词，反观另一面，只有 2% 的学生回忆少于 26 个单词。

一个人用 40 个位置记住一个 40 位数的经验可能会为我们提出更多的使用定位系统的方法（虽然更有效的数字的学习方法是在第 12 章所述的）。他将每个位置与相关的东西相联系。例如，把数字"1"定位到"冰激凌店"，他说"我是一个相当胖的小男孩，所以我只能吃一个冰激凌"；将"6"与"消防站"联系，因为他告诉我，他们有一个 6 级的火警。这一定是非常令人兴奋的，因为我从来没有听说过有 6 级的火灾报警，他把"2"与"市场"相联系，"我被派往市场去购买两包土豆。"[18]

我经常给我记忆课的学生一项家庭作业——运用记忆系统去学习他们想学的东西。定位系统的多种应用的可能性可以通过以下几个学生的事情来说明：工作、11 个婚礼筹备项目、11 种老爷车型及其年代、在股票投资组合中的 10 家公司名称、权利法案、犹太人的 8 大节日、30 种精神药物、脑脊液的 16 种主要成分以及西欧国家的名字。

与关联系统一样，这些对定位系统的使用不足以代表所有的可能性。它们只是揭示了定位系统不同应用的可能。你可以吸收这些应用来满足你自己的需求，或者受到启发而想出一些其他可以应用定位系统的可能。

第 11 章

大脑档案系统：限定记忆系统

第10章提到，对于关联系统和定位系统来说，在记忆列表中直接检索出某个位置的项目是非常难的（例如，第12项），它们都依赖按顺序检索。定位系统将项目与记忆前预先记好的信息关联起来。为了使你能直接检索到具体的某一个信息，你可以将需要记忆的项目与你已经记住或者非常熟悉的信息进行关联：数字序列。如果你可以将第一项与数字1联系起来，第二项与数字2联系起来，等等，那么你只需要记得每一个数字关联的是哪个项目。如果你想直接检索第12个项目，你只要想到12，再看看哪个项目与它相关联。这个策略的主要问题是，数字比较抽象，因此很难与项目关联。但是如果有一种方法能使数字变得具体，或者用一些具体的东西代替数字,这种策略就变得可行了,这就是"限定"系统所做的事情。

什么是限定记忆系统

限定系统是一种大脑档案系统,包含了一系列预先记忆好的具象名词。这些具象名词是不能随便选择的,相反,要选择能够与数字相对应的有意义的具象名词。

◉ 起源

限定系统可以追溯到 17 世纪中期,那个时候亨利·赫德森发展了定位系统。赫德森忽略了物体的空间位置,而只使用物体本身。每一个数字都用与该数字相似或相关的物体替代(例如,1=蜡烛,3= 三叉戟,8= 眼镜,0= 橘子)。

约翰·萨姆布鲁克大约在 1879 年将一个系统引入到了英国,用押韵的音节和词代表的数字。[1] 那些用数字代表的押韵名词很容易让人记住每个数字代表的是什么名词。下列表中是广泛使用了基于韵律的限定系统,表示了每个数字代表的单词:

{
1—面包(one-bun)　　6—枝条(six-sticks)
2—鞋子(two-shoe)　　7—天堂(seven-heaven)
3—树(three-tree)　　8—大门(eight-gate)
4—门(four-door)　　9—酒(nine-wine)
5—蜂巢(five-hive)　　10—母鸡(ten-hen)
}

◉ 如何使用限定系统

大多数人只需要稍微努力就能熟记这些押韵限定词。事实上，很多人已经从歌谣中知道了一半的押韵限定词，"一二扣上我的鞋，三四关上门……"。每一个限定的对象都应该描述得尽可能生动。面包应该是一种特定的面包，如早餐面包、一个晚餐面包卷或一个汉堡面包。鞋子可能是男士礼服鞋、女人高跟鞋、运动鞋或者靴子。这棵树可以是森林里的一棵松树、一棵圣诞树或一棵棕榈树。

限定系统的名称是基于一个事实，即限定词就像是人们把想要记住的项目挂在大脑中的钉子或者钩子上。为了使用限定系统学习新内容，你可以将新内容和每一个限定词按顺序关联起来。例如，前五个限定词可以用来学习我们最后两章中使用的列表：纸、轮胎、医生、玫瑰以及球，如下：把纸和面包关联起来，看到自己正在吃纸做的面包，或者读晚上的面包新闻；把轮胎和鞋子关联起来，看到自己正在往自己的脚上穿轮胎，或者看到一辆车的四个轮胎的位置分别有一只鞋子；把医生和树关联起来，看到医生正在给树动手术，或一个医生正在爬树；把玫瑰与门关联起来，会看到门把手的地方有一朵玫瑰，或者玫瑰从门的中间长出来；把球和蜂房联想起来，看到一个球形的圆形蜂窝，或者球从蜂巢中飞出而不是蜜蜂飞出。当然，所有的想法和关联都涉及我们在第 7 章中已经讨论过的有效的视觉关联。

为了按顺序回想起这些项目，你要回忆起限定词，并且用相关联的限定词去回忆这些项目，回忆乱序的项目也以相同的方式进行。例如，第四个项目是什么？想想"门"并检索与它相关的项目。第三个项目是什么？检索与"树"相关联的项目。

● 其他限定方式

前面介绍的押韵限定系统是大多数人通用的方式，也是大多数研究中被实践过的方式。但是，实际上有许多不同的限定系统。它们都有一个共同的特性，那就是使用一个具象的物体来表示每个数字，但有各种各样的方式来选择代表每个数字的物体。这个系统讨论到了这一点，使用相同韵脚的关键词代表数字。其他韵脚方式也被使用过：one-gun（1—枪），two-glue（2—胶水），three-bee（3—蜜蜂），four-core（4—果核），five-knives（5—刀子），six-picks（6—锄头），seven-oven（7—烤箱），eight-plate（8—盘子），nine-line（9—线），ten-pen（10—笔）。也可以选择用和数字外形相似的物体限定词代替数字：1 = 铅笔，2 = 天鹅（曲线的脖子像数字 2），8 = 沙漏，10 = 刀和盘。也可以按照意义相关的基础选择限定词，1—我（只有一个我），3—干草叉（三个刺），5—手（五个手指），9—棒球（一个队伍中有 9 名球员）。限定系统通常不包括 0（零）的限定，但在韵脚的基础上，你可以使用"Nero"（尼禄，古罗马暴君），你可以使用看起来相似的"甜甜圈"，在意义上你可以使用一个空的"箱子"（box）。

限定系统有一个限制，是它很难找到好的限定词去代表 10 以上的数字。例如，（按照英语发音方式）很难找到与数字 24 或 37 韵脚相似（或者看起来像）的词。然而，数字从 11～20 的押韵限定词是可以找到的，大部分都是动词，表示可以形象化的动作。例子如下：11（eleven）—酵母（leaven）或者 11 人足球（football eleven）；12（twelve）—把（书）放在架上（shelve）或小精灵（elf）；13（thirteen）—口渴（thirsting）或伤害（hurting）；14（fourteen）—渡口（fording）或求爱（courting）；15（fifteen）—试衣（fitting）或举重（lifting）；16(sixteen)——西斯廷教堂（Sistine）或鞭打（licking）；17（seventeen）——发酵（leavening）或震耳欲聋（deafening）；18（nighteen）——支援（aiding）或侍女（waiting）；19（nineteen）——骑士（knighting）或渴望（pining）；20（twenty）——很多（plenty）或便士（penny）。

另一种对数字 11～20 可能生成限定词的方式是使用 1～10 的押韵限定词，然后使用外观相似或意义相似的限定词去表示 11～20 中每个数字的个位数字（例如，11= 铅笔，12 = 天鹅，13= 干草叉等）。另外，一些人试图用押韵限定词分别表示两位数的每一位数字（例如，11= 包子—包子，12 = 包子—鞋，13 = 包子—树），但由于太多相似的视觉图像，这种方法会造成一些干扰。

◉ 字母限定系统

本章的开头表明，如果它们不是非常抽象，那么数字可以成为一系列很有效的限定方式，因为这些数字有一个自然顺序，而且你很熟悉。限定方式的其他可能来源也需要包括自然顺序和非常熟悉这两个属性——字母表。字母表提供了一个现成的 26 个限定。然而，这些字母和数字也有点相同的问题，即它们不是非常具象的，而且没有意义。如果我们能使它们具象，那么我们可以把字母表作为一个限定系统。这样做的一个方法是把一个具象的单词和每一个字母联系起来，这样就很容易学习了。

下面的每个字母限定词，既有用它表示的字母表中的字母押韵，也有字母作为单词的最开始的音。有小部分的词不是具象的物体，但是可以通过使用替代的物体形象化（例如，努力——一个人正在工作；年龄——老人）。

{ A-hay（干草）　　N-hen（母鸡）
B-bee（蜜蜂）　　O-hoe（锄头）
C-sea（大海）　　P-pea（豌豆）
D-deed（行动）　　Q-cue（线索）
E-eve（傍晚）　　R-oar（木浆）
F-effort（努力）　　Sass（屁股）
G-jeep（吉普车）　　T-tea（茶叶）
H-age（年龄）　　U-ewe（母羊）
I-eye（眼睛）　　V-veal（小羊）
J-jay（喋喋不休）　　W-double you（两个U）
K-key（钥匙）　　X-ax（斧头）
L-el（仰角）　　Y-wire（电线）
M-hem（褶边）　　Z-zebra（斑马） }

第二种字母限定系统可以使用那些以字母表中的字母开头但是不押韵的具象单词来编制。如：

{ A-ape（猩猩）　　H-hat（帽子）
B-boy（男孩）　　I-ice（冰）
C-cat（猫）　　J-jack（夹克）
D-dog（狗）　　K-kite（风筝）
E-egg（鸡蛋）　　L-log（原木）
F-fig（无花果）　　M-man（男人）
G-goat（山羊）　　N-nut（坚果） }

{
O-owl（猫头鹰）
P-pig（猪）
Q-quilt（被子）
R-rock（岩石）
S-sock（短袜）
T-toy（玩具）

U-umbrella（雨伞）
V-vane（叶片）
W-wig（假发）
X-X ray（X射线）
Y-yak（牦牛）
Z-zoo（动物园）
}

字母表限定词可以和数字限定词一样按照完全相同的方式使用，唯一的区别是，如果你不知道字母的数字位置（大多数人都不知道），字母表不适合在给定的编号位置的情况下直接检索项目。字母表限定词也可以用在其他方面。例如，如果你想逆向学习字母表的话，你可以把斑马和干草关联，或者动物园和猩猩关联。

◉ 限定系统和定位系统的对比

在限定系统和定位系统之间有很多相同点，而这两个系统的性能被认为是等效的。[2] 以下是两者的相同之处。

1. 限定系统和定位系统中的项目都是通过联想到过去记忆的具象物体学习到的，这些过去记忆的项目附着新的项目，组成了大脑档案系统。限定词位置使用的情况和定位系统完全一样，限定词不断被使用去学习新的项目。回忆系统也和这两个系统相似，你通过定位或限定词与该项目进行联想匹配去检索到该项目。

2. 在限定系统中，大脑档案系统包含了一系列具象的物体而不是位置，但是位置仅仅是空间上有序的项目。例如，在上一章中使用的例子中5个位置：人行道、门廊、门、橱柜和冰箱。

3. 限定系统和定位系统一样改变了任意回忆的任务，变成了通过成对联想任务帮助的回忆，而且限定词在每对词中都用作第一个词。因此，两个系统本质上都是一样的，除了一种情况，那就是学习中生成了自己的线索词，而不是使用别人给的词。

4. 限定系统和定位系统在任意回忆上都有一些有利条件。首先，你要有一个明确、一贯的学习策略；你知道当你研究某个项目时，你清楚地知道对每个项目该做什么（也就是说，把该项目和位置或者限定词关联起来）。其次，你要有明确的分类，知道项目能怎样被归档。最后，你要有一个系统的检索计划，让你知道从哪里开始回忆，如何系统地进行从一个项目关联到下一个，以及如何监控回忆的完整性（你可以说出你所忘记的事情有多少，以及是什么）。因此，这两个系统都克服了任意回忆中的一个主要问题，那就是如何提醒自己应该记得的所有事情。

虽然限定系统和定位系统是相似的，但是它们至少有三个显著的差异。首先，正如已经指出的那样，限定系统具有直接检索的优点。如果你想知道第8个项目是什么，而不用通过前7个，你只要想到"门"，看看有什么与它相关。其次，定位系统允许大量的意象来组成大脑档案系统：你可以使用的位置数量是没有限制的，但很难找到大量押韵的限定词或者看起来像大于10，特别是大于20这些数字的限定词。一些学习记忆的学生的意见表明了第三个可能的不同点：定位系统可能更容易学习和使用。我的一些学生都用了这两种系统，说是定位系统看上去更加自然（至少在一开始的时候），因为它使用了他们已有的知识，而不需要再学习一套新的限定词和数字之间的任意关联，然后形成限定词的图像。

限定记忆系统的效果有多好

一些心理学家描述了一个有趣的事情，他们教一个持怀疑论的朋友使用限定系统，他们告诉他一些限定词并告诉他如何使用它们。然后，尽管他声称这个系统没有用，因为他太累了，但是他们给了他一个有10个单词的列表学习。

这些单词是一次只读一个，读完之后，我们等到他宣布建立了关联，他平均约5秒形成一个关联。到了第7个单词之后，他说他确定前6个单词已经忘记了，但我们坚信他没有忘记。

经过一次尝试后，我们等了一两分钟，这样他就能自己整理并能问任何问题。然后我们说："数字8是什么？"

他茫然地看着，然后微笑掠过他的脸，"想到一半了，"他说，"是一个灯。"

"香烟关联的是哪个数字？"他笑了，然后给出了正确的答案。

"没有压力，"他说，"完全没有压力。"

然后，他们进行了证明，使他惊讶的是，事实上他可以正确地说出每一个词。[3]

◉ 研究证据

上一节中提到，限定系统类似于配对联想学习，不同的是限定系统中，学习者提供他们自己的限定词，而不是由别人给他们限定词。这意味着，关于在配对联想学习中表现出视觉图像有效性的研究也表明了限定系统的有效性。正如我们在第 4 章中所学到的，有许多研究显示，视觉图像有助于用配对联想学习来学习和记忆。

从 20 世纪 60 年代中期到 70 年代完成了对限定系统的一些研究。从这些研究的成果发现，大多使用了单词列表，包括：大学生不用限定系统通常在 10 个单词中能够回忆起 7 个单词，使用了限定系统则能回忆起 9 个单词或者更多。人们已经能够有效利用限定系统学习的单词达到 40 个，每个单词以 4 ~ 5 秒的速度呈现或者更慢的速度，使用限定系统是有效的，而每个单词 2 秒的速度则不行。人们可以用相同的限定词有效地学习 6 个连续的列表，每个列表 10 个单词，字母限定词和数字限定词都是有效的，具象的单词比抽象的单词学得要好，但抽象的单词也能通过使用替代词记住。研究结论在使用抽象限定词的效果上是混杂的，所以可能使用具象的限定词最好。[4]

20 世纪 70 年代中期以来，一些其他的研究支持了早期的研究，认为限定系统在不同条件下能够有效学习单词列表。然而，在一项研究中，人们使用限定词要么是记忆随机单词，要么是分类列表上的单词。记忆随机单词使用限定系统的效果要比分类列表上的单词更好，因为分类似乎干扰了限定词的使用。这一发现表明，当用一些有意义的方式来将项目分组时，你可能不会希望使用这个限定系统。[5]

上述研究也在大学生身上做过。最近的一项研究是针对初中生的，一半是学习障碍的学生，学习了限定系统，然后用它来学习 4 组 10 个单词的列表。学过限定系统的学生刚学一周就应用，5 个月后，回忆起的单词是那些没有被教过限定系统的学生的 2 倍多。[6]

迄今为止所描述的所有研究都表明，该系统能够有效地记住单词列表，但是如果记忆更复杂的内容，如概念和想法，又会怎样呢？一项研究发现，限定系统不仅可以帮助更好地记忆，而且甚至能在一个要求高记忆需求的任务中帮助形成概念。同时，在一些研究中，人们用限定系统来记住一些谚语。有些是有生动画面的具象谚语（例如，"不要摇动船"），有些则是抽象的（例如，"历史重演"）。对于 10 ~ 15 条谚语的列表，使用限定系统的学生比没有使用该系统的学生记得更多。他们还报道了使用限定系统记住谚语的学生比不使用限定系统的学生所花费的努力更少。四年级的孩子和中老年人也通过使用限定系统记住了更多的谚语。[7]

除了这些对谚语记忆的研究，我在我的记忆课堂上也用谚语测试了我的学生。在学期开始，我让他们试着以数字的顺序去记住一个 10 条谚语的列表，并使用限定系统再做一次。以下是对几个班级近 200 名学生做实验的结果：当使用了限定系统，完全能回忆所有谚语的比例增加了一倍（从 20% 升至 40%）；至少回忆起 9 个的学生比例显著增加，从 28% 升至 62%。在测试的另一方面，回忆起 5 个或更少的谚语的学生比例从 22% 下降到 2%。

我还教给中老年人限定系统，作为短时记忆课程的一部分教学内容。有一个班级由 28 名学生组成，年龄在 62 ~ 79 岁。在学习限定系统之前，他们平均能回忆 10 个谚语中的 5.2 个，当他们使用了限定系统，则平均提高到 7.9 个。至少能够回忆起 9 个谚语的学生在不使用限定系统时的比例从 11% 增加到使用限定系统的 50%。70 岁的学生和 60 岁的学生表现得一样好。大部分学生也认为限定系统是课程中最有趣和有价值的一部分。[8]

◉ 学校功课

我们能够看到，限定系统可以有效地用于记忆单词列表，甚至是更复杂的内容。那该系统是否能有助于学生记忆在学校学习的各种必修内容呢？最近有一本关于学习技能的书对这个问题给出了否定答案。它表示，限定系统关于学校功课的运用有两个重要的局限性。首先，它只能用于一次性地为一门考试使用仅仅一个列表的项目。其次，获得的知识不能保持长久，因为记忆的项目很快就会被遗忘。[9] 让我们一起看一看一些最近调查课堂上使用限定词有效性的研究。

限定系统可以用来教学习能力有问题的高中学生和初中生学习矿物的硬度情况。他们首先知道每个矿物的替代词，然后看到一张相互作用的图片，将替换词与适当的限定词关联在一起［例如，黄铁矿（pyrite）是硬度六（six）级，所以图片显示了一个用棒子（sticks）支持的馅饼（pie）］。学生还学会了矿物的颜色和用途，他们也了解到史前爬行动物以一个看似可信的顺序灭绝的原因。对于所有这些任务，限定系统比传统的指导更有效。[10]

八年级学生使用了限定和定位系统去学习美国总统的名字。他们从 1～10 使用了限定词，季节性位置代表了年数；1～10 是一个春天的花园场景，11～20 是夏日海滩的场景，21～30 是秋季踢足球场景，31～40 是冬天雪景。总统的名字以替代词来代表，关联到图片上呈现。两组样本联系是：Tyler（tie）-10（hen）-garden［泰勒（领带）—10（母鸡）—花园］，Garfield（guard）-20（hen）-beach［加菲尔德（后卫）—20（母鸡）—海滩］。学生还学会了有关总统的传记资料。这个组合的关键词定位——限定系统已经被拓展用于极端的案例，利用字母表学习从飞机场景到动物园场景（10个限定词 × 26 个字母定位 = 260 个有序信息的项目）的项目达到 260 项。[11]

六年级的学生在几天内不断地被训练使用限定系统去学习一个列表的名单和配方成分。另一项研究中，六年级和八年级里学习能力有问题的学生使用关键词记忆（替代词）和限定系统学习有关恐龙的信息。在这两项研究中，使用限定系统的学生记住的信息，比那些不使用限定系统的学生记得更好。[12]

其他的研究表明，限定系统也可以用来记住如何做某事。教大学生和高中生记住准备菊花轮打印机操作的 10 个步骤。（例如，第 1 步：打开打印机夹边上的螺丝钳；第 2 步：把纸的末端放入链轮齿；第 6 步：按下开关开始；第 10 步：按下自我测试开关。）对于两个年龄组，使用限定系统的学生花了更少的时间学习这些步骤，能够按顺序记得更多的步骤，实际上也能正确遵循更多的步骤准备打印机（无论口头还是书面提出的步骤）。[13]

我们已经看到，限定系统能够被特定的人群使用，如幼儿、学习障碍的儿童和老年人。此外，有一位健忘症病人得益于使用限定系统。限定系统能够帮助他早上起床后记得要做的事情，并且也已被纳入恢复记忆与脑损伤者的训练项目中。[14]

如何使用限定记忆系统

限定系统可用于任何建议使用关联和定位系统的地方，包括学习列表、自然有序的内容、名称和演讲，或当不方便写下一些东西，将其作为临时存储的一个大脑档案系统，或为定期的日常进行更多的永久存储，也用作大脑档案系统。

● 记住思想

限定系统还可用于直接访问的任务。例如，我使用限定系统教我的女儿《十诫》（一个刚满 5 岁，一个 7 岁），以至于她们用乱序回忆十诫的效果和正序的一样好。第一步是教他们限定词，两个女孩经过两次学习列表后都能回忆起全部的限定词。第二步是教她们如何使用限定词。我给她们一张列有 10 个项目的列表，让她们记住，并且知道她们在限定词和项目之间形成了图像关联。两个女儿在列表呈现后都记起了 10 个项目，在第二天回忆起了 9 个项目。而她们在记忆第二个列表时增加了额外的练习，即时回忆起了 10 个项目。第二天测试时，她们每一个都需要思考"什么是限定词"以及"限定词在做什么"。

最后一步是使用限定词学习《十诫》。把代表每一个戒条的具体项目与运用视觉图像相应的限定词关联起来。例如，女孩的父母拿着蜂箱的图像（five-hive，五—蜂巢）代表着第五条戒条（"尊敬你的父母"）以及一个贼偷了一个大门（eight-gate，八—大门），代表了第八条诫命（"你不能偷窃"），两个女儿按顺序或者不按顺序学习了所有戒条，并且能够在两个月后的一场惊喜的测试中回忆起它们。这个限定系统不仅有效，对于她们来说，识别也非常有趣，她们也急于把它应用到学习新事物上。[15]

几年后，我试图对我的儿子做一个相同的实验，那时他只有 4 岁。最近，我又试图用我小女儿做实验，她 3 岁（约一个月到 4 岁）。当然，这需要一点练习，但是 4 岁和 3 岁的孩子都能够使用限定系统去完成任务。我没有让我 3 岁的女儿在单词列表上练习使用限定系统，也不要求她去学一些《十诫》上的原字原句，只是观点。（例如，她不需要记住："你不能虚假见证"，而是学会"不要说谎"。）

9 个月后，我对我 4 岁的女儿在她的限定词记忆上做了一个小测验。在那段时间里，没有关于《十诫》的限定词复习，甚至没有提示。我开始问她是否能记得很久以前她学过的一些押韵的词,听起来像从 1～10 的数字。她的第一反应是:"啊?我不知道你在说什么。"然后,几秒钟后,"噢,是的,我现在还记得——six-sticks(六—棍子)。"我说:"正确!现在我想要你尽可能说出你能记得的押韵词。先说每个数字,然后跟着再说押韵的单词。"

10 个限定词中,她能正确地回忆出 7 个,在数字 3 和 9 上都标记空白,回忆数字 10(ten)时,选择了"巢穴"(den)[而不是"母鸡"(hen)]。然后我对这三个数字提出了一些多项选择的问题,告诉她每个数字押韵的 4 个单词,这时她正确地认识到 3 和 9 的限定词,但对数字 10 仍然选择了"巢穴"。

大约一周后,我测试了她对这十条诫命的记忆。然而,如果她没有提示,记不起任何一条,但当我描述我们所使用的联想,她记起了其中的 4 条。经过一次复习后,即使没有提示,她也能够记得所有戒条,3 天后没有进一步的回顾,仍然能够回忆出来。

对这《十诫》的讨论的意义并不在于了解这些诫命,而在于表现如何将限定系统用于学习思想,而其中大部分都是抽象的。在我的记忆课上的一个学生有相关的经历,表明了即使当用户不相信限定系统有用,限定系统其实是可以帮助这样的任务的。使用上述的步骤教完他的妻子之后,学生报告说,"她感到惊讶,他们竟然可以如此容易地学习。在实验之前,她告诉我她不能做这项实验。她还提到过,这似乎看起来需要做更多的工作(必须要先记住限定词),但现在她觉得不是这样了。"

● 记住数字

相比定位系统,限定系统更有助于学习数字。(下一章的语音系统学习数字更加有效）。你能通过把限定词联系在一起去记住一长串数字，例如，10位数字1639420574，可以用关联系统来记住面包—棍子—树—葡萄酒，等等。人们关于字符串的容量可以扩展，能远远超出大约7位数的短期记忆广度，这已经在第2章中讨论过（只要数字呈现的速度足够慢，使你能够有时间建立起关联）。

限定系统可用来记住表示一个日历年的12位数字（见第7章）；1988年的数字（376-315-374-264）可以通过关联树枝—天堂—棍子—树等来记忆。这种方法有一个缺点，它要求顺序检索（例如，记住9月的数字，你必须记住9月是第9个月（英语中很多人并不知道September是第9个月，只知道是9月），然后过一遍数字，直到你达到第9位数）。一个更有效的方法是基于押韵或意义，为每个月编造替代词［例如，一月（January）= 果酱（jam），二月（February）= 情人节（valentine），四月（April）= 猩猩（Ape），九月（September）= 权杖（scepter）］。然后将每个数字的限定词与相应月份的限定词配对联系起来（果酱—树，情人—天堂，猩猩—树，权杖—门）。现在要去找到9月的关键数字，你不必按顺序过一遍数字，直到达到第9位数；你可以直接回忆起9月—权杖—门—四。

限定系统可在任何一个重复的任务中计数，在这些任务中，你可能会忘记你做过多少次。例如，当我慢跑时，我会用限定系统去数圈。我跑步的轨迹是室内约1/5英里的轨道，这就意味着跑2英里我要绕轨道跑10次。跑了一段时间后，很容易就会忘记我已经完成了多少圈。为了帮助我克服这个问题，当我完成第一圈时，我就想象自己跳过一个小面包圈；我完成了两圈，就想象是跳过一只鞋；跑完三圈，则想象自己跑入了一棵树，等等。某一天，当我完成了每一圈，我会想象一些适合的东西坐在轨道边，或者想象每一个东西都是以某种程度被损坏了（压扁的包子、破旧的鞋、被锯开的树等），或者想象每一个东西着火了。图像一天一天变化，有助于减少前一天的干扰，所以我可以分辨出我今天的圈数，而不是昨天的圈数。当然，该程序可以适用于任何类型的常规任务的重复计数，我的一个学生使用了此程序去记住游泳圈数，另一个学生则用该程序去统计不断重复练习钢琴的次数。

◉ 反复使用相同的限定系统

第 10 章提出了一个问题，关于使用相同的定位系统去学习几个不同的列表可能出现的干扰，这个问题也与使用相同的限定系统去学习不同列表相关。研究证据表明，这会有一定的干扰，但当你不使用任何系统，你就不会有这些干扰。例如，在一项研究中，有人使用了限定系统来学习 6 个连续的列表，每个列表都是 10 个项目，而其他人在没有使用限定系统的情况下，也学习了列表。那些使用了限定系统的人平均的回忆率达到了 63%，没有使用的则是 22%。此外，使用限定系统的人回忆 6 个列表上的项目都非常好，而其他人回忆的大部分的单词主要来自最后呈现的 2 个列表。[16]

第 10 章讨论了两种可能的方式，来减少用定位系统学习不同但相近的列表带来的干扰。首先，你可以构建几个不同的位置，这样你就不必经常使用同一个位置。其次，可以使用渐进式的阐述。这两种方法也可以帮助减少使用限定系统学习连续的几个列表带来的干扰。你既可以构建几套限定词（也许一些基于押韵，一些是看起来相似的，一些基于意义，一些基于字母表），或者你可以通过渐进式阐述对一个限定词附加多个项目（在第 10 章中引用的一项渐进式研究发现，定位系统和限定系统出现了相同的结果）。[17]

● 其他用途

与关联和定位系统一样,限定系统也可以用于学校环境中。我们已经看到了一些关于学生在学校使用限定系统的研究,我的一些学生的经历表明了一些关于限定系统可能应用的其他想法。一个学生参加了初等数学课的对数考试,并且报告说,他"出现了茫然、困惑,并得到了 73% 的成绩"。这场考试包括了 11 种类型的问题,如果关键的操作可以被记住的话,每一个都可以很容易解决。学生使用了限定系统去学习了这些关键定理并重新进行考试。他说:"重考没有任何问题或困惑,我这一次的成绩是 92%。"

另一个学生使用了这个系统,准备一次开卷考试,内容是关于在课堂上标注的 50 条《圣经》经文。她把每章中的所有经文联系在一起,然后对章节号码使用限定词,并且把它们跟各个章节的第一条经文联系起来。然后她把章节的限定词关联起来,记住哪一章经文标记了,她在测试中得到了 98% 的成绩,报告说:"测试是有时间限制的,但是大多数的班级没有在时间限制内完成。我觉得题目并不难,事实上,我甚至有时间去检查测试,以确保我不想改变我的任何答案。"

一个学生用限定和定位系统来帮助记住在无线电罗盘系统上的 9 个组成部分的数字标志。她去了一所技术学校,那里的学生必须学习许多不同的导航系统,每个系统都有几个组件,每个组件都有一个数字编号。限定系统帮助她记住了数字,而这些位置帮助她记住了哪些组件和哪些系统在一起。

另一个学生做的是在心理和情感上对残疾人进行保管员训练的工作,为了准备帮助他们介绍工作。他们学习去做的保管员的工作是打扫厕所,这涉及 14 个步骤。我的学生首先使用了限定系统自己学习步骤，以至于他可以教他们学得更有效；他然后用限定系统去帮助他的学员学习步骤。他报告说，发育障碍、情绪障碍的学员在记忆步骤上是成功的，而且他们的质量合格率根据竞争标准从约 20% 增加到超过 80%。

还有关于限定系统的运用的其他例子，我的学生说包括了学习记忆各种内容，如三角函数、激励的 13 个原则、校园建筑的名字、18 种休克症状、12 组食物减肥方法、10 篇短篇小说和作者、日语从 1 ~ 10 的数字、记得一个牙科学校面试的 10 个要点、历史上 11 个时期的演变、美国历史上 20 个最重要的事件，以及骑马时的 8 种救助。限定系统的另一个应用程序已经用于军事发展，教新兵 11 条"哨兵命令"职责，其中包括一个哨兵必须通过数字回忆的方法。[18]

像定位系统一样，限定系统可以结合关联系统记住多达 100 个项目。把第 1 个项目和"面包"联系起来，然后关联接下来的 9 个项目，把第 11 个项目和"鞋"联系起来，然后把接下来的 9 个项目联系起来，等等。使用这种方法，你不会有任何关联超过 10 个单词，你可以使用限定词提示你的每一个环节中的第一个词。

你可以使用限定词作为大脑档案系统跟踪每日的事件。例如，如果你 10 点要去看牙医，3 点给你的车加油，你可能会联想到"牙医—母鸡"（hen-ten）和"石油—树"（tree-three）。如果你为一周的每一天都编出了一个替代词（例如，星期一（Monday）= 钱（Money），星期三（Wednesday）= 多风（Windy），你可以构建一个大脑档案系统去跟踪每周的约会。因此，如果你下周一 10 点需要去看牙医，周三 3 点给你的车换机油时，你会联想到"牙医—钱—母鸡"和"油—多风—树"。

限定系统其他的实际应用介绍也出现在一些流行的记忆训练书籍中，例如第 9 章结尾的参考资料。

第 12 章
chapter12

大脑档案系统：语音记忆系统

在本书所讨论的内容中，语音系统是最精妙、用途最广泛的记忆方法，也是最复杂的系统，需要花费最多的学习时间去掌握。然而，作为大脑档案系统，语音系统构建超过 10～20 个字，突破了限定词的局限，同时还保留了限定词直接检索的优点。除此之外，语音系统还能使我们更好地记住数字。

什么是语音记忆系统

本章所讨论的语音系统也曾被称为图形字母表、数字字母、数据字母表、字钩、数字辅音和数字声音。在这些众多的术语中，最具有描述性的是最后一个，数字声音。其他标签对这个系统的旧有版本更具有描述性。我选择把这个系统称为"语音系统"的原因随着描述会变得越来越清晰。

在语音记忆系统中，从 0 ~ 9 的每一个数字都以一个辅音发音来表示；这些辅音发音会和元音组合在一起，把数字处理为词语，这会使之变得更为有意义，因而更容易被记住。

● 起源

语音记忆系统的起源可以追溯到 300 多年前的 1648 年，当温克尔曼（Winckelman，在其他的来源中也拼写为 Wenusheim 或者 Wennsshein）推出了一种数字字母系统，就是字母表中的字母代表数字。这些字母随后组成一个词语，用来表示一定顺序的数字。理查德·格雷在 1730 年详细介绍了 Winckelman 数字字母系统。[1]

在这些早期的系统中，元音和辅音一起代表着数字，代表数字的字母是随意选择的。在 1813 年，格列格·凡·费南戈对这个系统进行了更加细化的描述。在他的系统中，只有辅音来代表数字，元音并没有数值。此外，辅音代表数字并不是随意选择的；相反，是在相似性的基础上或者是和所代表的数字联系在一起（例如，"t"=1，因为它像数字 1；"n"=2，因为它有两个竖线；"d"=6，因为它像反写的 6）。通过插入元音可以形成词语来代表数字，所以 6 可以由 aid 表示，16 可以用 tide 来表示。[2]

对这个数字辅音系统的进一步修改是在 19 世纪。1844 年，弗朗西斯·福韦尔·古罗尝试把英语中所有的单词分类，可以代表直到 10 000 的数字。到 19 世纪末，数据辅音系统已经演变成现在的形式。在 19 世纪 90 年代，威廉·杰姆斯经典的心理学教科书对它进行了简要的描述，罗瓦塞特把它作为"替换系统解析"，进行了更深入的描述。"数字不仅仅由辅音本身表达，还通过辅音的声音表示。"这个版本在20世纪的记忆书籍和商业课程中基本保持不变。[3]

● 描述

下面列出的这些对应词概述了数字声音的对应关系，它们也是语音系统的基础。

数字	辅音发音	记忆辅助工具
1	t, th, d	"t"有一个竖线
2	n	两个数竖线
3	m	三个竖线
4	r	在一些语言里，"r"是4的最后一个音
5	l	罗马数字50是"L"
6	j, sh, ch, 软音 g	"j"反过来写像6
7	k, q, 清音 c, 清音 g	两个7组成了"K"
8	f, v	手写"f"像8
9	p, b	"p"是9的镜像
0	z, s, 软音 c	"z"是"zero"（零）

在以上列出的对应关系中，选择辅音发音代表数字的方式有几个优点。

1. 数据声音对应关系学习起来不难（参考表中的记忆辅助）。

2. 发音是相互排斥的：每一个数字仅由一个发音或相似发音所表示。

3. 发音是详尽的：英语中的所有辅音发音都包括在内，除了"w""h"和"y"，你可以通过"why"这个单词很容易地记住（h这个字母只有在改变其他辅音发音时才有价值——th, ch, ph, sh）。

除了 2、3、4 和 5 之外的所有数字，实际上是由相似发音所表示的，而不是一个单一的声音。上述表中的记忆辅助有助于记住每个数字的第一个字母（表中的第一个）。下面是一些短语和句子（诗），可以帮助记住每一类中的所有发音：1—train the dog；6—Jack should chase；7—kings and queens count gold；8—fun vacation；9—pretty baby；0—zero is a cipher。

在语音系统中，要意识到辅音的发音比字母本身要重要，这种意识很重要。这就是我为什么选择把它称为语音记忆系统。想要知道为什么某些声音要组合在一起，就大声说出下面的词语，密切注意每组中下划线部分的发音在你嘴巴和舌头中形成读音时的相似性：1—toe, though, doe；6—jaw, chow, gem；7—key, quo, cow, go；8—foe, vow；9—pay, bay；0—zero, sue, cell. 实际上，6 的发音只有 3 个，因为软音 g 和 j 是一样的发音；7 有两个发音，因为清音 c 和 q 与 k 一样的发音；0 有两个发音，是因为软音 c 和 s 一样。

强调发音是重要的，因为不同的字母或者字母的组合可以发出同样的声音。比如，"sh"的发音可以通过字母 s（sugar），c（ocean），ci（gracious）和 ti（ratio）发出。不仅不同的字母可以发出同样的读音，同样的字母也可以发出不同的读音，比如，t 在 ratio 和 patio 中的发音；c 在 ace 和 act 中的发音；g 在 age 和 ago 中的发音；gh 在 ghost 和 tough 中的发音；ch 在 church 和 chronic 中的发音；ng 在 sing 和 singe 中的发音；s 在 sore 和 sure 中的发音，字母 x 在大部分单词中的发音（ax）需要两个辅音发音（k 和 x），但也可以读成 z（xylophone）。

当一个辅音重复并只发出一个音时，只算一个数字（bu̱tṯon=912，不是 9112，ac̱c̱ount=721 不是 7721），但一个辅音重复发出两个音时，就算两个数字（ac̱c̱ent=7021）。忽略掉不发音的辅音；当你说出一个单词，如果这个辅音是不发音的，那这个辅音就是无用的：lim̱b=53，不是 539（但 lim̱ber=5394）；bought=91，不是 971；ḵnife=28，不是 728；couḻd=71，不是 751；sc̱ene=02，不是 072（但 sc̱an=072）。如果两个不同的辅音只发出一个音，那它们两个只代表一个数字（tac̱k=17，不是 177；ac̱quaint=721，不是 7721）。

以上并不包括两个特殊的组合音节。一个是"zh"（在 mea̱sure，vi̱sion，a̱zure 中），和"sh"这个音很相似，通常被认为是一样的（代表数字 6）。另外一个是"ng"（在 si̱ng 和 sa̱ng 中），通常被认为是和清音"g"一样的（代表数字 27）。还有其他的例子，要考虑到你所听到的一致性。不管你喜好哪个方法，记住发音是很重要的：aṉgle=75；aṉgel=265；eṉgage=276。

现在你可以明白为什么我说的语音记忆系统比其他记忆系统更复杂了，因此要付出更多努力才能学好。你必须花不少时间来学习这一部分。然而，我相信，许多语音记忆系统的潜在用途证明了花费时间去学习是值得的。代表每个数字的声音都应该被全部彻底地学习。

第 12 章　大脑档案系统：语音记忆系统　**221**

以下列出的对应关系包含我们已经讨论过的许多例子，和一些的有助于说明声音与字母之间差异的资料。会显示出不同的辅音以及辅音的结合可以代表不一样的数字。（包括可以形成独特发音的辅音组合，但不包括在众多的辅音组合中，不发音的辅音，比如 de_b_t，_p_salm，i_s_land，_m_nemonic。）

数字	声音	例子
1	t	tot(11), letter(514)
	th	then(12), thin(12)
	d	did(11), ladder(514)
2	n	noon(22), winner(24)
3	m	mummy(33)
4	r	roar(44), barrel(945), colonel(7425)
5	l	lilly(55)
6	j	judge(66), gradual(7465)
	sh	she(6), ratio(46), ocean(62), anxious (angshus=760), special (0965), tissue(16), emulsion(3562), fascism(8603)
	ch	choose(60), witch(6), conscious(7260), cello(65), Czech(67)
	soft g	gem(63), exaggerate(70641)

7	k	kite(71), back(97), chaos(70), Xerox (zeroks=0470)
	q	quit(71), acquit(71)
	hard c	cow(7), account(721)
	hard g	gagged(771), exam (egzam=703)
8	f	food(81), off(8), phone(82), cough(78)
	v	oven(82), savvy(08), of(8), Stephen(0182)
9	p	popped(991)
	b	bobbed(991)
0	z	zoo(0), buzz(90), Xerox(zeroks=0470), scissors(0040)
	s	sue(0), tossed(101), scissors(0040), pretzel(94105), xerox(zeroks=0470)
	c	circus(0470)

◉ 如何使用语音记忆系统

当彻底了解了代表数字的辅音发音后，该语音系统就可以运用在两个通用的领域：和限定记忆系统的运用一样，单词可以被构造为一个大脑档案系统，以及任何数字信息可以被编码为词汇，使之更容易学习。

大脑档案系统。语音记忆系统可以作为一种大脑档案系统，被用来构建词语，就像限定记忆系统一样。当我讨论限定记忆系统或者语音记忆系统时，为了直白一些，我会把限定记忆系统说成"限定词"，语音记忆系统词汇说成"关键词"（不要和第 7 章中的关键词记忆搞混淆）。关键词是由元音和辅音的结合构造而来，例如，有很多词可以代表数字 1：doe, day, die, tie, toe, tea, cat, hat, head, wade, the。根据第 7 章中所讨论的，最好是使用一个具象的词；所以 toe（脚趾）要好于 the（指已提到的人或物）。同样地，对于大部分人来说，选择关键词时，一个开头是辅音发音（比如 tea 或者 doe）也许比末尾是辅音发音（比如 eat 或 head）效果会更好。

在上一章中，我们看到限定记忆系统的一个问题就是押韵或者看上去像限定词汇的词很难找到超过 10 个，超过 20 个更难。语音记忆系统并没有这个缺点。一个关键词所代表的两位数数字会以辅音发音代表第一个数字作为开头，然后另一个辅音发音代表第二个数字作为结尾。例如，数字 13 可以表示为 tomb, dome 和 dime，数字 25 可以表示为 nail, Nile 或者 kneel。三位数的流程是一样的：可以用 trail, drill, twirl 来表示 145。超过两位数的数字有时很难用一个单词来表示，也许会要求用两个单词或者短语。比如，889 也许会由 ivy fob 表示，8890 是 five apes。

关键词的数字达到 100 时可以很容易地通过辅音和元音来构造。以下的例子是从 1 ~ 20 关键词的数字。

{
1=tie
2=Noah
3=ma
4=ray
5=law
6=jay
7=key
8=fee
9=pie
10=toes

11=tot
12=tin
13=tomb
14=tire
15=towel
16=tissue
17=tack
18=taffy
19=tub
20=nose
}

以上所有的示例都是从上一个展示中的第一个数字开始的,但这不是必需的(比如 cow, dime, dish 可以分别表示 7,13,16)。从 1 到 100 每一个数字的关键词会在附录中列出(额外的多达 1000 个数字的语音关键词已经在其他地方列出;而且,正如前面所提到的,福韦尔·古罗给出了多达 10 000 的数字。)[4] 你应该选择一个关键词,这样可以很轻松地想象每一个数字,并且使用时有连贯性。关键词作为你的大脑档案系统,和位置在定位系统中的运用方式、限定词在限定记忆系统中的运用方式一样。所以,数字 1 会和 tie 关联在一起来学,数字 2 和 Noah,数字 20 和 nose(或者你选择的任何一个关键词),回忆也和限定记忆系统运行方式是一样的。你先想一个数字,然后转换成关键词,然后把数字与关键词关联起来。

你可以只学习 10 个单词就可以把 100 个基础单词扩展到 1099 个单词,这 10 个词语是可以表示 1~10 的形容词;例如,wet=1,new=2,my=3,hairy=4,oily=5,huge=6,weak=7,heavy=8, happy=9，dizzy=10，对于 101 ~ 1099 的数字，你可以用常用的关键词来表示每个数字的最后两位，形容词来表示第一个数字；比如，wet tie=101, new tie=201, hairy chin=462, happy movie=938, dizzy baby=1099。

数字记忆。第二个主要的运用领域就是语音记忆系统在把数字信息编码为词语时很有用处，会让信息更具有意义，更容易联系起来。这一运用的例子在本章稍后介绍。

附录列出了每个数字可能有的几个关键词，以便提供额外的关键词，这样在编码一系列数字时可以避免使用相同的词语。比如，在编码数字 6149234949，与"sheet-rope-gnome-rib-robe"联系在一起要比"sheet-rope-gnome-rope-rope"的干扰少。同样地，如果你正在记几个电话号码，比如说，数字里面有 72，如果你对 72 用了不同的词语，比在所有的联想中用一个词语，可以减少很多干扰。

语音记忆系统的效果有多好

在语音记忆系统上的研究要比关联、定位、限定记忆系统的研究少，明显的原因就是在运用之前，掌握语音系统需要更多的时间和精力。所以，对于研究者来说，教会一组人学会这个系统并在实验部分有效地运用是困难的。然而，有一些研究已经研究了语音记忆系统的有效性。

◉ 研究资料

最早的语音记忆系统实验研究是在 20 世纪 60 年代进行的三

项研究，研究表明语音记忆系统的关键词帮助学习有 20 个单词的生词表。20 世纪 70 年代早期和中期的研究发现，在学习三个连续 20 个生词的单词表和两个 25 个生词的单词表时，关键词起了有效的作用；对于定位和限定词来说，关键词起到了相同的作用；在学习三位数数字时，相似的系统也是非常有效的。[5]

最早期的研究调查了语音记忆系统作为大脑档案系统的运用，20 世纪 80 年代的一些研究调查了它在记忆数字方面的运用。第一项研究发现，对于单位换算的学习和记忆，语音记忆系统在 4 周后没有什么帮助。第二个研究纠正了第一个研究中研究者认为的方法错误；人们有 5 分钟接收语音记忆系统中的指令，3 分钟的时间学习 20 个两位数的数字。比起那些没有学过语音记忆系统的人来说，他们能记住超过 2 倍的数字（15.7 个比 7.0 个），第三个研究发现，如果有 10 分钟的指令接收时间，人们甚至能更有效地记住 4 位和 6 位的数字。然而，当人们在学习时不得不想出自己的关键词去编码数字时（不用研究者提供的关键词），语音记忆系统实际上妨碍了他们的表现。这个发现表明了除非在使用之前对关键词学习得很好并加以操练，否则该系统不能起到有效的作用。[6]

在第 3 章中一些有着卓越记忆的记忆专家运用了语音记忆系统来实现自己的特长。一个名叫 T.E 的人运用语音系统进行了很好地操练，他能用它来复制卢里亚数字矩阵的记忆壮举以及其他知名的记忆专家的特长。6 个完成了我的记忆课程的学生也尝试着用语音记忆系统在 40 秒时间内复制记忆 4×5 矩阵中的 20 个数字的壮举。正如我们在第 3 章中所见的，一个学生用它不到 40 秒就完成了（36 秒），另外三个学生在 60 秒内完成。一个心算师在做复杂的数学问题时会用语音记忆系统将数字储存在记忆中，比如在脑海中求 6 位数的平方。[7]

通过使用一个和语音记忆系统类似的系统，有人能够在几天之内的34.5个小时里学会1152位数的数字序列，3个月后仍然可以想起2/3的数字。同样的学习时间里，不运用这个系统只能学习1/3的数字，3个月后一个也记不起来。[8]

语音记忆系统在学习法语词汇时有着独特的应用。学习者首先用法语学会语音记忆系统关键词的列表；例如，法语词thé（英语词the）=1，法语词roi（英语词king）=4，然后把这些关键词和法语词汇联系起来，用第7章中提到的关键词记忆法学习生词的意思，通过把生词和语音关键词结合在一起，学习者可以在内心通过把关键词作为线索来练习回忆新的词汇。一些研究发现，这种方法能帮助人们学习法语生词表（包括具象的和抽象的、熟悉的和陌生的），甚至还帮助学习语法。[9]

一些研究人员分析了语音记忆系统的有效性，试图解释语音记忆系统是如何产生作用的，并提出有效的使用原则，比如意义性和组织性，证明了第7章提出的记忆系统运用的基本记忆原则。[10]

◉ 研究证明

当我演讲的时候，我经常会用一个我个人使用语音记忆系统关键词的示范来作为开头。我在黑板上写下1～20的数字，观众喊出一个数字和生词，在数字之后写出一个生词，以编出20个生词的单词表，来自观众中的一名志愿者在黑板上写下他们说的单词，我面对观众，背对黑板。单词表完成后，我告诉观众我不看黑板可以重复他们说的所有单词，通常我会说："你想要怎么听到这些单词——顺向的、倒向的，或者奇数个和偶数个？"这个问题通常会让观众产生不相信的表情以及一阵低嘘和交头接耳的声音，偶尔有人会提出"从中间向两边开始"或者"每个三的倍数"（如果没有提议的话，我通常会倒序从第 20 个到第 1 个来回忆展示）。当然，回忆的顺序与语音记忆系统并不相关。

从 1970 年开始，我做了 60 ~ 70 次这样的演示，大多会回想起所有的 20 个单词，虽然有一次我只回想起 18 个单词，6 次只回想起 19 个单词。我也有 4 次尝试过 100 个单词的壮举，但还没有能回想起所有的 100 个单词；我的记忆范围是 93 ~ 97 个单词。

我儿子在 11 岁时就做了 20 个单词的演示，我女儿在 13 岁时学习从 1 ~ 10 的数字关键词后第一次尝试就能记住 50 个单词里的 49 个。我记忆课程上的学生的表现可以作为进一步的研究证明。课堂的第一晚，我随机读出 20 个学生的数字编号下的名词，让他们尽可能多地想出正确的顺序，随后在课堂上，在他们学习了语音记忆系统之后，我又给他们相同的任务，换了另一组的名词。以下是在几节课中 100 多个学生的成绩：在学习语音记忆系统之前，全部回想出所有 20 个单词的学生比例是 7%，学习并运用后，比例是 51%。学习之前，回想起 20 个单词中的 18 个以上的学生比例是 19%，学习之后比例是 83%。在记忆范围的另一端，学习之前会想起 10 个或 10 个以下的学生比例是 28%，学习之后变为 2%。

如何使用语音记忆系统

语音记忆系统可以用于前面提到的关联、定位和限定记忆系统的运用中。相比限定记忆系统，它的优点是可以适用于长列表的记忆。相比定位系统，它的优点是可以直接检索编号的项目（当然，项目编号不是强制性的）。比起之前的系统，它还有一个额外的优点，就是可以用来记数字。

● 大脑档案系统

语音系统中的关键词可以用来做一个文字大脑档案系统，方式和第 10 章中描写的定位系统相似。我使用了 50 ~ 99 的关键词，10 个一组，从而达到以下的目的：50 ~ 59 是要做的杂七杂八的东西；60 ~ 69 关于家庭生活；70 ~ 79 关于教会和公民；80 ~ 89 关于学校；90 ~ 99 关于各种各样的想法。假设一天我正要睡下的时候，想起来第二天要做的一些事情。我记起来需要在家里给儿子留些钱（关于家庭），上班路上寄一封信（要做的杂七杂八的事情），查看一些个人所得税表格（要做的杂七杂八的事情），安排班级考试（关于学校），给另一个班级订书（关于学校）。我会在以下词语中产生联想：lot（51）和 letter（信），lion（52）和 tax（税），juice（60）和 money（钱），vase（80）和 exam（考试），fit（81）和 books（书），随后第二天早上在我去学校之前，我可以在每一个类别下进行快速地脑力检索，完成早上需要做的事情，如果需要的话可以把其他事情写到记事本上。

另一方面，可以用至少 70 个关键词类，似于前文提到的每天使用定位和限定记忆系统。为了减少日常干扰，建议每天的定位和关键词都不一样。同样地，你在周日可以用从 1 ~ 10 的关键词，周一是 11 ~ 20，周二是 21 ~ 30，以此类推，这种方法将避免每天使用同样的 10 个关键词的干扰。

在第 1 章中，我们提到了一个 50 页杂志的记忆演示。为了记住一本杂志，我可以用关键词来代表页码，把关键词与杂志内容联结起来。例如，假设 36 页的右上角有一幅三个人的图片，图片左边报道了他们是怎样打破坐旗杆的世界纪录的。左下角是一首爱情诗，右下角有两则广告（一个是维生素药物；另一个是轻松的锻炼器材），我可以通过关联系统创造以下的联系来记住这些信息：比赛（36）、照片中的人、旗杆、心（爱情）、药物和锻炼器。这些给我提供了 36 页内容的基本框架。我可以通过仔细阅读内容来填补细节。记住每个项目的所在位置通常不需要刻意的努力（第 10 章有过讨论），但可以依次通过关联项目来帮助记忆，比如，从左上方到右上方再到右下方。同样的程序也可以拿来学习其他类型的文本内容。

如果你想记住的内容是口头形式而不是书面形式，比如讲座和演讲，那么你可以把第一个要点和 tie（1）联系起来，第二个要点和 Noah（2）联系，等等。当然，这个流程需要积极地注意与认真地投入听讲过程。

对于一些惊人的扑克牌记忆，语音记忆系统可以提供记忆的基础。一种方法是用关键词来表示每张扑克，以扑克花色的第一个字母作为开头，代表扑克点数的语音作为结尾。例如，梅花（club）4 可以用 car 和 core 表示，黑桃（spade）9 可以用 sub 和 soap 表示。花牌或许要特殊点，然后扑克关键词可以联系在一起来帮助记忆。

对于玩扑克牌的人来说，在很多扑克游戏中，他们记住哪些牌是已经出来的会有明显的优势。对于不玩扑克牌的人来说，也可以完成一些惊人的记忆壮举。你可以看下洗过的牌，用关联系统把牌的关键词联结在一起，然后按顺序将所有的牌说出来。或者你也可以用从 1 ~ 52 的语音关键词把每张牌的关键词联系在一起，不仅可以将所有的牌按顺序说出，还可以说出牌的位置（比如，你可以在 3、17、37 和 41 的位置上找到 4 张 A）。有一个快速简单而又深刻的演示是猜牌的特技。有人从牌桌上拿走了一张或多张牌，你看下牌桌上的牌，就可以说出拿走的是哪些牌。这是通过分解每张扑克的关键词来达到的（比如 broken，burned 等）。你看了桌上的扑克后，关键词贯穿你的脑海；没有被分解的就是拿走的牌。对于其他一些牌类来说，也可以用这种方法来记牌。

你也可以学习字母表中字母的数字顺序，通过把第 11 章中每一个字母的关键词和语音记忆系统中 1 ~ 26 联系起来；例如，hay-tie（A=1），eye-pie（I=9），oar-taffy（R=18），这可以让你在任何给定的编号位置检索该字母，而不必从头到尾计算直到找到想要的字母。我的一个记忆班的学生教会了他女儿这个方法，之前他女儿很难以字母表顺序来组织词汇。学了之后，她通过把首字母转换成数字并把单词按数字顺序排列，轻而易举地以字母表示词语。

语音关键词（或定位，或限定词）可以以类似研究法语词汇的方式用于研究拼写生词表。关键词不会帮助你记住单词本身的拼写，但在你不方便学习的时候或者别人对你读词语的时候，可以让你脑海中出现生词表，并让你练习拼写。

● 数字记忆

语音记忆系统比之先前的系统有着独特的优点，就是记忆数字的有效性。许多需要我们记忆的信息包含数字：电话号码、街道地址、历史时间、财经数据、股票号码、人口数字、年龄、身份证号码、社会保险号码、车牌、时间进度表、价格、款式号码等。但不太好的是，数字是最抽象的一种记忆材料。

至少有两种方法可以使用语音记忆系统来记忆数字。两者都涉及把数字转变为更有意义的词语。（当然，如果可能的话，词语应该代表可形象化的具体事物，但即使不太可能，大多数的词语依然比数字更容易记忆。）第一个方法是构建一个单词或短语，其中把数据中的每一个数字都转换为按次序的辅音音节。第二种方法是构建一个单词或短语，把数据中的每一个数字转化为每个单词的第一个辅音音节。比如，用第一种方法记 60374 这个数字，或许可以用 juicemaker（果汁机）；用第二种方法，可以用"She sews many gowns readily"（她轻松地缝制了很多礼服）。

以下的例子是关于选择的数字是如何被编码的：要记住我以前的汽车车牌号码（KFK207），我把德国的心理学家 Koffka 想成是一个"nice guy"（不错的家伙）。我曾经去过的一个健身馆，里面的更衣箱号码是 C12-B（C 号过道，12 号隔间，B 号箱），我用 cotton ball（棉花球）来记忆。人类钻出最深的天然气井是 31 441 英尺，我可以用量杆（meter rod）来测量图片。帝国大厦有 1250 英尺高，我可以从隧道里（tunnels）看到。世界上最高的人造建筑是波兰的一个高 2119 英尺的无线电桅杆，我在上面（on the top）可以看到我自己。卡尔斯巴德洞穴有 1320 英尺深，那个深度里我可以联想到恶魔（demons）。世界上最高的瀑布在委内瑞拉，有 3212 英尺，像一座山（mountain）那么高。我可以记住我出生和长大的地方——华盛顿的斯波坎 1980 年的人口数，想象我自己回到家乡像是到了迷宫（to get mazes=171 300）。我可以通过 1 平方英里的椅子（chairs）记住 1 平方英里等于 640 英亩，或者把 1 英里和数据（digit）联系在一起记忆 1 英里等于 1.61 千米。

如果词语或短语与它所代表的项目有一些意义性的联系（如卡尔斯巴德洞穴的例子），那么这样会更令人难忘，但即使联系是随意的（比如斯波坎人口的例子），这样的联想依旧比抽象的数据更令人难忘。

你可以把带小数的数字做下修改，用首字母"s"开头的词语来表示小数,如果小数前面没有数字,"s"就表示小数点(.51=salt,.94=sparrow,.734=skimmer,等等)。如果小数前面有数字,就用两个分开的单词;小数部分的数字以"s"开头(945.51=barley sold,3.1416=my store dish,等等)。[11]

对于那些必须记住公式、方程和其他数学表达式的人来说,也许适合使用我记忆课上的一个学生提出来的流程。这个流程采取了多种记忆方法。字母限定词代表字母。语音词语代表数字。由一些能让你想起符号的物体表示符号;例如,房子是平方根 $\sqrt{}$,向下滑代表斜线 /,馅饼是 π ,十字架是加号 +。因此,你可以通过联想"sphere-ray-slide-ma-pie-oar-cube"来记住球的体积公式 $4/3 \pi r^3$。

我用语音系统记住过一组超过 100 个数字的电话号码,在我们这个区中,所有号码前两个数字是一样的,所以我构造了词语或短语来表示后五个数字。然后我用代用词来表示人们的名字(见第 13 章)。把每个名字和号码联系起来是一个配对的任务。以下是几个例子:Evans, 59941 [ovens, wallpapered (墙纸)] ; Wille, 79812 [will, cup of tin (锡杯)] ; James, 77970 [Jesse James, cookbooks (食谱)] ; Taylor, 41319 [tailor, ready-made bow (做好的弓)] 。

假设你通过关键词(比方说,tire, cave)来记忆如 1478 的四位数,随后你用 tire 和 cave 回想数字,但不确定哪一个是第一个:是 1478 还是 7814?避免这个问题的一个方法是四位数中的后两位数用你常用的关键词,前两个数字用除了你的关键词之外的任意词语。这样,1478 也许可以被编码为"door cave"或者"dry cave",7814 也许可以编码为"calf tire"或者"goofy tire"。

记忆数字一个有用的应用就是我们之前学过的记忆日历中的 12 位数字。例如,1988(376-315-374-264)这个数字可以由以下单词代表：my cash, motel, mugger, injury。这些项目可以由关联或故事系统按次序联系在一起。此过程需要顺序检索。要求直接检索给定的那个月份的数据，直接把每个数字的关键词和月份替代词联系在一起，这个过程类似于前面描述的限定记忆系统的过程（ma 和 jam, key 和 valentine, jay 和 march, ma 和 ape, 等等。）

语音记忆系统制定的方法可以学习月份中的一个 12 位数和年份中的关键数据，这样你可以记住 20 世纪中的每天是周几。[12] 我用其中一种方法记住了半个世纪的日历（1950～1999 年）。比起来记住每年不同的 12 位数，心算是有点难度的，但一个有着正常记忆能力的人用正确的系统方法完成了这样的壮举：它不局限于智力奇才、闪电计算器和低能博学的人。

你也可以用语音记忆系统去记住生日和纪念日的日期。例如，假设一个朋友的生日在 1 月 23 日，你父母的结婚纪念日在 4 月 16 日。记住这些日期的一个方法是在人、月份替换词和日期之间创造联系——friend-jam-name, parents-ape-tissue。另一种方法是使用一个数字，第一个数字代表月份，最后一个数字代表日期，然后把那些数字转化为词语——friend-denim（1-23），parents-radish（4-16）。

你可以构建一个大脑档案系统来记录每天或者每周的约会，和限定记忆系统同样的方式。因此，如果你要在下周一的 10 点去看牙医，周三 3 点要换车的机油，你可以联系"dentist-money-toes""oil-windy-ma"。记住约会的另一种方法是记住周几而不是想出替代词（周日=1，周一=2，等等）。然后你可以用表示日期和时间的数字来代表每一个约会（周一的 10 点=210，周三的 3 点=43），用语音记忆系统把约会和数字联系在一起（比如，牙医—nuts, 机油—room）。

也可以像限定词那样用关键词来计数并记录。因此，在记录沿着跑道时的圈数时（如我在限定记忆法中描述的），我可以一天用限定词，另一天用关键词，这样可以改变单调，减少干扰。除此之外，用语音关键词，不限制只能数10圈，可以数到100（不是我会跑那么多圈，而是我经常跑10圈以上；并且，也可以有其他的事情需要数到100）。

◉ 其他的用途

学习经文的过程是基于语音系统的。在《圣经》中，1200个选定的章节可以构造出语音短语。每个短语在意义上都和节篇的内容相关，并且通过语音记忆系统确定书、章节、节篇的数字。整本书是由《圣经》中数据顺序中的数字代表的，而不是它们的名字。有几个例子：《创世纪》中的一个节篇（愿光普照大地）是短语"the dawn"（黎明），1-1-2，代表第一本书的第一个章节中的第二个节篇；《摩西十诫》（出埃及记20）是"no-nos"，2-20，代表第二本书的第二十章；12使徒的名字（马太福音10:2）是"一打"（the dozen），1-10-2，代表《新约》中的第一本书中的第10章，第二节篇。在这个系统基础上发展出了《圣经》学习游戏，这个系统和所有的1200条语音短语已经出了单行本。[13]

我使用语音记忆系统把乘法表转化为了联想词［比如，mew ma=witch（2×3=6），wash key=rain（6×7=42）］。然后我用这些联想词帮助我儿子学习12以内所有的乘法，当时他只有7岁，在读二年级（他们学校在三年级才学习乘法）。我的一个学生有一个16岁大的有学习障碍的侄子，每个学年都学习乘法，但从来没有学会过。她用联想词教她的侄子乘法，并说最后他终于学会了（这也提升了他的自我形象）。

　　我的记忆班中学生的报告显示，他们发现语音记忆系统的另一个用途，是在家庭作业中可以用语音记忆系统来学习他们想学的东西。这包括一些项目，如电话号码、邮递区号、《圣经》的节篇和章节、生日、选定的道琼斯股票的高点和低点、赞美诗集中颂歌的页码、有机化学中的光道频率、马鞍的19个部分、例行的锻炼、心理学的62个术语，以及有轨电车的运行表。

　　因为也有其他记忆系统的例子，除了本章所述之外，语音记忆系统有很多其他的可能用途。记忆训练书籍说明了其他的用途，对本章提到的用处有了更详细的描述（例如，记忆日常约会的大脑档案系统、记忆日期和扑克的方法），并且给出例子说明该系统是如何有不同用途的。[14]

　　在第9章，我提出读者在读完关于记忆系统的内容后，会获得除第7章、第8章之外更多的知识。现在你已经读完了关于这个系统的内容，可能发现重读这两个章节时更有趣，更受益匪浅；会发现在这些章节中的一些观点更加有意义。

第13章 chapter13

记忆术实用：人名头像记忆

也许最常见的关于记忆的抱怨就是无法记住别人的名字。这在我最近的一项记忆专题讨论会里也有所展现，讨论会由广泛的人群组成，涵盖了13～81岁的500多人，这些人来自80种以上的不同职业和24个州（以及其他两个国家）。在讨论会的开始，我让他们写下希望获得解答的关于记忆的问题。到目前为止，最多的问题（41%）是关于记忆人名。（下一个最常见的问题是学习和作业，占15%。）记忆人名同样是特殊人群最常考虑的问题，如老人及大脑受损的人。一项涵盖500多位老人的大型调查发现，忘记名字在18个潜在记忆问题中最为常见，对于记忆受损的患者来说，姓名记忆也是最常见的问题之一。[1]

仅仅只是因为人们学习了如何记忆列表、演讲、数字、扑克，或本书目前为止谈论过的其他事物，并不意味着他们就可以学会记忆人名和头像。对名字的记忆必须像其他任何一种记忆一样进行训练。你必须学习一些技巧并练习使用这些技巧。下面的两个例子说明了这个事实，以及兴趣的重要性。

在第3章中，我们讨论了一个拥有非凡言语记忆的男人（V.P.）。尽管他对言语材料有深刻的记忆能力，V.P.发现他记忆头像的能力却并不理想。他在他工作的商店遇到其中一位调查人员的妻子却没能认出她，尽管他在社交场合见过她两三次。他说道："这是记忆的真正应用，在学习过程中非常重要。那位政治家……无论在什么情况下他遇见了她，都一定会记住你妻子的名字和样貌。"

同样，鲍勃·巴克，一名电视节目主持人，在每一场节目中都会遇到很多人并且需要记住他们的名字。当被问及他记忆他人姓名的秘诀时，他回答道："就是注意力。节目里的人都是我的工具。我必须知道他们的名字。这是我的工作。但你如果在鸡尾酒会上把我介绍给别人，我恐怕两分钟后就不记得他们是谁了。"

当我们忘记一个人的名字时可能会遭遇令人尴尬的时刻。比如，驻意大利前大使克莱尔·布恩·卢斯，在一场聚会上认识了戴维·伯比，一名花卉与蔬菜种子经销商。很短的时间后她就忘了他的名字，但没有说什么。伯比感受到了她的尴尬，他轻轻地说："我是伯比。"卢斯小姐回答道："这样很好。我有时会深受其困扰。"[2]

在这一章里，我们将通过一个提升姓名和头像记忆能力的系统了解一些关于我们如何记忆人名和头像的研究，以及该系统效果如何的一些证据。

我们如何记住人名和头像

对人类记忆已经有了大量的研究，包括人格特征、行为、身体特征、头像和人名等方面。该项研究更加注重于面孔，而不是其他方面的记忆（同时该研究更多的是在实验室，而不是真实环境下以短期任务的形式进行）。产生头像记忆研究兴趣的原因之一是在真实世界的一项任务——犯罪现场的目击者识别，几本展现目击者证词研究的书籍在 20 世纪 80 年代已经出版。[3]

尽管记忆人们的姓名有着广泛的现实意义，但在 19 世纪 70 年代中期以前，都很少有关于姓名记忆的研究。此后，对姓名记忆研究的兴趣开始增长，结果就是在 20 世纪 70 年代中期到 80 年代中期之间产生了超过 36 项关于姓名记忆的研究。然而，相较于对头像记忆的研究，这个数字还是很少。[4]

记住人名和头像是一个配对相连的任务：在大多数情况下，我们看到一个头像然后就会回忆起相应的人名；这里头像作为线索，而名字就作为回应。记住头像比记住名字更加容易，至少有三个原因。

1. 我们通常看到头像，却只听到名字，而大多数人对他们看到的事物会比他们听到的事物记忆得更好。

2. 我们在第 3 章中看到图片（头像）比文字（人名）更容易记住。头像在记忆里相较于人名是被区别对待的，甚至与其他图片相比也是被区别对待的。[5]

3. 正如第 2 章所指出的，头像记忆是一种识别任务，而人名记忆是一种回忆任务。如果姓名记忆以多项选择题的形式出现（人们把四个名字印在脑袋上,而我们只需要选择其中正确一个),那我们也许就不会有"记住"名字那么多的烦恼。

● 头像识别

错构症(轻度健忘症,相比遗忘更多的是失真)的一个常见表现形式,就是遇到比较熟悉的人却没办法识别他这样一个日常体验。"我不能认出他"现象通常是我们在正常情景之外遇到这些人时发生的,常常会导致困惑并且竭力试图把这个人识别出来。该现象的一个有趣特征,是它企图在没有完全回忆的情况下进行识别。[6]

几乎所有关于头像记忆的研究都采用识别,而不是以回忆为记忆工具。大多数该类研究的步骤都是呈现一些头像照片给被试,然后让他们从中选择出他们在之前大量的头像图片里看过的头像。现在我们看一看基于识别记忆头像的一些相关发现。

人们准确记忆头像的能力存在相当大的差异。一项研究发现,大学生在实验室里记忆头像图片与记忆真实头像(他们的同学)之间没有显著的相关性。事实上,这些学生在记住真实人物方面甚至并没有一致表现得多好。一项关于家庭主妇的研究发现,在她们声称能多好地记住头像与实际有多好之间并不存在联系。一些研究发现男性和女性在记忆头像方面存在差异,但这些研究结果并没有一致地表明哪一种性别能更好地记住头像。[7]

年轻人通常比老年人能更好地记住只看了一眼的头像照片。比如,十几二十岁的年轻女性比年老的女性对只看一眼的照片记忆得更好。然而,年老的女性记忆多次阅览的图片(这更加类似于我们在现实生活中是如何看人的)和年轻女性一样好。同样,一项对

36～75岁的大学教授的研究发现，在记忆过往学生的姓名和头像上他们不存在显著的差异。然而，另一项研究表明，尽管在识别头像和评判头像是否改变（表情或姿势）方面，年轻人和年老者之间只存在微小的年龄差异，但老年人在具体说明头像如何变化方面表现得不如年轻人好。[8]

虽然人们在对头像进行识别方面存在差异，但对于大多数人来说，这种记忆力是不错的。一项研究统计出96%的识别准确率；另一项研究发现人们在50多岁和60多岁的时候仍然可以识别75%的高中同学的脸，而且对脸部的记忆比对名字的记忆衰退得更慢。[9]

◉ 识别与回忆

回忆头像比识别头像更难，因为大多数人用来描述头像的词汇并不充分，而且相比于识别，回忆头像需要的信息更少；然而回忆头像被认为是头像记忆研究中最重要且最难的现实问题。[10]

头像回忆研究中的一个难题是很难检查回忆的准确性。已发展出的许多科学方法试图克服这一难题。头像匹配系统包括一些独立的面部特征，人们需要把它们拼接起来组成一个头像。它被设计用来给目击者重建警方想要审讯的有关人员的头像。然而，即使在呈现原始头像的情况下，人们也很难利用这个系统进行头像重建，更不用说依靠从记忆里进行回忆提取的头像。[11]在头像记忆中回忆头像与以识别作为测量获得的高分数恰恰相反。

一项研究对人名和头像的回忆进行了对比。被试拿到了一些名人的名字并被要求去想象这些人的脸。之后展示给他们其他人的脸，并要求他们回忆之前的名字。研究表明，给定名字回忆头像比给定头像回忆名字速度更快（回忆的准确性并没有被测量）。另一项研究试图同时对人名和头像的识别与回忆两个方面进行测量。对于识别测试，被试首先看到一系列的名字和头像，然后看到更多的名字和头像，并被要求从中选出那些他们之前看过的。之后关于回忆的测试，人名回忆是被试看到头像然后需要回忆出名字，头像回忆是被试看到人名后反馈是否能回忆起头像。识别获得了比回忆更高的准确率，且无论是对于名字（97% 对 36%）还是对于头像（91% 对 54%）。[12]

在一项关于大学教授记忆过往学生的研究中，也发现姓名识别比头像识别更好。该项研究同时也表明了用来测量姓名记忆的识别强度，高中毕业 15 年后，人们仅仅能回忆起 15% 的同学的名字，却能在一张名单里识别出其中 90% 的同学的名字。姓名识别比头像识别也要更快。[13]

所有的证据都指向这样一个事实：对大多数人来说，姓名记忆比头像记忆更难的主要原因之一，是姓名记忆通常是一项回忆性任务，而头像记忆则是一项识别性任务。

◉ 影响人名记忆的其他因素

在一项关于"知而不能言"现象的研究中（见第 2 章），由年轻人和老年人报告的此类经历中至少有一半涉及人名的准确记忆。

人名似乎比其他词语更难记住。其中一个原因可能是大多数人名并不像大多数词语一样常见。一项研究发现，由于客观使用频率的差异，姓氏比起其他词语项目更难回忆，研究者同时表示可能存在一个与处理其他词语材料不同的联想记忆网络，用来记忆姓氏。[14]

我们在之前的章节提到一项可以帮助回忆姓名的策略：尝试回忆与这个人有关的其他事情，比如你在哪里遇到的她。举个例子，人们在毕业 4 ~ 19 年尝试回忆起高中同学的名字会半自动地开始想在什么场景遇见的他们；他们会重构那些场景并试图想起当时谁在那儿。同样，当我们看到名人的照片，试图去想起他的名字时，我们会首先尝试确定他的职业，然后是可能见过他的地方，之后是上一次见他是什么时候。你对一个人知道得越多，你就有越多的途径去回忆他的名字。在试图回忆起他的名字时，想想这个人长什么样也能够有所帮助。当人们在给定描述的前提下尝试回忆一个物体的名称时，他们通常会在回忆名字之前产生对该物体视觉形象的回忆。即使是对头像的识别记忆也会受到背景的影响，包括这个人其他信息的背景和物理背景。[15]

有这样一项研究，在给定知名的文学代表作品名称的情况下，"启动"效应对回忆作者名字的影响进行了调查。"启动"是在测试对作者名字回忆之前先让被试看一眼含有作者名字的作家列表。结果表明测试前先预看了一份名单，之后回忆作者名字会更好。[16] 假设你要去参加一个高中同学聚会或公司野餐。你也许可以采用这个启动的概念：在你去之前先浏览一遍昔日同窗或公司同事的名字。这样的浏览让它们处于你意识的前端，也就使得它们更容易被想起。

一项研究发现，在对话进程的后半部分介绍一个人的名字比在前半部分介绍更容易回忆。通过 3 或 6 分钟的视频短片把另一位学生介绍给大学生。这位学生谈到了她自己、她的家人和学校。在较短的短片中，她在第 1 分钟就说了自己的名字，然后又说了 2 分多钟；而在更长的短片里，她在第 4 分钟才说自己的名字，然后也再说了 2 分多钟。对于前一个介绍，22 个人里只有 4 个人记住了她的名字，但对于后一个介绍，所有的22个学生都记住了她的名字。研究者表示，如果人们在被介绍一个新的人名之前有一点时间可以让他们熟悉这个人，或许他们可以有更好的注意力、经历更少的干扰，并且拥有更多生动的与名字有关的线索。[17]然而，这一发现可能很难应用；在介绍人物时很难不说出名字，毕竟名字是人们所期望听到的。也许介绍人可以在稍后再重复一遍名字。如果你想记住别人的名字，那么就在你知道了一点关于这个人的信息后，在谈话时再问一遍名字。

这部分主要集中在影响人名和头像记忆的几项因素的研究上。这些因素包括识别与回忆、背景、启动以及介绍名字的时间。在下一部分，我们将讨论额外的因素，这些因素被纳入一个提升人名和头像记忆的系统。

人名头像的记忆系统

人们加入记忆训练课程最普遍的原因之一，就是提升记忆人名和头像的能力。很多畅销的记忆训练类书籍至少会有一章用来说明人名和头像记忆，甚至整本书都围绕这一主题。[18]几乎每一位记忆作者或专家都提出他关于记忆名字的"系统"。有的系统可能包括三个步骤，有的则包括五或六个步骤。所有的系统都包含同样必要的基本策略，所不同的只是他们如何进行划分。本节中提到的五个步骤中，前四个就涵盖了几乎所有人名记忆系统的必要部分。

以下所有关于记忆人名和头像的步骤的更多细节都可以在很多记忆训练的书籍上找到，如果你想获得进一步的解释或更多的例子，你可以去翻阅那些书籍。但是，你记忆名字的主要决定因素是你对这些步骤的意识,并且勤加练习。[19] 生活中无处不是第 1 章中提到的关于寻找一个简单、容易的"秘密",去更好地应用于记忆名字的传说。我遇到过很多想要知道记忆名字秘诀的人,但当他们被告知这些秘诀(如在本系统中所描述的)时,他们又会因为太多基础工作要做而忽略它或者他们就不认为这些秘诀真的有用。

以下是大多数具有卓越的记忆人名能力的人采用的五个步骤。

1. 确保你准确地知道了名字。
2. 让名字变得有意义。
3. 注意这个人外表的某一独特特征。
4. 把名字和其独特特征关联起来。
5. 复习一遍上一步骤的关联。

接下来会讨论每一个步骤,并且会附上一些相关的研究成果。当你在阅读时,注意下有多少之前章节里提到过的记忆的准则和策略,在这些步骤里有所涉及(如:意义、联想、注意力、视觉想象、复习、重复、背诵和替代词)。

步骤 1:知道名字

在第 4 章中提到的没有给予注意力恐怕是我们"忘记"被介绍人名字的一个最常见的原因:我们在一开始就没有真的知道这个名字。通常当我们被引荐给其他人时,我们的意识都游荡在其他事情上。也许我们在等着听到自己的名字被说出,或者在想介绍以后有什么有趣的事情可以说。

"我见过这张脸,但我想不起名字"这一现象是之前提到的"我认不出他"现象的温和版,即一个人被识别,也被恰当地认出来,但就是想不起来他的名字。一位心理学家指出,该现象可能是由于在原始场景缺乏注意而引起的部分遗忘,我们通常会更注意外表而不是名字。注意力的重要性同样由一项发现所证明,即自我意识强的人比自我意识不是特别强的人更难回忆名字。研究人员认为这可能是因为自我意识强的人的注意力更多地集中在自己而不是别人身上。[20]

即使你集中了注意力,如果说得太快或太轻,你也不能听清楚名字。如果发生这样的事,让说话人或介绍人停下来,再重复一遍名字。这是显而易见的道理,可为什么人们不经常这么做?原因之一可能是他们不想打断一段话而显得很粗鲁,抑或他们要是没有真的听清楚名字会显得尴尬,但通常是之后他们记不住名字时会显得更尴尬。

不管在任何一个关于记忆名字的"专家的"系统里有多少步骤,几乎每个系统的第一步都包含了强迫你去听清楚名字的方法。在谈话里使用名字、重复名字、大声讲出来、检查、询问。这些活动都能帮助你真正听清楚名字。它们强迫你对名字集中注意力。重复和使用名字包含了第 5 章和第 6 章提到的关于重复和背诵的准则。当然,这可能有点过度,但你还是可以在表现得不太明显的情况下至少使用 3 次名字——当你第一次遇见的时候一次、谈话中间一次,然后就是分开的时候一次。(例如,"很高兴遇见你,琼斯先生。"然后,"你对此有什么看法呢,琼斯先生?"最后,"和您聊得十分愉快,琼斯先生。")

另一个可以帮助你获得名字的技巧,是如果可能就把名字写下来。这促使你赋予名字注意力。此外,比起只看到或听到,人们在既看到又听到时更能记住词语。[21] 同样地，在听到名字之外又看到它能够将其更深刻地印在你的记忆里。

研究表明，如果人们都专注于名字并赋予足够的注意力，那么即使没有额外的步骤或特殊的记忆技巧，对名字的记忆都会有很大的提升。[22] 因此，即使你做的全部只是形成无论在何时被介绍给某人时都做些什么以获得名字的习惯，你都会感受到自己记住他人名字能力的提升。当然，在第一步之上跨越更多，你能提高得更多。

● 步骤 2：让名字变得有意义

在你获得名字之后，你需要让名字变得有意义，也更具体。对于本来就有意义的名字来说并不难。许多名字本身就有意义或者与某些有意义的事物相关联。翻开一本电话簿，你会惊奇地发现有很多姓氏对于你来说早就有意义。有城市或国家的名字（伦敦、荷兰）、颜色（白色、绿色）、职业（理发师、厨师）、形容词（强、短）、名人（林肯、福特）、金属（银、钢）、植物（玫瑰、橡树）、动物（狼、羊）、东西（锤子、球），以及商业产品（道奇、好时）。

对于不具有任何已有的明显意义的名字，你可以用第 7 章中提到的替代词的原则来赋予这个名字以意义。例如，拥抱蜜蜂（hug bee）可以表示"希格比"（Higbee），木刺（wood taker）表示"惠特克"（Whittaker），弓身滑雪（paw low ski）表示"保罗斯基"（Paloski），新鲜的脖子（fresh neck）表示"弗里施克内希特"（Frischknecht），狩猎歌手（hunt singer）表示"亨特津尔"（Huntzinger），磁石母马（magnet mare）表示"麦克纳马拉"（McNamara），看到按键（saw press key）表示"扎伯里斯基"

(Zabriski)，骡子啤酒杯（mule stein）表示"穆荷斯坦"(Muhlestein)，羊羔或划船（lamb or row）表示"拉莫若"（Lamoreaux），还有锥子风暴表示"奥斯龙"（Ahlstrom）。这些例子都是我在电话簿里选取的。一个获得创造替代词技能的好方法就是拿电话簿里的名字练习。有一本书为几百个常用姓氏和名字列举了可能的替代词。[23]

即使你遇到了一个不常见的名字，而且不能在有限的时间里赋予其意义，但仅仅只是尝试这样去做，也能帮助你更好地记住这个名字，因为你为了试着找到一个替代词，必须对名字集中注意力（见步骤1）。

步骤3：聚焦于脸部

接下来的一步就是观察其人面部或外表的显著特征，这个特征在你下次遇到他时能够马上吸引你的注意力。聚焦于脸部的目的就是找到能够帮助你识别它的独特的东西。

仔细地研究一张脸可以增强你对它的记忆。一些研究表明，对一个人的个性（如诚实、友善、聪明）进行评价比评价孩童、年轻人和老年人的身体特征更能提升对面部的识别。这些研究结果表明，当你第一次见到某人时，为了记住他的脸，你需要试着对他的脸做出一系列较难的个人评价。当然，做出个人评价只是通过对个人特征集中注意而产生更深层次加工的一种方式。在一项研究中，以寻找脸部最突出特征为目的的脸部研究人员，能够像他们做出个人评价一样记住这些脸。实际上，在另一项研究中，比起只做出肤浅的评价，仅仅只被要求记忆脸部的人能更好地进行记忆。[24]

许多不习惯研究脸部的人，开始的时候都很难找到每一张脸真正独特的地方。所有的脸都包含了一样的基本特征——两只眼睛、一个鼻子、一张嘴，还有突出在两边的一对耳朵。你怎么能让这些与众不同？实际上，在一张脸上有许多独一无二的特征，但首先你需要训练自己去寻找。一旦你这么做了，你就能在一张脸上看到更多不一样，就像一个植物学家漫步在森林里能够发现对于许多人来说看起来一样的植物的许多不同之处，或者是一位地理学家能够发现常人无法分辨的各种岩石的相异之处。

例如，一项研究采用至少 21 个不同方面的脸部特征去训练一台电脑分辨各种头像。[25] 这些脸部特征包括头发（覆盖面积、长度、质地、渐变）、嘴巴（上嘴唇厚度、下嘴唇厚度、嘴唇重叠、宽度）、眼睛（开合度、眼距、眼影）、鼻子（长度、鼻尖、鼻形）、耳朵（长度、突出范围）、眉毛（浓密、眉距）、下巴（形状）、前额（倾斜度），还有脸颊（饱满度）等。上述 21 个特征的每一个又细分为两到三个特性，比如，头发覆盖面积（全发、半秃、秃头）、鼻子（朝天鼻、平鼻、鹰钩鼻）、脸颊（凹陷、平均、饱满），总计超过 60 个具体的特点可以用来区别头像。除此以外，你也许还能发现对于某人来说特有的特征，如酒窝、下巴裂口，或前额的皱纹等。

我们更倾向于记住那些富有特征和具有区别性的头像。例如，比起平常普通的相貌，我们更容易记住极具吸引力或者丝毫不具有吸引力的头像；比起其他种族，我们更容易记住来自本民族成员的脸。即使是脸上的一个表情，如微笑，都能使脸部富有特征来帮助记忆它。[26] 但是，像微笑这样易变的特征并不是可以以此为识别基础的好特征，因为你下次见他的时候他可能就不会微笑。这个建议对其他非永久性的特征同样有效，比如这个人是否戴着眼镜。

哪些特征在脸部区别方面最有帮助？研究结果并不一致。一项研究的综述总结说，基于研究目的（仍然是在实验背景下对照片中的头像进行识别）得出头发是最重要的单一特征。不幸的是，头发同样也是最容易被改变的特征，研究者表示其他特征可能在现实生活的互动中更加重要。也有证据表明眼睛可能是最有用的；然而，其他研究并没有发现具有明确优势的任何一个面部特征。[27] 也许大多数人的眼睛比其他面部特征能表露更多，但如果一个人有大蒜头鼻子、招风耳、红卷发或其他明显的区别特征，那么只以他的眼睛为基础去尝试区别一个人恐怕并不明智。

最近一项对 128 个目击者鉴定和脸部识别调查研究的分析发现，识别面孔的能力明显受诸如恢复的场景、加工策略的深度、面孔的区别度和编码时面孔的阐释等变量影响。[28] 你可能会意识到这些变量已经在本章中作为一些影响因素进行过讨论。

● 步骤 4：将脸和名字关联起来

在你赋予人名一定的意义并且发现了其外表的独特特征之后，你就可以在名字和独有的特征之间形成一个有意识的、视觉化的联系。例如，鲍尔先生（Mr. Ball）有一头红色的头发，你就可以想象数以百计的红球从他的头发里冒出来；库克女士（Ms. Cook）有浓密的睫毛，你就可以想象她的睫毛正在被烹饪；惠特克先生（Mr. Whittaker）有一双大耳朵，你就可以想象他的耳朵戴着木头；麦克纳马拉夫人（Mrs. McNamara）有一个圆唇，你就可以想象一个磁铁骑着母马从她嘴里出来；亨特津尔女士（Mr. Huntzinger）有小酒窝，你就可以想象一个猎人坐在她的小酒窝上唱歌。

对这个步骤的普遍批评（特别是那些没尝试过的人提出的），是下一次你见到那个人可能会想到替代词而不是名字。你甚至可能会用替代词或其他相关的词叫这个人。我已经数不清多少人和我讲过，像一名记忆课的学生遇到哈莫克夫人之类的故事。哈莫克夫人有一个大肚子，所以学生决定用"肚子"来作为名字的联系。几周过后，当他再次见到哈莫克夫人时，他看着她的大肚腩（肚子）然后说："你好，肚子夫人！"。

只记住了替代词而没有记住它代表的名字，这是有可能的。这就是以视觉联系的方式使用替代词的弊端之一（见第 8 章）。尽管这个系统能够提升你的记忆，但它并不一定使记忆变得完美。但即使你无法回忆起一些名字，你也能比不使用替代词时回忆得更多。

实际上，尽管上面的问题可能发生，但在实践中不太可能。通常只有那些没有尝试过的人会问怎样确保他们不会犯把哈莫克夫人叫作"肚子夫人"的错误。那些尝试过的人都知道，这通常是不可能发生的。[29] 如果一个人记住了面部特征和替代词，他就有 90% 的可能记住正确的名字。当错误发生时，通常是由于替代词和名字之间的联系较差。因此，一位心理学家建议，真正的技巧是训练将名字转化为可记忆的替代词（见步骤 2）；然后，步骤 4 就很容易了。[30]

步骤 4 当然是步骤 2 和步骤 3 的主要推理。我们赋予名字以意义并且找到独有的特征，都是为了能把两者联系起来。然而，需要注意的是，即使你没有做步骤 4，或者对于某些名字来说它没有效果，做了步骤 2 和步骤 3 依然比你没有做任何事更能提升你记住某人的可能性。

● 步骤 5：复习上一步的关联

我们在第 6 章中看到，不管你用何种方式学习，如果你不偶尔去使用，你都有可能会忘记它，除非你进行复习。然而，这个步骤甚至在大多数流行的人名记忆系统里都没有被提及。它们给人这样一种印象：如果你按照步骤 1 到步骤 4 这么下来，你就永远不会忘记他人的名字。如果你真的想在很长一段时间里都能记住某个名字，你就应该在见到这个人之后尽快对它进行复习，之后偶尔也要复习。逐渐地增大复习之间的间隔被证明是有效的。立即重复这个人的名字，然后10～15秒之后再对自己说一遍（要记住，大多数遗忘都发生在学习不久之后）。1分钟左右之后再复习一遍，然后是几分钟以后。[31] 如果你在一场派对或会议上同时遇到几个人，你最好在派对或会议结束之后在脑海里把每个人的名字和头像回顾一遍。

像在口头材料中一样，头像记忆中也发现有前摄干扰（见第3章），这表明干扰可能会影响头像的记忆，名字也一样。[32] 当你连续见到几个人时，为了减少这种干扰的负面影响，可能的话，你也许可以试着采用第6章中提到的减少干扰的几项原则——在不同的房间或房间不同的位置见不同的人，把介绍间隔开，等等。

因为形成联系需要一些时间，可能的话，你会更想在与他人会面时，介绍与介绍之间安排一个小间隔，而不是许多名字一个接着一个地介绍给你。把介绍间隔开不仅能够减少干扰，让你有时间建立起好的联系，而且能够给你复习刚遇到的人的名字的机会。

每当你可以这么做的时候，写下你最近遇到的人的名字。除了步骤1提到的优点之外，写下名字还可以使得你之后复习名字更加容易。

人名头像的记忆效果如何

发现这一系统有效的证据并不惊奇，因为这五个步骤吸收了像其他有效的记忆系统，如关键词记忆系统和定位记忆系统等相同的原则和结构。事实上,一位认为"记忆诀窍"只适用于如记住一张购物单这样简单任务的心理学家也承认,记忆法实用性的缺乏有一个例外,即将它们用于把人名和头像联系起来。[33]

我记忆课上的一名学生跟我说,他在一场所有成员都要进行自我介绍的学习小组会面里,尝试采用尽可能多的本章(他刚好在那个下午看了)中提到的技巧。在介绍结束以后,一名小组成员建议所有人再说一遍他们的名字,这样他就可以记住他们。我的学生说:"我问他可否让我来重复每个人的名字,因为我正在学记忆法的课程,然后我想验证一下书里讲到的技巧是否有用。好吧,它真的很容易。我都不敢相信那些名字那么快被说出来。这真的是一次很好的体验,现在我知道,即使是像我一样曾经有记忆名字困难的人,也可以做到。"

另一个学生,已经50多岁了,告诉我们他成为一家大概有150个人的俱乐部的会员10年了,但他只能记住其中30～40个会员的名字。在他们下一次的晚宴上,而这个晚宴正好是在我们课上讨论了人名和头像记忆之后举办的,他特意坐到一张没有认识的人的桌上。当他们介绍自己的时候,他就特别努力地确保他听清楚了8个人名中的每一个。然后他在每个名字和每个人之间建立起视觉或言语的联系,在晚宴的过程中使用这些名字并复习那些联系。他告诉我们,他在晚宴的最后记住了每一个人的名字,这有点出乎他的意料,他决定用同样的策略直到他记住俱乐部里所有150个人的名字。

一位参加我在马里兰州为保险代理开的研讨会的先生给我写了张便条,描述他尝试利用这个系统的经历。他说他在研讨会结束之后的第二天早上在自助洗衣店里练习这些步骤:"对我来说结果真是太神奇了;15～30分钟之后,14个名字里有10个被我正确地回想起来……这真的很有趣。大多数都十分配合我的要求,他们走之前都会让我再回忆一遍他们的名字。

在我记忆课程的最初几天,我给学生的一项测试就是让他们记住 15 个人的名字。我先在屏幕上给他们看有头像的幻灯片,并且逐一向他们介绍这些人;我会在给他们看下一个人之前给学生 10～15 秒的时间看这个人。然后我重新打乱幻灯片的顺序,每张脸重新展示 10 秒左右,而展示期间学生就要试着写下每个人的名字。等到课程快要结束,他们已经学习过这一章节并且已经练习了某些步骤之后,我再给他们同样的,但是为 15 个另外的头像测试。以下的统计突出显示了几个班级大约 120 名学生的表现:在学习记忆系统之前,15% 的学生能够记住 15 个人中至少 12 个人的名字,还有 28% 的学生只能记住不超过 5 个名字。而在测试中采用了这些步骤之后,3 倍多(45%)的学生能够记住至少 12 个名字,并且只有 5% 的学生记住的名字不超过 5 个。

研究还表明了该系统的有效性。在一项研究中,40 名大学生通过照片学习了 13 个人的名字,其中一半的学生在之后花了 10 分钟训练步骤 2 到步骤 4,然后所有的人都被测试了一遍。被训练过的小组表现出了将近 80% 的进步,而另一组却没有表现出任何进步。(被训练的小组平均回忆起 10.2 个名字,而对照组只有 5.4 个。)在第二项实验中,大学生同样被教授了步骤 2 至步骤 4,并且被展示记忆 20 个人的照片。不像第一次实验中那样,这些学生并不是自己建立起人名和头像之间的联系,而是由实验者提供。这些学生相较于没有被教授过步骤的学生能够记忆 3 倍多的名字(平均记住 11 个名字对比 4 个名字)。这项实验同样发现,对于效率最大化来说,所有三个步骤都是必需的,而最薄弱的环节就是在给定脸部突出特点的情况下记住视觉上的相关性。[34]

老年人也能通过使用步骤 2 到步骤 4 来提升对名字的记忆。当他们同样受到放松训练来减少焦虑，或被给予按照愉快度给他们的视觉联系划分等级的额外任务（这样可以迫使他们对联系赋予更多的注意力）时，甚至表现得更好。通过名字图片化（画画或者想象的图画）的方式帮助脑损伤的患者记住名字的尝试同样有所帮助，但整个人名头像记忆系统的学习，对于他们通过自己掌握来说还是多很多了。[35]

证明该系统有效的更显著的证据来自受该系统训练过的人，他们可以在只见过一面的情况下记住上百人的名字。举例来说，一位记忆力表演者采用这些步骤在一晚上去和几百个人会面，之后能够全部用名字叫出他们。[36] 同样地，人们运用这些步骤可以在几个月或几年的时间里记住几千个名字。记忆术研究者 T.E.（见第 3 章）同样采用这些步骤来达到他对名字的超凡记忆。

我会用这个系统来帮助我在每个学期的第一或第二周期间记住我所有课程上的所有学生的名字（有时多达 200 名学生）。为了能在更大的课上使用这些步骤，我会对我的班级拍个照片，这样我就可以在课外学习它们。这就克服了在课堂上，当我的心思必须在其他事情上时，还要把名字和头像联系起来的困难。从 1972 年开始我就这么做，而且我还保留了从那时起所有上过我课的学生的照片。这些照片不仅帮助我记住学生的名字，而且给了一个多年后可以时不时查看的永久的有用文件。其他老师也发现类似的方法很有帮助，一位大学讲师让他的学生在学期开始时在小组里采用这些步骤，这样他们就可以知道彼此的名字。[37]

第 14 章
chapter14

记忆术实用：精神不集中和教育

一名大学教授走过校园，被一位学生拦住了，并问他一个问题。当他们结束谈话时，教授问学生："我在走哪条路？"学生说："你在沿着这条路走。""好吧，那我已经吃过午饭了。"教授一边继续往前走，一边说道。

本章讨论了记忆辅助可以产生实际价值的两个领域——精神不集中以及学校功课。这两者并没有什么必然的任何联系，除非是在如上的"走神的教授"的例子中一样。精神不集中和教育一起打包放在本章，只是因为这两个领域都代表了广泛传播的记忆术的实际应用。

精神不集中

你有没有在回家的路上忘记该写一封信或忘了买一块面包？你有没有忘记打电话或发信息？你有没有忘记你的钥匙、眼镜或你的笔？你有没有忘记关上门、关上灯还有家里的水？你有没有忘记你把车停在哪里，或是在你回到车里时发现车灯还亮着呢？你有没有在汽车加完油之后开走汽车，却没有盖上油箱盖？你有没有发现自己挤在牙刷上的是剃须膏，或是将除臭剂喷在头发上？你有没有发现自己在商店推别人的购物车，或是在准备脱掉衬衣的时候，却把衣服全部脱光了准备睡觉？你有没有进入某一个房间去做某事，然后却忘记你为什么在那里？

这些只是许许多多关于"精神不集中"的例子中的几个，如果你有这些经验，是不是说明你有问题？不是的，每一个人都有这种经验。一个由85个人参与的调查产生了超过600份独特的有关精神不集中行为的例子，并将它们归类到超过30个类别当中。在过去的10年间，已经有大量的有关精神不集中的研究，这其中有很多都总结在了两本书中，而本章所引用的一些观点都来自这两本书。[1]

在本书前面讨论的所有的记忆原则，一个可能的与精神不集中最直接相关的是注意力。心不在焉行为的一个最主要因素是不重视。在一个非常现实的意义上，你的注意力不集中在你该注意的事物上，是因为你的思维在其他的东西上，你的思维处在"缺席"状态，有两个条件已经被发现会促进心不在焉现象的发生，而注意力在两者中都起着重要的作用。你可能会在下列任一个条件下发生精神不集中的经历：你的行为是一种习惯、良好的规则或发生在熟悉的环境中，这样持续的关注和警惕是不需要的；第二种是你分心或者全神贯注于其他的东西,你的注意力就被从正在做的事情上转移。

一本描述精神不集中的研究结论指出,对于如何避免精神不集中的失误没有简单的补救措施。意识的恍惚是我们每天投入很少的精力,却处理大量复杂事情所付出的代价,并且我们必须接受这个常发生的结果。作者认为人们能做的最好的事情,是预测这种状况最可能发生的情况并提前警觉。[2] 然而,这种预测往往并不准确。尽管我们不能完全消除这种精神不集中的问题,但是我们仍然有些措施可以帮助减轻这个问题。

当我们谈论精神不集中时,我们需要区分两种"记忆"——前瞻性记忆和回顾性记忆。前瞻性记忆关注的是对未来事件的记忆,也就是对要做的事情留有印象。这经常被看作"记得去做某事"。回顾性记忆是记忆过去的事件、我们在过去学到的东西。例如,假设给你为同事或家庭成员一条电话留言。当那个人回来时,你需要记得给他信息,这是前瞻性记忆。如果他让你给他发个信息并告诉他在他出去的时候是否有人给他打电话,那么你需要记住这条信息就是回顾性记忆。

前瞻性记忆

当人们抱怨心不在焉,或者失去记忆,有记忆失误,他们往往更关注自己没有记住想要做的事,而不是关注他们没有记起曾经发生的事。当一个人忘记了他在过去学到的东西时,我们说他不可靠是指他的记忆,但当他忘记他说他将要做的某件事时,我们说他不可靠是针对他这个人。对预期行为的记忆成就了高效、组织严密的人。

一个有用的区别可能建立在两种前瞻性记忆之间。"习惯性记忆"包括我们定期要做的事情，例如刷牙或者每天吃维生素片。"情景记忆"包括偶然发生或者不规律发生的事情，例如拿起一片面包片、发一封邮件或者打一个电话。

针对习惯性记忆问题的一个策略是将预期的行为纳入日常活动中。例如，你可以每天早晨在你吃早餐之前（你不会忘记）吃你的药片（你可能忘了）。当然，你的日常生活越规律，这种策略就会越有效。人们的有条理的生活更倾向于注意到习惯性记忆的记忆失误少，因为体系补充甚至取代记忆。原因之一，有些老年人比年轻人少报告记忆失误，是因为许多老年人对一个普通的日常生活更加依赖。[3] 当老年人报告更多的记忆失误时，往往是因为他们脱离了他们的日常生活，或他们没有习惯近期新的信息。大多数年轻的成年人发生问题是因为他们处在压力之下。[4]

虽然习惯性记忆会引起问题，但大多数人在情节记忆上比习惯性记忆有更多的问题。妻子可能忘了告诉她丈夫一个重要的电话，来通知他需要返回或与医生约会；丈夫可能忘记了寄送信件或可能忘记一周年纪念；学生可能忘记带一本书或午餐钱。

记住将要做的事情的一个方法是把你需要做的事列一个清单，或者用一个笔记本写下来，或者是通过定位系统和语音记忆系统描述，进行大脑档案归档。这种方法需要你记得经常并定期查看列表。另一种方式来帮助记忆情节意图是把一些行为或对象可视化，并将其与预期的行为相关联。妻子可能想象她丈夫在回家时脖子上挂着电话，丈夫可能会想象自己坐在他汽车站旁边的一个邮箱里，学生可以想象自己从她那本书中吃了她的早餐。然后，当妻子看到丈夫走到门口，丈夫看到了汽车站的邮箱，学生看到了她的早餐，他们更容易记住所预期的行为。

我自己有一个使用这种视觉关联技巧的简单例子，当时我正在跑道上慢跑，然后突然记起来我需要打电话关心一下我的钢琴，我当时没办法打这个电话，也没办法写字条来提醒我自己。所以我构想了一台钢琴在我的办公室里。当我跑步结束并回到办公室后，我一打开门就想起了钢琴，然后我就打了这个电话。

有位女士说她经常想象苏斯博士型的家庭宠物，一个有9只脚的宠物（G.leech），有一双长得像防滑垫的耳朵和一条五彩斑斓的水貂般的尾巴。当她必须要记住做某件事情的时候，她就想象这个宠物做此事的情景。例如，宠物可能正在打电话给地毯清洁员。随后，当她看着宠物开始回想，她会看到宠物就在电话旁，这会让她想起她应该做什么。[5]

● 外部提醒

另一种帮助人们记住即将要做的事情的技巧，是在他们的环境中做一些物理改变，从而提示他们记得要做的事情。这是一个外部的记忆辅助，而不是内部的记忆辅助。研究发现，每天的日常生活中，人们，从孩子到老年人，都在使用外部辅助，例如列表、备忘录、任命书、定时器和报警等，以及改变他们的物理环境要比使用图像化、联想、韵律、缩略词和记忆系统等内部辅助更有效。例如，在一项使用记忆辅助的研究的报告中，老年人往往比年轻成年人要多，但两组中相似的是他们使用的记忆辅助类型：外部辅助使用相比内部辅助约为2∶1。[6]

在前瞻性记忆的外部辅助的有效性研究中，人们通常会给测试者一组已经写好的明信片或者信封在指定日期去邮寄，或者是在指定的时间去打电话。大多数人使用某种外部记忆的帮助，例如在日历的日期上画圈，来提示何时寄出明信片，或将明信片放在一个经常被看到的地方，如一个公告板或梳妆台上。关于记住这样的"约定事件"的几项研究发现，老年人记得和年轻成年人一样好。一项研究表明，未及时做某事（邮寄一封信）并不总是前瞻性记忆失误，事先被认为是高拖延的人比低拖延的人更晚记起要做的事情。[7]

我前面提到，有些老年人较少地出现记忆失误，可能是因为他们的生活越来越常规。研究人员发现，老年人可以使用更多的外部辅助可能是另一个原因。如果你很忙，如果你全神贯注于其他事情，或者可能你被意外的事分心，外部辅助可能是必要的。在前瞻性记忆中的一个问题，是你可能会在一天中几次记住要去邮寄一封信或打电话，但真的需要做的时候反而忘了。

实施一个行动要做到不仅是一个记忆的问题，而且还需要在正确的时间记住这件事情。假设在你即将离开家之前，你想到要打一个电话，你需要带一本书，你可以打电话或带上这本书，你会很高兴你"记得"，但如果你开车到街上几分钟以后才想起要做这些事，你会抱怨"忘记"了。所以，何时何地想起我们要做的事情和我们是否想起一样重要。我们经常需要一些东西来提醒我们，把我们的注意力放到预期的行动上，这样我们就能够在正确的时间想起。特别提示信息已经被开发并用于此目的，如特殊的结合视觉或语言信息的闹钟和定时器。[8]

一个物理提醒的直观例子是将一本书放在门口，你会记得下次出去时把它还回图书馆；或者把你的大衣挂在门把手上，你就会记得把它送到洗衣店。类似的方法是在环境中做一个象征性的改变来提示你自己，一个不直接关系到意图行为的改变。在手指上扎线这个众所周知的例子阐释了这个策略。扎线的意义是提醒你有某件事情需要你去做，而新出现的扎线会起到这个作用（当然，除非你本来就经常在手指上扎线)。如果你想要比手指上扎线更低调的方式,你可以在你的手腕上带一个橡胶腕套,把手表戴在另一只手腕上,将戒指移到另一只手指上,把你的戒指转一下来,让宝石对着手掌,抑或是把钥匙装在不同的口袋里。所有这些变化都起到了提醒你记住要做某事的线索的作用。

这一象征性提醒的策略也可以用来在晚上(如你想睡觉时)记住第二天要做的事情,往往在第二天醒来时你忘了要做什么,甚至忘了要做事情这件事本身。一个有用的技巧,是把你的闹钟放在头上,把一本书扔到地上,或者把收音机打开——某种你在早晨会注意到的东西。第二天早上起床时,你会看到某事物是偏离它原本的形态的,然后你就会想起你有什么事情要去做。我有时打开车灯以后害怕忘记关掉车灯就会用这种策略。为了提醒我自己下车前关掉车灯,我把某件东西(例如手套)挂在门把手上。当我停好车去开门时候,摸到了门把手上的手套,我就会想起去关掉车灯。

这种物理记号提示物有一个限制。这些物理记号提示物确实帮你记住了你想做某件事,并让你开始寻找检索要做什么事,但它们不直接帮助你记住你想记住的是什么。你手指上的绳子是在提醒你买几根绳子吗?这本书躺在地板的中间,是提醒你把它带回图书馆吗?门把手上的手套是提醒你戴上手套吗?

如果你关心的是记住你想记住的,一个额外的步骤,将使外部记号提醒变得更加有效,那就是增加一个内部辅助:将物理变化与预期的行动相关联。如果你的手指上的字符串是提醒你要寄一封信的话,你可能会在邮箱里给自己画一个字符串。如果在地板上的书是为了提醒你给送牛奶的人留一个便条,你可以想象自己把这本书塞进了一个牛奶瓶。如果戴在非常用手腕上的手表是提醒你打一个电话,你可以想象自己用你的手表给这个人打电话。

事实上，大多数的时间你会发现，记住你想记住的事情不是一个问题：只要有一个提示提醒你需要记住某种东西，你的自然记忆通常会告诉你什么是你需要记住的。例如，在一项以 6 岁和 8 岁的儿童为测试者的研究中，孩子可以从不远处看到，研究人员坐在一个玩具小丑上提醒他们在研究结束时有一个"惊喜盒"等着他们打开。当小丑被移开时，约 3/4 的孩子最后记起要打开惊喜盒，相比之下，如果小丑没有被移开，只有大约一半的孩子提出来。[9]

回顾性记忆

几乎所有的记忆研究（就包括这本书的几乎所有研究）都是有关回顾性记忆的：你不需要记得去做某事，因为研究人员会告诉你什么时候该回忆单词列表，或老师会问你一个问题以及给你做测验。有人提示你去回忆（这不同于"线索"或"辅助"的回忆，辅助是给你一个该记住什么的提示，而不是什么时候去回忆的指令）。

某些种类的精神不集中包含在回顾性记忆中。回顾恍惚与回顾性记忆不同，大多数研究针对回顾性记忆，都用我们的行动作为研究对象，而不是关于其他信息的记忆。回顾恍惚与前瞻性记忆也不同，因为研究是针对回顾性记忆进行的，而不是前瞻性记忆（在这里，外部辅助会比内部辅助更常被用到）。[10]

一种常见的回顾恍惚是你忘记了你是否做过某件事，如出门的时候是否关灯或在睡觉前是否锁上所有的门。记住这些过去行动的一部分问题，是你可能会想到这件事，然而你不记得你是否真的那样做了，是不是只是有去做的想法。这是一种正常的体验。有些人是"跳棋"，必须不断地检查确认已完成的任务。连续检测的极端形式是一种强迫症，但在较温和的状况下它于对正常人来说也是很常见的。[11]

另一种回顾恍惚是忘记我们把东西放在哪里了。例如我们的伞和车钥匙，甚至汽车本身（是否你曾到过一个大型的音乐会或体育赛事，并停好你的车，然后在事件之后，当你看了成千上万的汽车时你不记得你车的停放位置？）

正如我在第4章指出的，这些回顾恍惚的主要原因专注的原则。你可能不会有意识地关注你正在做的事情，你关上灯，锁上门，拔下你的车钥匙，或停好车。你的思想是在其他事情上。因此，为了克服这两种恍惚（忘记你是否做过某事以及你把什么东西放在了哪里）的方法之一，是集中你的注意力到你正在做的事情上。你可能会在你离开家的时候告诉自己"我正在锁门"，或当你停车时候说"我把车停在了很遥远的东北角的停车场"，或当你放下钥匙时候说，"我把钥匙放在冰箱里了"，只需要很短的一点时间去对自己说这些话，然后你的注意力就集中在了你正在做的事情上。非常可能发生的，是你因此在之后记住了你已经做过这些事。此外，它可能有助于实际在脑海中形成一个在冰箱上的汽车钥匙的画面。

我记忆课上的一个学生有一个特别的问题，忘记了她的车钥匙在哪里。她经常动员她的室友一起搜索，来帮助找她的钥匙。她试着用这种方法告诉自己钥匙放在哪儿了，每次她只走出一步，她就大声地告诉自己她在哪里把钥匙放下了。她反馈说，这几乎使她的室友疯了，但她再也没有任何记住她的钥匙在哪里的麻烦（她的室友也没有，他们甚至没有特别想知道的）。

如果你在做事情的时候没有把注意力放到你正在做的事情上，有一种策略可以在检索阶段帮助你克服回顾恍惚的现象（而不是在记录阶段）——意识寻迹。回到你的脑海中，去想想你当时在做什么，并让你想起自己的行为，它可能会帮助你记住你是否做了具体的行动或你把某个东西放在哪里了。这种技巧类似于第4章提到的"发散思维"，据英国大学生和家庭主妇的调查报告显示，这是最常用的内部记忆辅助。几乎每个人都至少用过一次，约30%的人曾超过一周一次地使用过它。[12]

对于大多数人来说，回顾恍惚都只是一种不方便。但对于城市老年人来说，这种健忘的危害不仅毁掉了他们的幸福，也危害到他们自己的安全：它可能是恼人的找不到眼镜，但在大城市把大门打开是很危险的。一套针对纽约市布朗克斯区70岁以上老人的记忆课程，教授了他们本章克服精神不集中的技巧，并帮助他们减少丢东西（眼镜、钥匙、手杖、手套、钱）以及忘了锁门的问题。图像技术对于记忆较完整的人来说是最成功的，而习惯和重复可以更多地帮助那些有严重记忆障碍的人。[13]

另一种让人恼火的恍惚，是很多人会走进另一个房间去拿东西或做一些事，然而走进房间时却忘记自己在这里的原因。这是一个记忆失误，可以使人感觉他们真的失去了他们的想法，在知道这是许多人的一个共同的经历之后，我们可以获取一些安慰。一个国家的罗普调查发现，10个人中有9个承认有过错误的记忆，而最常见的失误是进入一个房间，忘记他们为什么去那里（59%的受访者反馈）。[14] 再一次，这个问题最可能的原因是没有足够重视。通常你只是脑海中闪过一个想法、需要到另一个房间做的事情，在你的思想中还没有真正想好要做的事情的时候，你已经进入另一个房间，而你的思想已经转移到其他东西上。如果你停下来，专注于头脑闪过的思维哪怕一秒，并切实告诉自己为什么你要走到另一个房间里，你就更容易记住为什么到那里去。此外，当你到达那里时简要思考一下自己要做什么、想做什么可能是额外的帮助。

在"其他房间"这种恍惚中,联想是另一个可以起到重要作用的方法。有时候,当你发现自己在另一个房间里不知道你为什么在那里时,你可能会环顾四周看看有没有东西会提醒你为什么在那(因为它可能与你的目的有关)。如果这种做法无效,你可以试着回去做你正在做的事情。举例来说,假设你在去另一个房间之前正站在厨房水槽边喝一杯水,那就重新回到水槽边并继续喝水。这通常会提醒你所需要做的事情,因为当想法出现的时候往往和你正在做的事情相关。有时候,头脑中(而不是身体上)回到刚刚的状态,想想你在做什么就会有很大的帮助。这一策略类似于从思维上追溯你做事情的步骤,来回忆起你是否做过某事或是你把某物放在哪里了。

教育中的记忆术

除了克服精神不集中,辅助记忆在家庭作业中也有实用价值。我们在第 8 章中看到的关于记忆的研究是从 20 世纪 60 年代开始的,到 20 世纪 70 年代初,一些心理学家和研究者提议了记忆术在教育中的潜在价值。心理学家和研究人员 20 世纪 80 年代继续鼓励在教育中应用记忆术,一本针对中学教师如何教学习技巧的书上说:"记忆策略不应被教师嘲笑。太多的人已经通过几个世纪证明这种方式有效,并且到现在仍然被成功的学生使用。"一位心理学家列出了 10 个记忆技巧可以而且应该在学校被教授的理由,并用研究证据支持了这些结论。其中有几个原因:它们都是通用的;记忆是具有时效性的;记忆法是适应学生的差异的;大多数孩子喜欢用记忆法。[15]

自 20 世纪 70 年代末以来，大量发表的研究表明，它们有助于记忆学校所要求的记忆任务。其中很多研究已经在之前的章节讨论过，更多的研究在最近的综述文章中也有描述。[16] 记忆术在具体学科的实例，如被发现帮助了拼写，如外语词汇（具象名词、抽象名词、动词）、英语词汇和定义、国家和首都、人物姓名和他们的成就、医学术语、矿物性质、矿物的硬度数据、城市和它们的产物以及美国总统。记忆训练的书给出具体的例子说明了记忆法也可以应用于许多其他学科。[17]

学校的研究多采用关键词记忆法，并使用了记忆的图片（而不是用大脑自我想象产生的图像）来表达语言材料。这方面的研究已经在教材中的散文学习方面以及对列表的记忆方面实现过，并涉及所有年龄段的许多不同类型的学生。

已发现记忆术对成绩好的学生和成绩差的学生均适用。即使小学里小到四年级有天赋的学生也通过图像化记忆术提高了他们的学习成绩，虽然他们自己已经使用了比同龄人更复杂的和有效的其他学习策略。事实上，有天赋的学生可能比其他同学更能从记忆术中获益。[18]

美国教育部《什么在起作用》(*What Works*) 中的一个结论："记忆法更快地帮助学生记住更多的信息且保留时间更长。"已用在学校的记忆法同样也得到了老师和学生经验总结的认可。[19]

基于故事、童谣、歌曲的广泛的记忆术流程已经由日本教育家中根正亲开发并使用，来学习数学（算术、代数、几何、三角法、微积分）、科学（化学、物理和生物）、拼写和语法，以及英语。日本儿童在幼儿园已经用这些口诀执行数学运算，解决代数问题（包括二次方程公式的使用），做基本的微积分公式，生成化合物的分子结构图，并学习英语。

中根记忆术中的一些有关加减乘除运算的口诀已在美国采用。一项研究发现，三年级的孩子使用这些记忆法在3个小时内学会了所有的数学运算，与六年级的学生花3年进行的传统教育一样好，我也用这些口诀教我儿子所有的运算，当时他还在二年级（如第12章中描述的他学习了时间表之后）。广泛的记忆术流程也已经在美国开发应用于包括阅读、拼写、语法和基本的数学技能等方面。[20]

在前几章，我们已经看到许多有关我的学生在学业上使用记忆术的例子。有几个高年级学生学过我的记忆术课程后都表示，他们希望他们是新生时就学习这些，因为它会使他们在学校做得更好。还有，我的许多学生，特别是那些有孩子的学生，他们都表示希望这些技巧在大学之前就被教过。一位父亲表达了以下这样一个愿望：

今天我送我8岁的女儿去学校，感觉有更好的机会通过一个有关美国总统记忆的考试。当我读到下列这些问题，如谁喜欢华丽的衣服，或是谁形成了粗糙的骑手，我可以看到凯伦为什么不高兴，因为这里有50个这样的联想，她准备放弃。它成了一个家庭项目，每个人都开始给联想提供想法。我们可以看到华丽的衣服整齐地放在一个抽屉柜（切斯特·阿瑟，美国第21任总统）。一只泰迪熊骑着一匹粗糙的马成了西奥多·罗斯福（美国第31任总统）。这可能是一种使凯伦感到信心不足的情况，但它变成了一个整个家庭范围内的有趣的会议。

我不知道她在测试中有多好，但我知道她会做得更好，只是因为她的自我形象的改善……她死记硬背式的学习可能已经开发出一种思维模式或扭曲的自我形象，这可能是一个负面的

第 14 章 记忆术实用：精神不集中和教育　　**269**

> 经验，可能在她多年之后都对她有不好的影响。
>
> 　　凯伦刚从学校回到家，拿到了 88% 的成绩。她当然是一个比之前的她更幸福、更自信的小女孩了。

　　鉴于所有研究的支持以及其他支持性的证据，你可能会认为，会有在学校开展记忆术的发展趋势，但这并没有像研究预料的那样发生。记忆术在大多数学校的任何一个年级都没有成为一门被教授的课程。事实上，这不仅限于记忆术，本书其他的学习和记忆策略也这样。课堂中很少出现有效思维和学习策略的教学。[21]

　　在得克萨斯基督教大学和得克萨斯大学奥斯汀分校的两个大学水平上的广泛流程，对此进行了很好的研究和描述，包括如何学习以及本书的记忆方法和其他的学习策略，并已经取得相当大的成功。低于大学课程的其他学校也有类似的课程，但一般任何学校都很少有教授如何更有效地学习的课程。[22]

　　奇怪的是，我们希望学生能学习，并解决问题，记住大量的材料，但我们很少教他们如何学习，解决问题，并记住它。是时候弥补这一不足了，发展课程教授如何学习，解决问题和记忆，并将它们纳入学术课程中。这是在最近的一本书上关于有效学习策略教学的一个理由。[23]

　　将各种教育研究纳入学校是有很多障碍的。为什么不在学校更频繁地教授记忆术，可能是因为很多教育工作者都没有意识到。[24]最近的研究显示，记忆法没能用于教学的另一个原因，很可能是在第 8 章中讨论的伪限制。两位心理学家对记忆进行了广泛的研究，胡言乱语地声称这些伪限制是课堂上开展记忆术技巧的"持续克星"，他们说，就像历史已经对大多数改变表示尊重，开展记忆术教学远比打击根深蒂固的个人哲学要难。[25]

虽然一些关于记忆的伪局限性已被许多教育工作者支持，一个最重要的阻碍记忆术在学校使用的原因，可能是涉及对记忆的理解。[26]许多教育工作者感到记忆不是与学校的科目相关的，因为大多数记忆术帮助学习和记忆，但不是帮助认识和理解。为了更好地理解这一点，让我们来看看教育中记忆的作用（也参见第8章"记忆术并不帮助理解"部分的内容）。

教育中的记忆

对于许多教育工作者来说，记忆是一种低级的心思维技能，所以他们通常说教育的目的比记忆更崇高，如理解和运用原则、批判性和创造性思维、推理和合成。（你可能会经常听到贬低死记硬背的言论，但有多少次你听到有人说"纯粹"的理解或"纯粹"的创意？）一个回顾记忆的研究观察到，一些教育工作者"给人的印象是，他们认为记忆能力与卓越的学术成就是对立的，感觉记忆术会干扰更值得称赞的运算、高级心理学过程"。评论家说这样的误解必须消除，因为记忆可以对教育实践做出更积极的贡献。[27]

将记忆术与学校中所谓更崇高的目标或"更值得称道的高级心理学过程"相联系，有两点值得注意。首先，无论我们喜欢与否，在学校里有很多直接的记忆。教育包括"基本的学校任务"，包括列表和配对的学习，以及"复杂的任务"，如散文学习。一个历史老师对记忆的重要性持怀疑态度，可一上课就要求学生列出美国的总统以及他们办公室名言的列表；心理学家戈登·鲍尔将更高级的教育目标看作在基础学习之外的额外要求。

如果经常出现低级的愚蠢错误，比如一个地理专业的学生认为伊斯坦布尔在法国，或是一个历史专业的学生认为是萨尔瓦多·达利创作了西斯廷教堂的画作，那么他们一定会考试不及格。关键点是我们确实有要求学生学习记忆大量的内容，正如我们被不断要求必须记住一些基本常识一样。[28]

事实就是，更高等的教育目标只是记忆学习之外的补充，而不是替代记忆。一位教育目的分析家将思考和学习技能的过程大致分为三个领域——知识获取（包括记忆辅助和学习技巧）、问题解决以及推理。一位教育过程分析家将学习过程划分阶段。在早期阶段，我们获得了一些相对不同的信息（在大多数教室中强调的"基本知识点"）。记忆术或其他学习策略可以通过提供"在记忆时对这些不同概念进行必要保留"来辅助学习。当一个人将记忆术跟理解配合在一起时，它们可能发挥更重要的作用。再后来，当记忆术的有效性被认可，记忆术可能对学习影响很小，甚至没有影响，因为重要的知识结构已经在头脑中以有意义且完整的形态存在。两个分析家都将记忆事物这个事情本身当作学习过程的重要一环，并且认为记忆术在其中发挥了重要的作用。[29]

任何一个学校里的学生，或者曾经是学生的人，都知道考试的成功很大程度上取决于记忆知识点的多少。我问了33个大学一年级和24个高年级不同专业的人在决定高中和大学考试成绩方面，与"更高的思维能力相比（理解、推理、批判性和创造性思维、综合等）"相比，记忆有多么重要。对于他们的高中考试，76%的大一学生和96%的高年级学生评价记忆在重要性方面是等于甚至高于高等思维技能的；即便是大学考试，一般的学生（49%的新生和50%的高年级学生）仍然给出同样的结论。不论老师给出怎样的高等目标,也不论他们认为自己在考察的是什么,学生仍然把记忆当作他们学习成功的重要保障。

对必要的常规内容的记忆可以帮助我们更有效地解放思想,从而我们可以花更多的时间在所谓的崇高的任务上。在他对大多数学校课业都是直接的记忆任务的观察之后,鲍尔接着说:

> 但问题的解决可能很方便。通过系统地运用我们现在所学的知识,我们应该能够提高我们的技能,这样我们就花更少的时间去熟记知识点。通过使用记忆术的策略,可以释放我们自己的这些任务,我们认为比死记硬背更重要。

如何看待记忆在教育中的作用的第二个观点:记住知识点是更高级目标的基础。记忆研究的一个回顾性研究始于这样一个说法:"很难想象能保留信息的任何教育目标是不重要的,人的记忆对于我们在学校学习知识和技能至关重要。"在一项研究中,对记忆中的一篇文章有很好理解的学生比在考试中第一次接触文章的学生可以做得更好。研究人员认为,记忆单独的知识点可能是彻底了解知识点之间关系的一个必要前提。同样,有学习障碍的青少年学会了使用记忆术图片学习矿物属性能够比用传统方式的学生更好地做出属性的推论,即使这些信息是课上没有明确提出的。[30]

其他研究人员还提出,涉及推理和理解的工作还需要你记住知识点,因为只有这样你才能推理和理解任务本身,而记忆可以帮助获取概念的一个原因,是它们可以减少对概念的理解过程中汇总必要知识点的记忆负荷。事实上,一本有关清晰思考的书甚至就定义思考为"记忆的操纵"。[31]

记忆在决策和解决问题中也扮演着重要的角色。在工程、计算机编程、社会科学、阅读理解、物理、医学诊断和数学等领域解决问题的研究已经表明，有效地解决问题的方法取决于个人对知识的本质的理解和融会贯通的能力。它们甚至被概念化为求解一些记忆问题的解决问题的技巧。[32]

《什么在起作用》一书中的一个结论是："记忆能帮助学生吸收和保留理解和批判思想的知识点信息。"该结论进一步解释为：

> 记忆简化了回忆信息的过程，并允许它的使用成为自动的。理解和批判的思想可以建立在知识和知识点的基础上，没有对具体知识的快速准确地回忆，更复杂的分析、综合和估值等思维操作是不可能的。[33]

因此，我们看到，即使美国的教育目标已经超越了"死记硬背"的理解、推理和解决问题，至少有两个原因让记忆术可以继续留在学校：许多作业任务涉及记忆，所以更有效地记住这些任务可以提供给我们更多的时间在更高的目标上，而这些记忆的知识充当了实现更高目标的基础。

附录：语音记忆系统关键词

下面列表的 00 ~ 09，以及 0 ~ 100 的每个数字都提供了几个关键词。这些关键词都基于语音系统（见第 12 章），并且至少可以运用到两个方向。首先，你可以从 1 ~ 100 的每个数字中挑选出一个对你有意义，并且令人难忘的关键词，用它们构建一个大脑档案系统，记忆 100 个项目。其次，你可以减少由于不同数字中相同部分的重复干扰所造成的遗忘。例如，如果用 mop-sail，seal-rain，horn-map 这几个词来记忆 3905，0542 和 4239 这几个电话号码，会比用 mop-sail，sail-rain，and rain-mop 减少很多干扰。

```
00  sauce zoos hoses seas seesaw oasis icehouse Zeus Seuss
01  suit seed sod seat soot waste waist city soda stew acid
02  sun scene zone sin snow swine swan
03  sum zoom Siam swim seam asthma
04  sore soar seer sewer sower hosiery czar
05  sail seal sale sly slow sleigh soil soul
06  sash sage switch siege
07  sack sock sick hassock ski sky whisky squaw
08  safe sieve sofa housewife
09  soap sub spy wasp asp soup subway
0   hose sew sow saw house zoo sea ace ice
1   tie tee tea hat head doe toe toy wheat dye hood auto weed
2   hen Noah hone inn honey gnu wine hyena
3   ma ham hem hymn aim home mow
4   rye ray hair hare row oar arrow ore wire
5   hole law hill hall heel owl eel ale whale awl halo hell wheel
6   shoe hash hedge ash witch show jaw jay wash
7   cow hog key hook cue echo hawk egg hockey oak wig
8   ivy hoof hive wave wife waif
9   bee pie hub hoop ape pea boy bay buoy oboe whip
```

附录：语音记忆系统关键词

10 toes dice heads woods toys daisy
11 tot date dot diet toad tide tattoo teeth
12 tin dune dean heathen dawn down twine
13 tomb dome team tummy dam atom autumn dime thumb
14 tire door tray tree deer tar tower dairy heater water waiter
15 towel doll tool dial hotel tail tile duel huddle Italy idol outlaw
16 dish dash tissue
17 tack dock deck duck dog toga twig dike attic
18 dove dive taffy TV thief
19 tub tape dope deb tube depot
20 nose news henhouse noose knees
21 net nut knot hunt window wand wind knight nude ant aunt
22 nun noon onion noun
23 gnome name enemy
24 Nero winner Henry wiener winery
25 nail kneel Nellie Nile
26 notch Nash winch hinge niche wench
27 hanky nag neck nick wink ink Inca
28 knave knife Navy nephew envoy
29 knob honeybee nap
30 mice mouse moose moss maze hams Messiah mass mess
31 mat mitt meat mate mud moth mouth maid meadow moat
32 moon man mane money mine woman human
33 Miami mom mummy mama mime
34 mayor mower moor hammer myrrh
35 mail mule male meal mole mill mall
36 match mooch mush mesh image
37 mug mike hammock
38 muff movie
39 mop map mob amoeba imp
40 rose rice horse rays ears race hearse warehouse iris
41 rot road heart wart rod reed yard radio rut art earth herd wreath
42 rain ruin heron horn Rhine iron urn
43 ram room harem worm rum arm army Rome
44 rower roar rear error harrier warrior aurora
45 roll rail reel role rule railway
46 roach rouge rash ridge rich raja Russia arch
47 rock rake rag rack rug arc ark
48 roof reef wharf
49 harp rope rib robe rabbi herb ruby
50 hails hills lace louse lice lassoe walls halls
51 lot lead loot hailed light wallet lady eyelid lid
52 line loon lion lane lawn
53 loom lime helm lamb llama limb elm
54 lyre lair lure leer lawyer
55 lily lolly Lulu

56 ledge leech latch lodge
57 log lake lock leak leg elk
58 loaf elf lava leaf wolf
59 lip lab lap loop lobby alp elbow
60 hedges cheese juice shoes chaise chess ashes
61 sheet chute jet washed jade shade shadow shed
62 chin gin jean gene chain ocean China
63 gem gym jam chum chime
64 shore jar cheer chair jury shower sherry usher washer
65 jewel jail Jell-O shale chili shawl jelly
66 hashish judge choo-choo
67 jack jug shock jock chalk check sheik jockey chick
68 chef chief shave shove java Chevy chaff
69 ship shop chop job jab sheep jeep chip
70 case gas hogs wigs wicks wax ox goose cows ax kiss gauze
71 cat coat goat cod kid gate cot kite caddie act
72 Cain cane can coin gown gun wagon coon queen canoe
73 comb game gum cam comma coma
74 car core gear cry choir crow
75 coal coil goal gill gale keel quail eagle ghoul glue
76 cage cash gauge couch coach
77 cake cook gag cog keg cock
78 calf gaff cuff cave coffee cove
79 cab hiccup cup cap cape cob gob coop cube cub
80 face fez fuse hoofs waves hives wives vase office
81 feed food feet foot vote photo
82 vein fin fan vane van oven heaven phone vine fawn
83 foam fame fume vim
84 fire weaver wafer fry heifer fur fairy fir ivory
85 veil fly filly veal foal fowl foil flue flea valley
86 fudge fish voyage effigy
87 fig fog fake havoc
88 fife five
89 fob fib fop VIP
90 pies bees bows boys peas base bus pizza abyss
91 beat pot pad bead pit boot boat path bat poet bed body
92 pin bean bun bone pan pine pane pony piano pen penny pawn
93 bomb boom beam bum poem puma opium
94 boar pear pray beer pier bar berry opera
95 bill bowl bell pile pill plow apple pail ball pillow bull eyeball
96 peach patch beach pitch bush page badge
97 bag bug peg pig back pack pick puck book beak bouquet
98 pave puff beef beehive buff
99 baby pipe pop Pope puppy papa
100 disease thesis doses diocese daisies

章节注释

当某个注解不是第一次出现时,再次出现就会以作者姓氏、第一次出现的章节以及在该章节第几个注释的形式构成。例如,在第1章的注释9"亨特(1/5)",这就表示这个注释和第1章的注释5引用的材料一致。

前言

Role—K. L. Higbee, "Twenty-five Years of Memory Improvement: The Evolution of a Memory-Skills Course," *Cognitive Technology*, 4 (1999): 38–42. Benefits—K. L. Higbee, "What Else Do Students Get From a Memory-Improvement Course?," *Psychological Reports*, 86 (2000): 22–28. Chap. 1—K. L. Higbee and S. L. Clay, "College Students' Beliefs in the Ten-Percent Myth," *The Journal of Psychology*, 132 (1998): 469–76. Chap. 9—K. L. Higbee, C. Clawson, L. Delano, and S. Campbell, "Using the Link Mnemonic to Remember Errands," *The Psychological Record*, 40 (1990): 429–36. Chap. 11—K. L. Higbee, S. K. Markham, and S. Crandall, "Effects of Visual Imagery and Familiarity on Recall of Sayings Learned With an Imagery Mnemonic," *Journal of Mental Imagery*, 15 (1991): 65–76. K. L. Higbee, "More Motivational Aspects of an Imagery Mnemonic," *Applied Cognitive Psychology*, 8 (1994): 1–12. Chap. 12—K. L. Higbee, "Novices, Apprentices, and Mnemonists: Acquiring Expertise With the Phonetic Mnemonic," *Applied Cognitive Psychology*, 11 (1997): 147–61. Chaps. 7–13—K. L. Higbee, "Mnemonics, Psychology of." Invited article in *International Encyclopedia of the Social and Behavioral Sciences*, ed. N. Smelser and P. Baltes (Oxford, England: Pergamon, 2001 in press).

第1章

1. F. I. M. Craik, "Paradigms in Human Memory Research," in *Perspectives on Learning and Memory*, ed. L. Nilsson and T. Archer (Hillsdale, N.J.: Erlbaum, 1985), 200.

2. M. K. Johnson and L. Hasher, "Human Learning and Memory," in *Annual Review of Psychology* vol. 38, ed. M. R. Rosenzweig and L. W. Porter (Palo Alto, Calif.: Annual Reviews, Inc., 1987), 631–68.

3. B. J. Underwood, *Attributes of Memory* (Glenview, Ill.: Scott, Foresman & Co., 1983).

4. Wechsler—N. Brooks and N. B. Lincoln, "Assessment for Rehabilitation," in *Clinical Management of Memory Problems*, ed. B. A. Wilson and N. Moffat (London: Croom Helm, 1984), 28–45. Nine scales—L. W. Poon, "Differences in Human

Memory With Aging: Nature, Causes, and Clinical Applications," in *Handbook of the Psychology of Aging*, 2d ed., ed. J. E. Birren and K. W. Schaie (New York: Van Nostrand Reinhold, 1985), 427–62.
  5. I. M. L. Hunter, *Memory*, rev. ed. (Middlesex, England: Penguin Books Ltd., 1964), 282–83.
  6. R. F. Carlson, J. P. Kincaid, S. Lance, and T. Hodgson, "Spontaneous Use of Mnemonics and Grade Point Average," *The Journal of Psychology* 92 (1976): 117–22; B. J. Zimmerman and M. M. Pons, "Development of a Structured Interview for Assessing Student Use of Self-regulated Learning Strategies," *American Educational Research Journal* 23 (1986): 614–28.
  7. P. R. Pintrich, D. R. Cross, R. B. Kozman, and W. J. McKeachie, "Instructional Psychology," in Rosenzweig and Porter (1/2, vol. 37, 1986), 611–51; M. Pressley, J. G. Borkowski, and W. Schneider, "Good Strategy Users Coordinate Metacognition, Strategy Use, and Knowledge," in *Annals of Child Development*, vol. 4, ed. R. Vasta and G. Whitehurst (Greenwich, Conn.: JAI Press, 1987), 89–129.
  8. Schooling—M.T. Zivian and R. W. Darjes, "Free Recall By In-School and Out-of-School Adults: Performance and Metamemory," *Developmental Psychology* 19 (1983): 513–20. Habits—G. E. Rice and B. J. F. Meyer, "The Relation of Everyday Activities of Adults to Their Prose Recall Performance" (paper presented at the meeting of the American Educational Research Association, San Francisco, April 1986).
  9. Hunter (1/5), 14.
  10. Sources for this section include J. E. Birren and W. R. Cunningham, "Research on the Psychology of Aging: Principles, Concepts and Theory," in Birren and Schaie (1/4), 3–34; N. Datan, D. Rodeheaver, and F. Hughes, "Adult Development and Aging," in Rosenzweig and Porter (1/2), 153–80; Poon (1/4); P. Roberts, "Memory Strategy Instruction with the Elderly: What Should Memory Training Be the Training of?" in *Cognitive Strategy Research: Psychological Foundations*, ed. M. Pressley and J. R. Levin (New York: Springer-Verlag, 1983), 75–100.
  11. S. L. Willis and K. W. Schaie, "Practical Intelligence in Later Adulthood," in *Practical Intelligence: Nature and Origins of Competence in the Everyday World*, ed. R. J. Sternberg and R. K. Wagner (Cambridge: Cambridge University Press, 1986), 236–68.
  12. Poon (1/4); L. W. Poon, L. Walsh-Sweeney, and J. L. Fozard, "Memory Skill Training for the Elderly: Salient Issues on the Use of Imagery Mnemonics," in *New Directions in Memory and Aging*, ed. L. W. Poon, J. L. Fozard, L. S. Cermak, D. Arenberg, and L. W. Thompson (Hillsdale, N.J.: Erlbaum, 1980), 461–84; C. L. McEvoy and J. R. Moon, "Assessment and Treatment of Everyday Memory Problems in the Elderly," in *Practical Aspects of Memory: Current Research and Issues*, ed. M. M. Gruneberg, P. E. Morris, and R. N. Sykes (Chichester, England: Wiley, in press 1988).
  13. M. Pressley and C. J. Brainerd, *Cognitive Learning and Memory in Children: Progress in Cognitive Development Research* (New York: Springer-Verlag, 1985); H. S. Waters and C. Andreassen, "Children's Use of Memory Strategies under Instruction," in Pressley and Levin (1/10).
  14. First example—S. Witt, *How to Be Twice as Smart* (West Nyack, N. Y.: Parker Publishing Co., 1983), 7. Second example—L. Belliston and C. Mayfield, *Speed Learning, Super Recall* (Woodland Hills, Utah: SB Publishers, 1983), 10.
  15. W. James, *Principles of Psychology*, vol. 1 (New York: Henry Holt & Co., 1890). Twelve-year-olds—S. A. Mednick, H. R. Pollio, and E. F. Loftus, *Learning*, 2d ed. (Englewood Cliffs, N.J.: Prentice-Hall, 1973), 131. College students—K. A.

Ericsson and W. G. Chase, "Exceptional Memory," *American Scientist* 70 (1982): 607-15.

16. For more discussion of mental discipline see M. L. Biggs, *Learning Theories for Teachers*, 4th ed. (New York: Harper & Row, 1982), 24-33, 256-59.

17. H. Lorayne, *How to Develop a Super-Power Memory* (New York: New American Library, 1974, originally published in 1957), 138.

18. The sources of the three quotes are, respectively, R. L. Montgomery, *Memory Made Easy* (New York: AMOCOM, 1981), 11; Belliston and Mayfield (1/14), 10; and Witt (1/14), 4.

19. 4 percent—C. Rose, *Accelerated Learning* (England: Topaz Publishing Ltd., 1985), 5. 1 percent—T. Buzan, *Making the Most of Your Mind* (New York: Simon and Schuster, 1984), 13.

20. Rose (1/19), 26.

21. Witt (1/14), 4.

第 2 章

1. R. J. Baron, *The Cerebral Computer: An Introduction to the Computational Structure of the Human Brain* (Hillsdale, N. J.: Erlbaum, 1987).

2. Pintrich et al. (1/7).

3. A. Baddeley, *Your Memory: A User's Guide* (New York: MacMillan, 1982); V. H. Gregg, *Introduction to Human Memory* (London: Routledge and Kegan Paul, 1986); E. Loftus, *Memory* (Reading, Mass.: Addison-Wesley, 1980); L. Stern, *The Structures and Strategies of Human Memory* (Homewood, Ill.: Dorsey Press, 1985); A. Wingfield and D. L. Byrnes, *The Psychology of Human Memory* (New York: Academic Press, 1981); E. B. Zechmeister and S. E. Nyberg, *Human Memory: An Introduction to Research and Theory* (Monterey, Calif.: Brooks/Cole, 1982).

4. P. Muter, "Very Rapid Forgetting," *Memory & Cognition* 8 (1980): 174-79.

5. J. J. Watkins and T. M. Graefe, "Delayed Rehearsal of Pictures," *Journal of Verbal Learning and Verbal Behavior* 20 (1981): 276-88.

6. R. F. Schilling and G. E. Weaver, "Effects of Extraneous Verbal Information on Memory for Telephone Numbers," *Journal of Applied Psychology* 68 (1983): 559-64.

7. Elderly—Poon (1/4); Oriental cultures versus Western cultures—B. Yu, W. Chang, Q. Jing, R. Peng, G. Zhang, and H. A. Simon, "STM Capacity for Chinese and English Language Materials," *Memory & Cognition* 13 (1983): 202-07.

8. H. A. Simon, "How Big Is a Chunk?" *Science* 183 (1974): 482-88.

9. D. H. Holding, *The Psychology of Chess Skill* (Hillsdale, N. J.: Erlbaum, 1985). J. D. Milojkovic, "Chess Imagery in Novice and Master," *Journal of Mental Imagery* 6 (1982): 125-44.

10. K. A. Ericsson and H. A. Simon, *Protocol Analysis: Verbal Reports as Data* (Cambridge, Mass.: MIT Press, 1984).

11. R. R. Bootzin, G. H. Bower, R. B. Zajonc, and E. Hall, *Psychology Today: An Introduction*, 6th ed. (New York: Random House, 1986), 222.

12. W. F. Brewer and J. R. Pani, "The Structure of Human Memory," in *The Psychology of Learning and Motivation: Advances in Research and Theory*, vol. 17, ed. G. H. Bower (New York: Academic Press, 1983), 1-38; E. Tulving, "How Many Memory Systems Are There?" *American Psychologist* 40 (1985): 385-98.

13. W. Penfield, *The Mystery of the Mind* (Princeton: Princeton University Press, 1975). Some psychologists have argued that such evidence does not necessarily prove that all memories are permanent. See E. Loftus and G. Loftus, "On the

Permanence of Stored Information in the Human Brain," *American Psychologist* 35 (1980): 409–20; but compare M. B. Arnold, *Memory and the Brain* (Hillsdale, N. J.: Erlbaum, 1984), 50–52.

14. For more information about K. F. see T. Shallice and E. K. Warrington, "Independent Functioning of Verbal Memory Stores: A Neuropsychological Study," *Quarterly Journal of Experimental Psychology* 22 (1970): 261–73. For more information about H. M. see B. Milner, "Amnesia Following Operation on the Temporal Lobes," in *Amnesia*, ed. C. W. M. Whitty and O. L. Zangwill (London: Butterworth & Co., 1966), 109–33.

15. R. L. Klatzky, *Human Memory: Structures and Processes*, 2d ed. (San Francisco: W. H. Freeman & Co., 1980), 88.

16. These are the three most common direct measures of memory, although there are other direct and indirect measures—Johnson and Hasher (1/2).

17. 600 pairs—R. N. Shepard, "Recognition Memory for Words, Sentences and Pictures," *Journal of Verbal Learning and Verbal Behavior* 6 (1967): 156–63. Performance of the elderly—Poon (1/4).

18. H. P. Bahrick, D. O. Bahrick, and R. P. Wittlinger, "Fifty Years of Memory for Names and Faces: A Cross-sectional Approach," *Journal of Experimental Psychology* 104 (1975): 54–75.

19. L. K. Groninger and L. D. Groninger, "A Comparison of Recognition and Savings as Retrieval Measures: A Reexamination," *Bulletin of the Psychonomic Society* 15 (1980): 263–66.

20. H. P. Bahrick, "Memory for People," in *Everyday Memory, Actions, and Absent-mindedness*, ed. J. E. Harris and P. E. Morris (London: Academic Press, 1984), 19–34.

21. H. E. Burtt, "An Experimental Study of Early Childhood Memory: Final Report," *Journal of Genetic Psychology* 58 (1941): 435–39.

22. D. L. Horton and C. B. Mills, "Human Learning and Memory," in Rosenzweig and Porter (1/2, Vol. 35., 1984), 361–94.

23. G. Reed, "Everyday Anomalies of Recall and Recognition," in *Functional Disorders of Memory*, ed. J. F. Kihlstrom and F. J. Evans (Hillsdale, N.J.: Erlbaum, 1979), 1–28.

24. Most of the research in this section has been summarized by J. Reason, and K. Mycielska, *Absent-minded? The Psychology of Mental Lapses and Everyday Errors* (Englewood Cliffs, N.J.: Prentice-Hall, 1982); J. Reason and D. Lucas, "Using Cognitive Diaries to Investigate Naturally Occurring Memory Blocks," in Harris and Morris (2/20), 53–70.

25. A. D. Yarmey, "I Recognize Your Face but I Can't Remember Your Name: Further Evidence on the Tip-of-the-Tongue Phenomenon," *Memory & Cognition* 3 (1973): 287–90; L. T. Kozlowski, "Effects of Distorted Auditory and of Rhyming Cues on Retrieval of Tip-of-the-Tongue Words by Poets and Nonpoets," *Memory & Cognition* 5 (1977): 477–81; H. Lawless and T. Engen, "Associations to Odors: Interference, Mnemonics, and Verbal Labeling," *Journal of Experimental Psychology: Human Learning and Memory* 3 (1977): 52–59.

26. Research—Poon (1/4). Diary—D. Burke, "I'll Never Forget What's His Name: Aging and the Tip-of-the-Tongue Experience," in Gruneberg et al. (1/12).

第 3 章

1. J. Deese, "On the Prediction of Occurrence of Particular Verbal Intrusions in Immediate Recall," *Journal of Experimental Psychology* 58 (1959): 17–22.

2. R. J. Harris, "Inferences in Information Processing," in *Bower* (2/12, vol. 15, 1981), 82–128.
3. A. Layerson, ed., *Psychology Today: An Introduction*, 3d ed. (New York: Random House, Inc., 1985), 111.
4. Syllables—H. Ebbinghaus, *Memory* (New York: Columbia University Press, 1913. Germany, 1885). Spanish—H. P. Bahrick, "Semantic Memory Context in Permastore: 50 Years of Memory for Spanish Learned in School," *Journal of Experimental Psychology: General* 113 (1984): 1–29. Drugs, amnesia—P. E. Gold, "Sweet Memories," *American Scientist* 75 (1987): 151–55.
5. Horton and Mills (2/22).
6. B. J. Underwood, "Forgetting," *Scientific American* 210 (1964): 91–99.
7. Poetry, Nigeria—J. R. Gentile, N. Monaco, I. E. Iheozor-Ejiofor, A. N. Ndu, and P. K. Ogbonaya, "Retention by 'Fast' and 'Slow' Learners," *Intelligence* 6 (1982): 125–28. Elderly—Poon (1/4).
8. R. G. Ley, "Cerebral Laterality and Imagery," in *Imagery: Current Theory, Research, and Application*, ed. A. A. Sheikh (New York: Wiley, 1983), 252–87; S. P. Springer and G. Deutsch, *Left Brain, Right Brain*, 2d ed. (New York: W. H. Freeman, 1985).
9. J. Levy, "Right Brain, Left Brain: Fact and Fiction," *Psychology Today*, May 1985, 38–44; K. McKean, "Of Two Minds: Selling the Right Brain," *Discover*, April 1985, 30, 34–36, 38, 40; S. P. Springer, "Educating the Left and Right Sides of the Brain," *National Forum: The Phi Kappa Phi Journal* 67, no. 2, (1987): 25–28.
10. Alphabet—R. J. Weber and J. Castleman, "The Time It Takes to Imagine," *Perception and Psychophysics* 8 (1970): 165–68. Object—J. M. Clark and A. Paivio, "A Dual Coding Perspective on Encoding Processes," in *Imagery and Related Mnemonic Processes: Theories, Individual Differences, and Applications*, ed. M. A. McDaniel and M. Pressley (New York: Springer-Verlag, 1987), 5–33.
11. 2,560 pictures—L. Standing, J. Conezio, and R. N. Haber, "Perception and Memory for Pictures: Single-trial Learning of 2,500 Visual Stimuli," *Psychonomic Science* 19 (1970): 73–74. 10,000 pictures, recall—L. Standing, "Learning 10,000 Pictures," *Quarterly Journal of Experimental Psychology* 25 (1973): 207–22. Memory after three months—D. Homa and C. Viera, "Long-term Memory for Pictures under Conditions of Difficult Foil Discriminability" (paper presented at the meeting of the Western Psychological Association, Long Beach, Calif., April 1987).
12. S. Madigan, "Picture Memory," in *Imagery, Memory and Cognition: Essays in Honor of Allan Paivio*, ed. J. C. Yuille (Hillsdale, N.J.: Erlbaum, 1983), 65–69; D. C. Park, J. T. Puglisi, and M. Sovacool, "Memory for Pictures, Words, and Spatial Location in Older Adults: Evidence for Pictorial Superiority," *Journal of Gerontology* 38 (1983): 582–88; G. H. Ritchey, "Pictorial Detail and Recall in Adults and Children," *Journal of Experimental Psychology: Learning, Memory, and Cognition* 8 (1982): 139–41.
13. A. Paivio and K. Csapo, "Picture Superiority in Free Recall: Imagery or Dual Coding," *Cognitive Psychology* 5 (1973): 176–206; D. L. Nelson, "Remembering Pictures and Words: Appearance, Significance, and Name," in *Levels of Processing in Human Memory*, ed. L. S. Cermak and F. I. M. Craik (Hillsdale, N.J.: Erlbaum, 1979).
14. Clark and Paivio (3/10); A. Paivio, *Mental Representations: A Dual Coding Approach* (New York: Oxford University Press, 1986); A. Paivio, "The Empirical Case for Dual Coding," in Yuille (3/12), 307–32.
15. D. Marks and P. McKellar, "The Nature and Function of Eidetic Imagery," *Journal of Mental Imagery* 6 (1982): 1–28 (commentaries, 28–124); R. N. Haber,

"Twenty Years of Haunting Eidetic Imagery: Where's the Ghost?" *The Behavioral and Brain Sciences* 2 (1979): 583-629.

16. C. F. Stromeyer III, "Eidetikers," *Psychology Today*, November 1970, 46-50.

17. A. R. Luria, *The Mind of a Mnemonist* (New York: Basic Books, 1968), 12.

18. 256 digits—J. C. Horn, "Ah Yes, He Remembers It Well...," *Psychology Today*, February 1981, 21, 80-81. Study of V. P.—E. Hunt and T. Love, "How Good Can Memory Be?" in *Coding Processes in Human Memory*, ed. A. W. Melton and E. Martin (Washington, D.C.: V. H. Winston and Sons, 1972), 237-60. Nineteenth-century prodigy—A. Paivio, *Imagery and Verbal Processes* (Hillsdale, N.J.: Erlbaum, 1979), 45-76.

19. Students who could remember 73 and 100 digits—Ericsson and Chase (1/15); K. A. Ericsson, "Memory Skill," *Canadian Journal of Psychology* 39 (1985): 188-231; M. M. Waldrop, "The Workings of Working Memory," *Science*, 237 (1987), 1564-67. Waiter—S. Singular, "A Memory for All Seasonings," *Psychology Today*, October 1982, 54-63. Squaring feats—C. Wells, "Teaching the Brain New Tricks," *Esquire*, March 1983, 49-54, 59-61. Study of T. E.—J. Wilding and E. Valentine, "One Man's Memory for Prose, Faces, and Names," *British Journal of Psychology* 76 (1985): 215-19; J. Wilding and E. Valentine, "Searching for Superior Memories," in Gruneberg et al. (1/12).

20. K. J. Scoresby, T. Lowe, and K. L. Higbee, "Learning to Be a Born Mnemonist" (paper presented at the meeting of the Rocky Mountain Psychological Association, Tucson, Ariz., April 1985).

21. U. Neisser, "Memorists," in *Memory Observed*, ed. U. Neisser (San Francisco: Freeman, 1982).

22. Klatzky (2/15), 306, 317.

23. R. M. Restak, "Islands of Genius," *Science 82* 3 (1982): 62-67; M. Howe, "Memory in Mentally Retarded 'Idiot Savants'," in Gruneberg et al. (1/12).

24. Radio—J. Kasindorf, "Set Your Dial for Sleeplearning," *McCalls*, September 1974, 50. Studies—L. Aarons, "Sleep-assisted Instruction," *Psychological Bulletin* 83 (1976): 1-40; F. Rubin, *Learning and Sleep* (Bristol, England: John Wright & Sons, 1971).

25. Controlled studies—C. W. Simon and W. H. Emmons, "Responses to Material Presented During Various Levels of Sleep," *Journal of Experimental Psychology* 51 (1956): 89-97; W. H. Emmons and C. W. Simon, "The Non-recall of Material Presented During Sleep," *American Journal of Psychology* 69 (1956): 76-81; D. J. Bruce, C. R. Evans, P. B. C. Fenwick, and V. Spencer, "Effect of Presenting Novel Verbal Material During Slow-Wave Sleep," *Nature* 225 (1970): 873-74. Advertising—"Sleeping Students Don't Learn English," *Consumer Reports*, May 1970, 313.

26. F. J. Evans and W. Orchard, "Sleep Learning: The Successful Waking Recall of Material Presented During Sleep," *Psychophysiology* 6 (1969): 269.

27. A. Grosvenor and L. D. Lack, "The Effect of Sleep Before or After Learning on Memory," *Sleep* 7 (1984): 155-67; C. Idzikowski, "Sleep and Memory," *British Journal of Psychology* 75 (1984): 439-49.

28. Johnson and Hasher (1/2); A. Marcel, "Conscious and Unconscious Perception: Experiments on Visual Masking and Word Recognition," *Cognitive Psychology* 15 (1983): 197-37.

29. D. L. Moore, "Subliminal Advertising: What You See Is What You Get," *Journal of Marketing* 46 (1982): 38-47; J. R. Vokey and J. D. Read, "Subliminal Messages: Between the Devil and the Media," *American Psychologist* 40 (1985): 1231-39.

第 4 章

1. D. O. Lyon, "The Relation of Length of Material to Time Taken for Learning and the Optimum Distribution of Time," *Journal of Educational Psychology* 5 (1914): 1-9, 85-91, 155-63.
2. Clark and Paivio (3/10).
3. T. J. Shuell, "Cognitive Conceptions of Learning," *Review of Educational Research* 56 (1986): 411-36.
4. I. L. Beck and P. A. Carpenter, "Cognitive Approaches to Understanding Reading: Implications for Instructional Practice." *American Psychologist* 41 (1986): 1098-1105; F. S. Bellezza, "Expert Knowledge as Mental Cues" (Paper presented at the meeting of the Psychonomic Society, New Orleans, November 1986).
5. Milojkovic (2/9).
6. Sayings—S. Markham, S. Crandall, and K. L. Higbee, "Factors Affecting Recall of Ideas Learned with a Visual Mnemonic" (paper presented at the meeting of the Western Psychological Association, San Jose, Calif., April 1985). Elderly—Poon (1/4). Adolescents—A. J. Franklin, "The Social Context and Socialization Variables as Factors in Thinking and Learning," in *Thinking and Learning Skills: Research and Open Questions,* vol. 2, ed. S. F. Chipman, J. W. Segal, and R. Glaser (Hillsdale, N.J.: Erlbaum, 1985), 81-106.
7. Cues—D. C. Rubin and W. T. Wallace, "Rhyme and Reason: Integral Properties of Words" (Paper presented at the meeting of the Psychonomic Society, New Orleans, November 1986). List—Kozlowski (2/25).
8. G. Katona, *Organizing and Memorizing: Studies in the Psychology of Learning and Teaching* (New York: Columbia University Press, 1940), 187-92.
9. Paired-associates—T. R. Barrett and B. R. Ekstrand, "Second-Order Associations and Single-List Retention," *Journal of Experimental Psychology: Human Learning and Memory* 104 (1974): 41-49. Bridge—N. Charness, "Components of Skill in Bridge," *Canadian Journal of Psychology* 33 (1979): 1-16. The Game of Go—Milojkovic (2/9). Maps—J. E. Ormrod, R. K. Ormrod, E. D. Wagner, and R. C. McCallin, "Cognitive Strategies in Learning Maps" (paper presented at the meeting of the American Educational Research Association, San Francisco, April 1986). Fleischer—R. Kanigel, "Storing Yesterday," *Johns Hopkins Magazine,* 32 (June 1981): 27-34. Quote is on p. 34.
10. M. McCloskey and K. Bigler, "Focused Memory Search in Fact Retrieval," *Memory & Cognition* 8 (1980): 253-64.
11. Presenting in categories—B. A. Folarin, "Is Grouping of Words in Memory a Fast or a Slow Process?" *Psychological Reports* 48 (1981): 355-58. Told categories—B. Z. Strand, "Effects of Instructions for Category Organization on Long-term Retention," *Journal of Experimental Psychology: Human Learning and Memory* 1 (1974): 780-86; M. E. J. Masson and M. A. McDaniel, "The Role of Organizational Processes in Long-term Retention," *Journal of Experimental Psychology: Human Learning and Memory* 7 (1981): 100-10.
12. Impose organization—Klatzky (2/15). Recall by categories—B. Ambler and W. Maples, "Role of Rehearsal in Encoding and Organization for Free Recall," *Journal of Experimental Psychology: Human Learning and Memory* 3 (1977): 295-304. Children—B. E. Moely and W. E. Jeffrey, "The Effect of Organization Training on Children's Free Recall of Category Items," *Child Development* 45 (1974): 135-43.
13. Instructed to organize—P. A. Ornstein, T. Trabasso, and P. N. Johnson-Laird, "To Organize Is to Remember: The Effects of Instructions to Organize and to Recall," *Journal of Experimental Psychology* 103 (1974), 1014-18. Organized Para-

graphs—J. L. Myers, K. Pezdek, and D. Coulson, "Effect of Prose Organization upon Free Recall," *Journal of Educational Psychology* 65 (1973): 313–20. Organized Stories—J. B. Black and H. Bern, "Causal Inferences and Memory for Events in Narrative," *Journal of Verbal Learning and Verbal Behavior* 20 (1981): 267–75; Horton and Mills (2/22). Coherent Pictures—S. E. Palmer, "The Effects of Contextual Scenes on the Identification of Objects," *Memory & Cognition* 3 (1975): 519–26.

14. H. L. Roediger III and R. G. Crowder, "A Serial Position Effect in Recall of United States Presidents," *Bulletin of the Psychonomic Society* 8 (1976): 275–78.

15. Evidence—Wingfield and Byrnes (2/3), 26. Explanations—F. S. Bellezza, F. Andrasik, Jr., and R. D. Lewis, "The Primacy Effect and Automatic Processing in Free Recall," *The Journal of General Psychology* 106 (1982): 175–89; A. M. Glenberg, M. M. Bradley, J. A. Stevenson, T. A. Kraus, M. J. Tkachuk, A. L. Gretz, J. H. Fish, and B. M. Turpin, "A Two-Process Account of Long-term Serial Position Effects," *Journal of Experimental Psychology: Human Learning and Memory*, 6 (1980): 355–69; C. L. Lee and W. K. Estes, "Item and Order Information in Short-term Memory: Evidence for Multilevel Perturbation Processes," *Journal of Experimental Psychology: Human Learning and Memory* 7 (1981): 149–80.

16. C. M. Reigeluth, "Meaningfulness and Instruction: Relating What is Being Learned to What a Student Knows," *Instructional Science* 12 (1983): 197–218; C. M. Reigeluth, "The Analogy in Instructional Design" (paper presented at the meeting of the American Educational Research Association, San Francisco, April 1986); C. H. Hansen and D. F. Halpern, "Using Analogies to Improve Comprehension and Recall of Scientific Passages" (paper presented at the meeting of the Psychonomic Society, Seattle, November 1987); S. Vosniadou and M. Schommer, "The Effect of Explanatory Analogies on Young Children's Comprehension of Expository Text" (paper presented at the meeting of the American Educational Research Association, San Francisco, April 1986).

17. A. D. Baddeley, V. Lewis, and I. Nimmo-Smith, "When Did You Last . . . ?" in *Practical Aspects of Memory*, ed. M. M. Gruneberg, P. Morris, and R. N. Sykes (New York: Academic Press, 1978), 77–83; Johnson and Hasher (1/2); J. M. Keenan, P. Brown, and G. Potts, "The Self-Reference Memory Effect and Imagery" (paper presented at the meeting of the Psychonomic Society, New Orleans, November 1986).

18. Making material meaningful—Reigeluth (4/16, 1983) 197–218. Defining in terms of association—R. P. Stratton, K. A. Jacobus, and B. Brinley, "Age-of-Acquisition, Imagery, Familiarity, and Meaningfulness Norms for 533 Words," *Behavior Research Methods and Instrumentation* 7 (1975): 1–6.

19. J. R. Anderson, "Retrieval of Information from Long-term Memory," *Science* 220 (1983): 25–30; W. A. Wickelgren, "Human Learning and Memory," in Rosenzweig and Porter (1/2, Vol. 32, 1981), 21–57.

20. J. Brophy, "Teacher Influences on Student Achievement," *American Psychologist* 41 (1986): 1069–77; U.S. Department of Education, *What Works: Research About Teaching and Learning* (Washington, D.C., 1986), 37.

21. D. Williams and J. D. Hollan, "The Process of Retrieval From Very Long-term Memory," *Cognitive Science* 5 (1981): 87–119.

22. Witnesses—R. E. Geiselman, R. P. Fisher, D. P. MacKinnon, and H. L. Holland, "Eyewitness Memory Enhancement with the Cognitive Interview," *American Journal of Psychology* 99 (1986): 385–401; K. O'Reilly, D. P. MacKinnon, and R. E. Geiselman, "Enhancement of Witness Memory for License Plates: At Acquisiton and Retrieval" (paper presented at the meeting of the Western Psychological Association, Long Beach, Calif., April 1987). Simulation—R. P. Fisher and R. E. Geiselman,

"Enhancing Eyewitness Memory with the Cognitive Interview," in Gruneberg et al. (1/12).
23. W. James, *Psychology* (New York: Henry Holt & Co., 1910), 290.
24. 1800s—E. A. Kirkpatrick, "An Experimental Study of Memory," *Psychological Review* 1 (1894): 602–09. 1960s—R. R. Holt, "Imagery: The Return of the Ostracized," *American Psychologist* 19 (1964): 254–64. Human learning—J. A. McGeoch and A. L. Irion, *The Psychology of Human Learning*, 2d ed. (New York: Longmans, Green and Co., 1952). Conscious processes—E. R. Hilgard, "Consciousness in Contemporary Psychology," in Rosenzweig and Porter (1/2, vol. 31, 1980), 1–26; T. J. Knapp, "The Emergence of Cognitive Psychology in the Latter Half of the Twentieth Century," in *Approaches to Cognition: Contrasts and Controversies*, ed. T. J. Knapp and L. C. Robertson (Hillsdale, N.J.: Erlbaum, 1986), 13–35.
25. For discussions of imagery see M. L. Fleming and D. W. Hutton, eds., *Mental Imagery and Learning* (Englewood Cliffs, N.J.: Educational Technology Publications, 1983); P. E. Morris and P. J. Hampson, *Imagery and Consciousness* (London: Academic Press, 1983); J. T. E. Richardson, *Mental Imagery and Human Memory* (New York: St. Martin's Press, 1980); Sheikh, Imagery (3/8); A. A. Sheikh and K. S. Sheikh, ed., *Imagery in Education* (Farmingdale, N.Y.: Baywood, 1985); Yuille (3/12).
26. See reference 25.
27. Prose—M. Denis, "Imagery and Prose: A Critical Review of Research on Adults and Children," *Text* 4 (1984): 381–401. Concepts—Markham et al. (4/6); K. L. Alesandrini, "Imagery Eliciting Strategies and Meaningful Learning," *Journal of Mental Imagery* 6 (1982): 125–40.
28. Lorayne (1/17), p. 22.
29. R. S. Nickerson and M. J. Adams, "Long-term Memory for a Common Object," *Cognitive Psychology* 11 (1979): 287–307.
30. L. S. Cermak, *Improving Your Memory* (New York: McGraw-Hill, 1976), 27.
31. M. C. Wittrock, "Students' Thought Processes," in *Handbook of Research on Teaching*, 3d ed., ed. M. C. Wittrock (New York: Macmillan, 1986), 297–314.

第 5 章

1. D. A. Bekerian and A. D. Baddeley, "Saturation Advertising and the Repetition Effect," *Journal of Verbal Learning and Verbal Behavior* 19 (1980): 17–25; A. M. Glenberg and M. M. Bradley, "Mental Contiguity," *Journal of Experimental Psychology: Human Learning and Memory* 5 (1979): 88–97.
2. School boy—J. Brothers and E. P. F. Eagan, *Ten Days to a Successful Memory* (Englewood Cliffs, N.J.: Prentice-Hall, 1957), 61. Professor Sanford—E. C. Sanford, "Professor Sanford's Morning Prayer," in Neisser (3/21), 176–77.
3. Wickelgren (4/19).
4. W. C. F. Krueger, "The Effect of Overlearning on Retention," *Journal of Experimental Psychology* 12 (1929): 71–78. See also T. O. Nelson, R. J. Lonesio, A. P. Shimamura, R. F. Landwehr, and L. Narens, "Overlearning and the Feeling of Knowing," *Journal of Experimental Psychology: Learning, Memory, and Cognition* 8 (1982): 279–88.
5. Bahrick (2/20).
6. Nelson et al. (5/4).
7. R. F. Mayer, "Can You Repeat That? Qualitative Effects of Repetition and Advance Organizers on Learning from Science Prose," *Journal of Educational Psychology* 75 (1983); 40–49.

8. Many of the examples and research reported in this section are from Loftus (2/3); Pintrich et al. (1/7); I. G. Sarason, ed., *Test Anxiety: Theory, Research and Application* (Hillsdale, N.J.: Erlbaum, 1980); and H. M. Van Der Ploeg, R. Schwarzer, and C. D. Spielberger, ed., *Advances in Test Anxiety Research*, vol. 3 (Hillsdale, N.J.: Erlbaum, 1984).

9. J. C. Cavanaugh, J. G. Grady, and M. Perlmutter, "Forgetting and Use of Memory Aids in 20- to 70-Year-Olds' Everyday Life," *International Journal of Aging and Human Development* 17 (1983): 113–22.

10. Anxiety interference not clear—Pintrich et al. (1/7). Encoding, organizing, retrieving—W. J. McKeachie, "Does Anxiety Disrupt Information Processing or Does Poor Information Processing Lead to Anxiety?," *International Review of Applied Psychology* 33 (1984): 187–203. Three sources—J. L. Deffenbacher and S. L. Hazaleus, "Cognitive, Emotional, and Physiological Components of Test Anxiety," *Cognitive Therapy and Research* 9 (1985): 169–80.

11. Techniques—Sarason (5/8); D. C. Lapp, *Don't Forget: Easy Exercises for a Better Memory at Any Age* (New York: McGraw Hill, 1987). Elderly—J. A. Yesavage, "Relaxation and Memory Training in 39 Elderly Patients," *American Journal of Psychiatry* 141 (1984): 778–81; J. A. Yesavage and R. Jacob, "Effects of Relaxation and Mnemonics on Memory, Attention and Anxiety in the Elderly," *Experimental Aging Research* 10 (1984): 211–14. Athletics—J. E. Turnure and J. F. Lane, "Special Educational Applications of Mnemonics," in McDaniel and Pressley (3/10), 329–57.

12. Nelson et al. (5/4).

13. Study skills—C. E. Weinstein and V. L. Underwood, "Learning Strategies: The How of Learning," in *Thinking and Learning Skills: Relating Instruction to Research*, vol. 1, ed. J. W. Segal, S. F. Chipman, and R. Glaser (Hillsdale, N.J.: Erlbaum, 1985), 241–58. Learning Strategy Course—W. J. McKeachie, P. R. Pintrich, and Y. G. Lin, "Learning to Learn," in *Cognition, Information Processing, and Motivation*, ed. G. d'Ydwelle (Amsterdam: Elsevier, 1984), 601–18.

14. K. Kirkland and J. G. Hollandsworth, Jr., "Effective Test Taking: Skills-Acquisition Versus Anxiety-Reduction Techniques," *Journal of Consulting and Clinical Psychology* 48 (1980): 431–39.

15. Reason and Lucas (2/24).

16. These studies and others are described by Stern (2/3); Johnson and Hasher (1/2); and A. Memon and V. Bruce, "Context Effects in Episodic Studies of Verbal and Facial Memory: "A Review," *Current Psychological Research & Reviews* 4 (1985), 349–69.

17. Imagining—S. M. Smith, "Remembering In and Out of Context," *Journal of Experimental Psychology: Human Learning and Memory* 5 (1979): 460–71. Purposely associating—E. Eich, "Context, Memory, and Integrated Item/Context Imagery," *Journal of Experimental Psychology: Learning, Memory, and Cognition* 11 (1985): 764–70.

18. S. M. Smith, "Enhancement of Recall Using Multiple Environmental Contexts During Learning," *Memory & Cognition* 10 (1982): 405–12.

19. D. M. Landers, "Mental Practice and Imagery in Sports" (paper presented at the American Imagery Conference, New York, November 1987). R. M. Suinn, "Imagery and Sports," in Sheikh (3/8), 507–34.

20. Statistics course—S. M. Smith and E. Z. Rothkopf, "Varying Environmental Context of Lessons to Compensate for Massed Teaching" (paper presented at the meeting of the American Educational Research Association, New York, 1982.) Cited in Smith (5/18). Patients—A. D. Baddeley, "Memory Theory and Memory Therapy," in Wilson and Moffat (1/4), 5–27, see page 26.

21. Drugs, moods—P. H. Blaney, "Affect and Memory: A Review," *Psychological Bulletin* 99 (1986): 229–46; D. A. Overton, "Contextual Stimulus Effects of Drugs and Internal States," in *Context and Learning*, ed. P. D. Balsam and A. Tomie (Hillsdale, N.J.: Erlbaum, 1985); G. Lowe, "State-Dependent Retrieval Effects with Social Drugs," in Gruneberg et al. (1/12). Words, pictures—S. M. Smith, A. Glenberg, and R. A. Bjork, "Environmental Context and Human Memory," *Memory & Cognition* 6 (1978): 342–53; E. Winograd and S. D. Lynn, "Role of Contextual Imagery in Associative Recall," *Memory & Cognition* 7 (1979): 29–34.

22. L. Baker and J. L. Santa, "Context, Integration, and Retrieval," *Memory & Cognition* 5 (1977): 308–14.

23. Strong—S. M. Smith and E. Vela, "Outshining: The Relative Effectiveness of Cues" (paper presented at the meeting of the Psychonomic Society, New Orleans, November 1986); Johnson and Hasher (1/2). Measured—R. A. Bjork and A. Richardson-Klavehn, "Context Reinstatement and Human Memory: A Theoretical Taxonomy of Empirical Effects" (paper presented at the meeting of the Psychonomic Society, Seattle, November 1987).

24. Brothers and Egan (5/2), 24. On the importance of interest see S. Hidi and W. Baird, "Interestingness—A Neglected Variable in Discourse Processing," *Cognitive Science* 10 (1986): 179–94.

25. Hunter (1/5), 122.

26. Children—B. A. Kennedy and D. J. Miller, "Persistent Use of Verbal Rehearsal as a Function of Information About Its Value," *Child Development* 47 (1976): 566–69. Adjustments—J. M. Sassenrath, "Theory and Results on Feedback and Retention," *Journal of Educational Psychology* 67 (1975): 894–99.

27. R. E. LaPorte and J. F. Voss, "Retention of Prose Materials as a Function of Postacquisition Testing," *Journal of Educational Psychology* 67 (1975): 259–66. See also K. A. Kiewra and S. L. Benton, "The Effects of Higher-Order Review Questions with Feedback on Achievement Among Learners Who Take Notes or Receive the Instructor's Notes," *Human Learning* 4 (1985): 225–31; and A. W. Salmoni, R. A. Schmidt, and C. B. Walter, "Knowledge of Results and Motor Learning: A Review and Critical Appraisal," *Psychological Bulletin* 95 (1984): 355–86.

28. Corrective feedback—Brophy (4/20). Instructor Program—R. Van Houten, *Learning Through Feedback: A Systematic Approach for Improving Academic Performance* (New York: Human Sciences Press, 1980).

29. J. F. King, E. B. Zechmeister, and J. J. Shaughnessy, "Judgments of Knowing: The Influence of Retrieval Practice," *American Journal of Psychology* 93 (1980): 329–43.

第6章

1. School skills are discussed in R. Carman and W. R. Adams, *Study Skills: A Student's Guide for Survival* (New York: Wiley, 1985); C. T. Morgan and J. Deese, *How to Study*, 2d ed. (New York: McGraw-Hill, 1979); W. Pauk, *How to Study in College*, 3d ed. (Boston: Houghton Mifflin, 1984).

2. Study time—Underwood (1/3). Narrow range of learning strategies—J. Snowman, "Learning Tactics and Strategies," in *Cognitive Classroom Learning: Understanding, Thinking, and Problem Solving*, ed. G. D. Phye and T. Andre (New York: Academic Press, 1986), 243–75. Good students—S. F. Chipman and J. W. Segal, "Higher Cognitive Goals for Education: An Introduction," in Segal et al. (5/13), 1–19.

3. Weinstein and Underwood (5/13).

4. B. Hayes-Roth, "Evolution of Cognitive Structure and Processes," *Psycholog-

ical Review 84 (1977): 260–78.
   5. D. I. Anderson and J. L. Byers, "Effects of Test Items and Degree of Similarity upon Interference in Learning from Prose Materials," *Psychological Reports* 42 (1978): 591–600.
   6. J. W. Fagen and C. Rovee-Collier, "Memory Retrieval: A Time-Locked Process in Infancy," *Science* 222 (1983): 1349–51.
   7. Johnson and Hasher (1/2); W. N. Runquist, "The Generality of the Effects of Structure Similarity on Cue Discrimination and Recall," *Canadian Journal of Psychology* 37 (1983): 484–97; B. Gunter, C. Berry, and B. R. Clifford, "Proactive Interference Effects with Television News Items: Further Evidence," *Journal of Experimental Psychology: Human Learning and Memory* 7 (1981): 480–87.
   8. Rooms—B. Z. Strand, "Change of Context and Retroactive Inhibition," *Journal of Verbal Learning and Verbal Behavior* 9 (1970): 202–06. Speakers—E. Z. Rothkopf, D. G. Fisher, and M. J. Billington, "Effects of Spatial Context During Acquisition on the Recall of Attribute Information," *Journal of Experimental Psychology: Learning, Memory, and Cognition* 8 (1982): 126–38.
   9. First study—B. J. Underwood and J. S. Freund, "Effect of Temporal Separation of Two Tasks on Proactive Inhibition," *Journal of Educational Psychology* 78 (1968): 50–54. Second study—G. Keppel, "Facilitation in Short- and Long-term Retention of Paired Associates Following Distributed Practice in Learning," *Journal of Verbal Learning and Verbal Behavior* 3 (1964): 91–111.
   10. Strand (6/8).
   11. First quote—Wickelgren (4/19), 39–40. Second quote—Underwood (1/3), 218.
   12. U.S. Dept. of Education, *What Works* (4/20), 39. Well-received—J. Bales,"*What Works*: Consensus Report Gets Good Marks from Researchers," *APA Monitor* 17 (May, 1986): 13; M. S. Smith, "*What Works*, Works!" *Educational Researcher* 15 (April 1986): 29–30; however, see G. V. Glass, "*What Works*: Politics and Research," *Educational Researcher* 16 (March, 1987): 5–10.
   13. First study—K. C. Bloom and T. J. Shuell, "Effects of Massed and Distributed Practice on the Learning and Retention of Second-Language Vocabulary," *Journal of Educational Research* 74 (1981): 245–48. Second study—A. D. Baddeley and D. J. A. Longman, "The Influence of Length and Frequency of Training Sessions on Rate of Learning to Type," *Ergonomics* 21 (1978): 627–35. Third study—Bahrick (3/4); see also H. P. Bahrick and E. Phelps, "Retention of Spanish Vocabulary Over 8 Years," *Journal of Experimental Psychology: Learning, Memory, and Cognition* 13 (1987): 344–49.
   14. Reviewing—J. H. Reynolds and R. Glaser, "Effects of Repetition and Spaced Review upon Retention of a Complex Learning Task," *Journal of Educational Psychology* 55 (1964): 297–308. Teaching—F. N. Dempster, "The Spacing Effect and Allied Phenomena: Educational Implications" (paper presented at the meeting of the Psychonomic Society, New Orleans, November 1986); C. P. Rea and V. Modigliani, "Educational Implications for the Spacing Effect," in Gruneberg et al. (1/12). Names—Bahrick (2/20). Faces—A. G. Goldstein and J. E. Chance, "Enhanced Face Recognition Memory After Distributed Viewing" (paper presented at the meeting of the Psychonomic Society, Seattle, November 1987).
   15. Consolidate—H. Weingartner and E. S. Parker, ed., *Memory Consolidation: Psychobiology of Cognition* (Hillside, N.J.: Erlbaum, 1984). Lecture—F. J. Di Vesta and D. A. Smith, "The Pausing Principle: Increasing the Efficiency of Memory for Ongoing Events," *Contemporary Educational Psychology* 4 (1979): 288–96; Other possible reasons for the spacing effect have also been suggested; see, for example,

R. L. Greene, "Spacing Effects in Memory: The Role of Rehearsal Strategies" (paper presented at the meeting of the Psychonomic Society, Seattle, November 1987).
  16. R. M. Gorman, *Psychology of Classroom Learning* (Columbus, Ohio: Charles E. Merrill, 1974), 174; Hunter (1/5), 135.
  17. A. M. Glenberg and T. S. Lehman, "Spacing Repetitions over 1 Week," *Memory & Cognition* 8 (1980): 528-38.
  18. D. C. Candland, *Psychology: The Experimental Approach* (New York: McGraw-Hill, 1968); J. M. Sawrey and C. M. Telford, eds., *Educational Psychology*, 4th ed. (Boston: Allyn & Bacon, 1973).
  19. M. J. Breen and J. M. Jurek, "Serial Learning as a Function of Age and Part Versus Whole Learning Procedures," *Psychological Reports* 36 (1975): 767-73.
  20. Hunter (1/5), 133.
  21. Gorman (6/16), 173.
  22. A. E. D. Schonfield, "Learning, Memory, and Aging," in *Handbook of Mental Health and Aging*, ed. J. E. Birren and R. B. Sloane (Englewood Cliffs, N.J.: Prentice-Hall, 1980), 214-44.
  23. First study—V. P. Orlando and K. G. Hayward, "A Comparison of the Effectiveness of Three Study Techniques for College Students," in *Reading: Disciplined Inquiry in Process and Practice*, ed. P. D. Pearson and J. Hansen (Clemson, S.C.: National Reading Conference, 1978), 242-45. Second study—C. P. Thompson, S. J. Wenger, and C. A. Bartling, "How Recall Facilitates Subsequent Recall: A Reappraisal," *Journal of Experimental Psychology: Human Learning and Memory* 4 (1978): 210-21. Feedback—J. F. King, E. B. Zechmeister, and J. J. Shaughnessy, "Judgments of Knowing: The Influence of Retrieval Practice," *American Journal of Psychology* 93 (1980): 329-43.
  24. Testing—R. J. Nungester and P. C. Duchastel, "Testing Versus Review: Effects on Retention," *Journal of Educational Psychology* 74 (1982): 18-22; W. B. Whitten and J. M. Leonard, "Learning from Tests: Facilitation of Delayed Recall by Initial Recognition Alternatives," *Journal of Experimental Psychology: Human Learning and Memory* 6 (1980): 127-34. Children—T. Petros and K. Hoving, "The Effects of Review on Young Children's Memory for Prose," *Journal of Experimental Child Psychology* 39 (1980): 33-43.
  25. Pauk (6/1), 94; H. C. Ellis, *Fundamentals of Human Learning, Memory, and Cognition*, 2d ed. (Dubuque, Iowa; W. C. Brown, 1978), 125.
  26. L. T. Frase and B. J. Schwartz, "Effect of Question Production and Answering on Prose Recall," *Journal of Educational Psychology* 67 (1975): 628-35.
  27. F. Robinson, *Effective Study* (New York: Harper & Row, 1946).
  28. General-purpose systems—D. F. Dansereau, "Learning Strategy Research," in Segal et al. (5/13), 209-39. Reading textbook—H. Singer and D. Donlan, *Reading and Learning from Text* (Boston: Little, Brown, & Co., 1980). For a more extensive discussion see F. P. Robinson, *Effective Study*, 4th ed. (New York: Harper & Row, 1970) and Morgan and Deese (6/1).
  29. L. M. Reder, "Techniques Available to Author, Teacher, and Reader to Improve Retention of the Main Ideas of a Chapter," Segal, and Glaser in Chipman (4/6), 37-64; F. K. Aldrich, "Improving the Retention of Aurally Presented Information," in Gruneberg et al. (1/12).
  30. J. D. Bransford and M. K. Johnson, "Contextual prerequisites for Understanding: Some Investigations of Comprehension and Recall," *Journal of Verbal Learning and Verbal Behavior* 11 (1972): 717-26.
  31. Advance organizers—J. Luiten, W. Ames, and G. Ackerson, "A Meta-analysis of the Effects of Advance Organizers on Learning and Retention," *American

Educational Research Journal 17 (1980): 211-18; D. N. Thompson, K. Diefenderfer, and L. S. Doll, "The Use of Advance Organizers with Older Adults of Limited Verbal Ability" (paper presented at the meeting of the American Educational Research Association, San Francisco, April 1986). Headings—Dansereau (6/28); Snowman (6/2); S. C. Wilhite, "Headings as Memory Facilitators," in Gruneberg, et al. (1/12).

32. Alesandrini (4/27); J. L. Levin, "Pictures as Prose-learning Devices," in *Discourse Processing*, ed. A. Flammer & W. Kintsch (Amsterdam: North-Holland, 1982), 412-44; J. R. Levin, G. J. Anglin, and R. N. Carney, "On Empirically Validating Functions of Pictures in Prose," in *The Psychology of Illustration: Basic Reseach*, vol. 1; D. M. Willows and H. A. Houghton (New York: Springer-Verlag, 1987), 51-85.

33. J. R. Gavelek and T. E. Raphael, "Metacognition, Instruction, and the Role of Questioning Activities," in *Metacognition, Cognition, and Human Performance: Instructional Practices*, vol. 2, ed. D. L. Forrest-Pressley, G. E. MacKinnon, and T. G. Waller (Orlando, Fla.: Academic Press, 1985), 103-36; C. Hamaker, "The Effects of Adjunct Questions on Prose Learning," *Review of Educational Research* 56 (1986): 212-42.

34. Snowman (6/2); L. K. Cook and R. E. Mayer, "Reading Strategies Training for Meaningful Learning from Prose," in *Cognitive Strategy Research: Educational Applications*, ed. M. Pressley and J. R. Levin (New York: Springer-Verlag, 1983), 87-131; J. Hartley, S. Bartlett, and A. Branthwaite, "Underlining Can Make a Difference—Sometimes," *Journal of Educational Research* 73 (1980): 218-23.

35. J. P. Rickards and G. J. August, "Generative Underlining Strategies in Prose Recall," *Journal of Educational Psychology* 67 (1975): 860-65.

36. Psychologist—M. Linton, "Real World Memory After Six Years: An *In Vivo* Study of Very Long Term Memory," in Gruneberg et al. (4/17). Lecture—Di Vesta and Smith (6/15). Pakistani—M. Wasim, "Effect of Frequent Review upon Recall," *Journal of Social Sciences and the Humanities* 1-2 (1984), 69-73.

37. First study—L. R. Gay, "Temporal Position of Review and Its Effect on the Retention of Mathematical Rules," *Journal of Educational Psychology* 64 (1973): 171-82. Children—Petros and Hoving (6/24).

38. Hunter (1/5), 108-09.

39. T. K. Landauer and R. A. Bjork, "Optimum Rehearsal Patterns and Name Learning," in Gruneberg et al. (4/17), 625-32; R. A. Bjork, "Practical and Theoretical Implications of a Non-Semantic Mnemonic Technique," in Gruneberg et al. (1/12).

40. Snowman (6/2); K. A. Kiewra, "Investigating Notetaking and Review: A Depth of Processing Alternative," *Educational Psychologist* 29 (1985): 23-32; K. A. Kiewra and B. M. Frank, "The Encoding and External-Storage Effects of Personal Lecture Notes, Skeletal Notes, and Detailed Notes of Field-Independent and Field-Dependent Learners" (paper presented at the meeting of the American Educational Research Association, San Francisco, April 1986).

41. R. J. Palkovitz and R. K. Lore, "Note Taking and Note Review: Why Students Fail Questions Based on Lecture Material," *Teaching of Psychology* 7 (1980): 159-61.

42. H. Woodrow, "The Effect of Type of Training upon Transference," *Journal of Educational Psychology* 18 (1927): 159-72.

43. Learning strategies—Snowman (6/2); Dansereau (6/28); Weinstein and Underwood (5/13); J. Nisbet and J. Shucksmith, *Learning Strategies* (London: Routledge & Kegan Paul Ltd., 1986). Courses—Pintrich et al. (1/7).

44. U.S. Department of Education, *What Works* (4/20), 39.

45. Increase performance—J. L. Driskell and E. L. A. Kelly, "A Guided Notetaking and Study Skills System for Use with University Freshmen Predicted to

Fail," *Journal of Reading* 1 (1980): 4–5. Brain-damaged people—Wilson and Moffat (1/4); B. A. Wilson, *Rehabilitation of Memory* (New York: Guilford Press, 1987). Analysis—D. F. Tadlock, "SQ3R—Why It Works Based on Information Processing Theory," *Journal of Reading* 22 (1978): 110–112.

46. Intuitive appeal, opinion—Cook and Mayer (6/34); J. L. Johns and L. P. McNamara, "The SQ3R Study Technique: A Forgotten Research Target," *Journal of Reading* 23 (1980): 705–08. Children—D. L. Forrest-Pressley and L. A. Gillies, "Children's Flexible Use of Strategies During Reading," in Pressley and Levin (6/34).

第 7 章

1. F. Yates, *The Art of Memory* (London: Routledge & Kegan Paul Ltd., 1966); K. L. Higbee, "Recent Research on Visual Mnemonics: Historical Roots and Educational Fruits," *Review of Educational Research* 49 (1979): 611–29; R. A. Hrees, "An Edited Version of Mnemonics from Antiquity to 1985: Establishing a Foundation for Mnemonic-Based Pedagogy with Particular Emphasis on Mathematics," (Ph.D. diss., Indiana University, 1986).

2. These and other characteristics of mnemonics are discussed by F. S. Bellezza, "Mnemonic Devices: Classification, Characteristics, and Criteria," *Review of Educational Research* 51 (1981): 247–75.

3. Some of the examples not otherwise referenced are contained in *A Dictionary of Mnemonics* (London: Eyre Methuen, 1972); and P. Bracken, *The I Hate to Housekeep Book*, chap. 10 (New York: Harcourt Brace Jovanovich, 1962).

4. M. Suid, *Demonic Mnemonics: 800 Spelling Tricks for 800 Tricky Words* (Belmont, Calif.: Pitman Learning, Inc., 1981); G. A. Negin, "Mnemonics and Demonic Words," *Reading Improvement* 15 (1978): 180–82.

5. E. Pugh, *A Dictionary of Acronyms and Abbreviations* (London: Clive Bingley Ltd.; Hamden, Conn.; Archon Books, 1970); D. R. White, *A Glossary of Acronyms, Abbreviations, and Symbols* (Germantown, Md.: Don White Consultants, 1971).

6. A. G. Smith, *Irving's Anatomy Mnemonics*, 5th ed. (Edinburgh: Churchill Livingstone, 1972).

7. J. E. Harris, "Memory Aids People Use: Two Interview Studies," *Memory & Cognition* 8 (1980): 31–38; M. M. Gruneberg, J. Monks, and R. N. Sykes, "The First-Letter Mnemonic Aid," *IRCA Medical Science: Psychology and Psychiatry; Social and Occupational Medicine* 5 (1977): 304; B. Wilson and N. Moffat, "Running a Memory Group," in Wilson and Moffat (1/4), 171–98; Wilson (6/45). For a different viewpoint see L. Carson, J. W. Zimmer, and J. A. Glover, "First-Letter Mnemonics: DAM (Don't Aid Memory)," *The Journal of General Psychology* 104 (1981): 287–92.

8. P. E. Morris and N. Cook, "When Do First-Letter Mnemonics Aid Recall?" *British Journal of Educational Psychology* 48 (1978): 22–28.

9. Words—M. Ozier, "Access to the Memory Trace Through Orthographic and Categoric Information," *Journal of Experimental Psychology: Human Learning and Memory* 4 (1978): 469–85; D. C. Rubin, "Very Long-Term Memory For Prose and Verse," *Journal of Verbal Learning and Verbal Behavior* 16 (1977): 611–21. Alphabet—N. Moffat, "Strategies of Memory Therapy," in Wilson & Moffat (1/4), 63–88.

10. R. C. Atkinson, "Mnemotechnics in Second-Language Learning," *American Psychologist* 39 (1975): 821–28.

11. Properties, principles—Turnure and Lane (5/11). Vocabulary—M. Pressley, J. R. Levin, and H. D. Delaney, "The Mnemonic Keyword Method," *Review of Educational Research* 52 (1982): 61–91.

12. Recent textbook—Stern (2/3), 211. The four quotes are by, respectively,

Ian Hunter (1964), Donald Norman, Alan Baddeley, and Lloyd Peterson and appear in K. L. Higbee, "Some Pseudo-Limitations of Mnemonics" (paper presented at the International Conference on Practical Aspects of Memory, Cardiff, Wales, September 1978). Available in *JSAS Catalog of Selected Documents in Psychology* 9 (1979): 19–20; condensed version in Gruneberg et al. (4/17), 147–54.

13. Bellezza (7/2); F. S. Bellezza, "Mnemonic Devices and Memory Schemas," in McDaniel and Pressley (3/10); R. De Beni, "La Ricerca Sperimentale Sulle Mnemotecniche: Una Rassegna" (Experimental Research on Mnemonics: A Review), *Girnale Italiano di Psicologia* 11 (1984): 421–56; M. J. Dickel, "Principles of Encoding Mnemonics," *Perceptual and Motor Skills* 57 (1983): 111–18; J. L. Oaks and K. L. Higbee, "Process Mnemonics and Principles of Memory" (paper presented at the meeting of the Western Psychological Association, San Jose, Calif., April 1985).

14. E. J. Forbes and H. W. Reese, "Pictorial Elaboration and Recall of Multilist Paired Associates," *Journal of Experimental Psychology* 102 (1974): 836–40; F. S. Bellezza, "Updating Memory Using Mnemonic Devices," *Cognitive Psychology* 14 (1982): 301–27.

15. W. D. Rohwer, Jr. and J. Thomas, "The Role of Mnemonic Strategies in Study Effectiveness," in McDaniel and Pressley (3/10), 428–44; Snowman (6/2); J. Snowman, "Explorations in Mnemonic Training," in McDaniel and Pressley (3/10).

16. For additional research references on interaction, vividness, and bizarreness see Higbee (7/1).

17. K. L. Alesandrini, "Cognitive Strategies in Advertising Design," in Pressley and Levin (1/10), 203–20; V. A. Bergfeld, L. S. Choate, and N. E. A. Kroll, "The Effect of Bizarre Imagery on Memory as a Function of Delay: A Reconfirmation of the Interaction Effect," *Journal of Mental Imagery* 6 (1982): 141–58; D. W. Kee and S. Y. Nakayama, "Automatic Elaborative Encoding in Children's Associative Memory," *Bulletin of the Psychonomic Society* 16 (1980): 287–90. E. Winograd and E. W. Simon, "Visual Memory and Imagery in the Aged," in Poon et al. (1/12), 485–506.

18. For more information on interacting imagery see reviews by I. Begg, "Imagery Instruction and the Organization of Memory," in Yuille (3/12), 91–115 and Richardson (4/25). Compare words—R. R. Hunt and M. Marschark, "Yet Another Picture of Imagery: The Roles of Shared and Distinctive Information in Memory," in McDaniel and Pressley (3/10), 129–50. Children—P. Cramer, "Imagery and Learning: Item Recognition and Associative Recall," *Journal of Educational Psychology* 73 (1981): 164–73.

19. Begg (7/18); I. Begg, "Images, Organization, and Discriminative Processes," *Canadian Journal of Psychology* 36 (1982): 273–90.

20. Alesandrini (4/27).

21. G. H. Ritchey and C. R. Beal, "Image Detail and Recall: Evidence for Within-Item Elaboration," *Journal of Experimental Psychology: Human Learning and Memory* 6 (1980): 66–76.

22. F. S. Bellezza, "Mnemonic-Device Instruction with Adults," in Pressley and Levin (1/10), 51–73.

23. Defining and measuring vividness—A. Ahsen, "Prologue to Vividness Paradox," *Journal of Mental Imagery* 10 (1986): 1–8; D. Reisberg, L. C. Culver, F. Heuer, and D. Fischman, "Visual Memory: When Imagery Vividness Makes a Difference," *Journal of Mental Imagery* 10 (1986): 51–74. Paired-associates—G. H. Bower, "Mental Imagery and Associative Learning," in *Cognition in Learning and Memory*, ed. L. W. Gregg (New York: John Wiley & Sons, 1972), 51–88. List of words—P. S. Delin, "Learning and Retention of English Words with Successive Approximations to a Complex Mnemonic Instruction," *Psychonomic Science* 17 (1969):

87–88.
24. Mental practice—A. Richardson, "The Voluntary Use of Memory Imagery as an Aid to Learning and Performance," in Fleming and Hutton (4/25), 21–32. Information about people—W. B. Swann, Jr., and L. C. Miller, "Why Never Forgetting a Face Matters: Visual Imagery and Social Memory," *Journal of Personality and Social Psychology* 43 (1982): 475–80. Imagery mnemonics—A. Katz, "Individual Differences in the Control of Imagery Processing: Knowing How, Knowing When, and Knowing Self," in McDaniel and Pressley (3/10), 177–203.
25. See reviews by G. Einstein and M. McDaniel, "Distinctiveness and the Mnemonic Benefits of Bizarre Imagery," in McDaniel and Pressley (3/10), 79–102. K. Wollen and M. G. Margres, "Bizarreness and the Imagery Multiprocess Model," in McDaniel and Pressley (3/10), 103–27.
26. H. S. Hock, L. Romanski, A. Galie, and C. S. Williams, "Real-World Schemata and Scene Recognition in Adults and Children," *Memory & Cognition* 6 (1978): 423–31.
27. H. Lorayne and J. Lucas, *The Memory Book* (New York: Ballantine Books, 1975), 25–26.
28. L. W. Poon and L. Walsh-Sweeney, "Effects of Bizarre and Interacting Imagery on Learning and Retrieval of the Aged," *Experimental Aging Research* 7 (1981): 65–70.
29. Adept—J. L. Levin and M. Pressley, "Understanding Mnemonic Imagery Effects: A Dozen 'Obvious' Outcomes," in Fleming and Hutton (4/25), 33–51. College students—F. S. Bellezza, J. C. Day, and K. R. Reddy, "A Comparison of Phonetic and Semantic Encoding Mnemonics," *Human Learning* 2 (1982): 49–60.
30. Paired associates—K. A. Wollen and D. H. Lowry, "Effects of Imagery on Paired-associate Learning," *Journal of Verbal Learning and Verbal Behavior* 10 (1971): 276–84. Abstract words—W. E. Montague, "Elaborative Strategies in Verbal Learning and Memory," in Bower (2/12, vol. 6, 1972), 225–302. Sayings—K. L. Higbee and R. J. Millard, "Effects of an Imagery Mnemonic and Imagery Value on Memory for Sayings," *Bulletin of the Psychonomic Society* 17 (1981): 215–16. Concepts—A. N. Katz and A. Paivio, "Imagery Variables in Concept Identification," *Journal of Verbal Learning and Verbal Behavior* 14 (1975): 284–93; J. C. Dyer and P. A. Meyer, "Facilitation of Simple Concept Identification Through Mnemonic Instruction," *Journal of Experimental Psychology: Human Learning and Memory* 2 (1976): 767–73.
31. S. A. Soraci, Jr., J. J. Franks, J. P. Bransford and R. C. Chechile, "A Multiple-Cue Model of Generation Activity" (paper presented at the meeting of the Psychonomic Society, Seattle, November 1987); T. D. Lee and J. D. Gallagher, "A Parallel Between the Preselection Effect in Psychomotor Memory and the Generation Effect in Verbal Memory," *Journal of Experimental Psychology: Human Learning and Memory* 7 (1981): 77–78; C. P. Thompson and C. Barnett, "Memory for Product Names: The Generation Effect," *Bulletin of the Psychonomic Society* 18 (1981): 241–43; M. M. Sebrechts, C. T. Furstenberg, and R. M. Shelton, "Remembering Computer Command Names: Effects of Subject Generation Versus Experimenter Imposition," *Behavior Research Methods, Instruments, & Computers* 18 (1986): 129–34.
32. C. Clawson, L. Delano, S. Campbell, and K. L. Higbee, "Practical Applications of Visual Mnemonics: Errands" (Paper presented at the meeting of the Western Psychological Association, San Jose, Calif., April 1985); M. Dickel and S. Slak, "Imagery Vividness and Memory for Verbal Material," *Journal of Mental Imagery* 7 (1983): 121–26; Higbee (7/1); D. G. Jamieson and M. G. Schimpf, "Self-Generated Images Are More Effective Mnemonics," *Journal of Mental Imagery* 4 (1980): 25–33.

33. Associations suggested—Higbee (7/1); J. R. Levin, "The Mnemonic 80's: Keywords in the Classroom," *Educational Psychologist* 16 (1981): 65–82; C. Carrier, K. Karbo, H. Kindem, G. Legisa, and L. Newstrom "Use of Self-generated and Supplied Visuals as Mnemonics in Gifted Children's Learning," *Perceptual and Motor Skills* 57 (1983): 235–40. Effective images—Alesandrini (4/27).

34. Preschoolers—M. Pressley, J. Samuel, M. M. Hershey, S. L. Bishop, and D. Dickinson, "Use of a Mnemonic Technique to Teach Young Children Foreign Language Vocabulary," *Contemporary Educational Psychology* 6 (1981): 110–16. Most children from age eleven—Denis (4/27), 381–401. Gifted children—Carrier et al. (7/33), 235–40. Brain-damaged people—Wilson (6/45).

35. Levin (7/33), 65–82.

36. College students—R. Sommer, *The Mind's Eye: Imagery in Everyday Life* (New York: Dell, 1978), 134; K. A. Blick and C. J. Waite, "A Survey of Mnemonic Techniques Used by College Students in Free-recall Learning," *Psychological Reports* 29 (1971): 76–78. English college students and housewives—Harris (7/7), 31–38. Elderly—Winograd and Simon (7/17).

37. Snowman (6/2).

38. Positive relationship between recall and rated vividness—R. C. Anderson and J. L. Hidde, "Imagery and Sentence Learning," *Journal of Educational Psychology* 62 (1971): 526–30. Sentences and paragraphs—P. J. Holmes and D. J. Murray, "Free Recall of Sentences as a Function of Imagery and Predictability," *Journal of Experimental Psychology* 102 (1974): 748–50; W. E. Montague and J. F. Carter, "Vividness of Imagery in Recalling Connected Discourse," *Journal of Educational Psychology* 64 (1973): 72–75. Adjectives— E. P. Kirchner, "Vividness of Adjectives and the Recall of Meaningful Verbal Material," *Psychonomic Science* 15 (1969): 71–72. Familarity—B. A. Bracken, "Relative Image-Evoking Ability of Personalized and Nonpersonalized Sentences," *Journal of Mental Imagery* 5 (1981): 121–24. Some studies have not found vividness effects for verbal materials, due at least in part to differences in definitions and methods; see S. E. Taylor and S. C. Thompson, "Stalking the Elusive 'Vividness' Effect," *Psychological Review* 89 (1982): 155–81.

39. R. C. Anderson, "Concretization and Sentence Learning," *Journal of Educational Psychology* 66 (1974): 179–83; Alesandrini (4/27).

第 8 章

1. G. A. Miller, E. Galanter, and K. H. Pribram, *Plans and the Structure of Behavior* (New York: Holt, 1960), 134.

2. W. H. Burnham, "Memory, Historically and Experimentally Considered: I. An Historical Sketch of the Older Conceptions of Memory," *American Journal of Psychology* 2 (1888): 39–90.

3. Book on mnemonics—McDaniel and Pressley (3/10). Detailed account of legitimacy—Higbee (7/12); Higbee (7/1); K. L. Higbee, "The Legitimacy of Mnemonics in Instruction," *The Journal of the International Learning Science Association* 1 (1982): 9–13.

4. C. Cornoldi, "Why Study Mnemonics?" in Gruneberg et al. (1/12); M. Pressley and M. A. McDaniel, "Doing Mnemonics Research Well: Some General Guidelines and a Study," in Gruneberg et al. (1/12); P. Morris, "Practical Strategies for Human Learning and Remembering," in *Adult Learning: Psychological Research and Applications*, ed. M. J. A. Howe (London: Wiley, 1977), 125–44; I. M. L. Hunter, "Imagery, Comprehension, and Mnemonics," *Journal of Mental Imagery* 1 (1977):

65-72.
5. Clark and Paivio (3/10).
6. Two seconds—B. R. Bugelski, E. Kidd, and J. Segmen, "Imagery as a Mediator in One-Trial Paired-Associate Learning," *Journal of Experimental Psychology* 76 (1968): 69-73. Associations, pictures—W. A. Wickelgren, *Learning and Memory* (Englewood Cliffs, N.J.: Prentice-Hall, 1977), 338. Significance of time difference—B. R. Bugelski, "The Image as Mediator in One-Trial Paired-Associate Learning: III. Sequential Functions in Serial Lists," *Journal of Experimental Psychology* 103 (1974): 298-303; R. R. Hoffman, A. Fenning, and T. Kaplan, "Image Memory and Bizarreness: There Is an Effect" (paper presented at the meeting of the Psychonomic Society, Philadelphia, November 1981). Paired associates—B. R. Bugelski, "Words and Things and Images," *American Psychologist* 25 (1970): 1002-12.
7. Practice improves speed—Katz (7/24). Learning German—J. W. Hall and K. C. Fuson, "Presentation Rates in Experiments on Mnemonics: A Methodological Note," *Journal of Educational Psychology* 78 (1986): 233-34.
8. Gruneberg et al. (7/7), 304.
9. A. Corbett, "Retrieval Dynamics for Rote and Visual Imagery Mnemonics," *Journal of Verbal Learning and Verbal Behavior* 16 (1977): 233-46.
10. Bellezza (7/22).
11. Clark and Paivio (3/10).
12. P. M. Wortman and P. B. Sparling, "Acquisition and Retention of Mnemonic Information in Long-term Memory," *Journal of Experimental Psychology* 102 (1974): 22-26.
13. Wortman and Sparling (8/12); F. J. Di Vesta and P. M. Sunshine, "The Retrieval of Abstract and Concrete Materials as Functions of Imagery, Mediation, and Mnemonic Aids," *Memory & Cognition* 2 (1974): 340-44.
14. Bellezza (7/2).
15. T. Scruggs, M. A. Mastropieri, J. R. Levin, and J. S. Gaffney, "Facilitating the Acquisition of Science Facts in Learning-disabled Students," *American Educational Research Journal* 22 (1984): 575-86.
16. D. W. Hutton and J. A. Lescohier, "Seeing to Learn: Using Mental Imagery in the Classroom," in Fleming and Hutton (4/25), 113-32; G. E. Speidel & M. E. Troy, "The Ebb and Flow of Imagery in Education," in Sheikh and Sheikh (4/25), 11-38.
17. People differ—Richardson (4/25), chap. 9.; M. E. Sutherland, J. P. Harrell, and C. Isaacs, "The Stability of Individual Differences in Imagery Ability," *Journal of Mental Imagery* 11 (1987): 97-104. Benefit more by making visual associations—J. A. Slee, "The Use of Visual Imagery in Visual Memory Tasks: A Cautionary Note," in Fleming and Hutton (4/25), 53-74; A. Katz, "What Does it Mean to be a High Imager?" in Yuille (3/12), 39-63; M. Denis, "Individual Imagery Differences and Prose Processing," in McDaniel and Pressley (3/10), 204-17.
18. Capacity to use imagery—Paivio (3/14), chap. 6; A. Richardson, "The Voluntary Use of Memory Imagery as an Aid to Learning and Performance," in Fleming and Hutton (4/25), 21-32; A. A. Sheikh, K. S. Sheikh, and L. M. Moleski, "The Enhancement of Imaging Ability," in Sheikh and Sheikh (4/25); 223-39. Learned skill—Bellezza (7/22); Katz (8/17). Practice activities to help develop imagery ability are given by K. Hanks and L. Belliston, *Rapid Viz: A New Method for the Rapid Visualization of Ideas* (Los Altos, Calif.: William Kaufman, 1980).
19. M. Pressley and J. R. Levin, "Elaborative Learning Strategies for the Inefficient Learner," in *Handbook of Cognitive, Social, and Neuropsychological Aspects of Learning Disabilities*, ed. S. J. Ceci (Hillsdale, N.J.: Erlbaum, 1986); M. Pressley, C. J. Johnson, and S. Symons, "Elaborating to Learn and Learning to Elaborate,"

Journal of Learning Disabilities 29 (1987): 76–91; Poon (1/4); J. T. E. Richardson, L. S. Cermak, S. P. Blackford, and M. O'Connor, "The Efficacy of Imagery Mnemonics Following Brain Damage," in McDaniel and Pressley (3/10), 303–28; J. E. Turnure and J. F. Lane (5/11); M. Mastropieri, T. Scruggs, and J. R. Levin, "Mnemonic Instruction in Special Education," in McDaniel and Pressley (3/10), 358–76; Wilson (6/45).

20. Bugelski (8/6, 1974); A. Paivio, "Imagery and Long-term Memory," in *Studies in Long Term Memory*, ed. A. Kennedy and A. Wilkes (New York: John Wiley and Sons, 1975), 57–88.

21. Higbee (7/1); M. Pressley, "Elaboration and Memory Development," *Child Development* 53 (1982): 296–309; M. Pressley and J. Dennis-Rounds, "Transfer of a Mnemonic Keyword Strategy at Two Age Levels," *Journal of Educational Psychology* 72 (1980): 575–82.

22. Comprehensive instructions—J. T. O'Sullivan and M. Pressley, "Completeness of Instruction and Strategy Transfer," *Journal of Experimental Child Psychology* 38 (1984): 275–88; Snowman (7/15). Kindergarten—E. B. Ryan, G. W. Ledger, and K. A. Weed, "Acquisition and Transfer of an Integrated Imagery Strategy by Young Children," *Child Development* 58 (1987): 443–52.

23. Prompting—Pressley & Dennis-Rounds (8/21). Older children—B. F. Jones and J. W. Hall, "School Applications of the Mnemonic Keyword Method as a Study Strategy by Eighth Graders," *Journal of Educational Psychology* 72 (1982): 230–37; M. Pressley, J. R. Levin, and S. L. Bryant, "Memory Strategy Instruction During Adolescence: When Is Explicit Instruction Needed?" in Pressley and Levin (1/10), 25–49.

24. M. Pressley, D. L. Forrest-Pressley, E. Elliot-Faust, and G. Miller, "Children's Use of Cognitive Strategies, How to Teach Strategies, and What To Do If They Can't Be Taught," in Pressley and Brainerd (1/13), 1–47.

25. Students—K. L. Higbee, "What Do College Students Get From a Memory-Improvement Course" (paper presented at the meeting of the Eastern Psychological Association, New York City, April 1981). Elderly—J. D. Pratt and K. L. Higbee, "Use of an Imagery Mnemonic by the Elderly in Natural Settings," *Human Learning* 2 (1983): 227–35; L. E. Wood and J. D. Pratt, "Pegword Mnemonic as an Aid to Memory in the Elderly: A Comparison of Four Age Groups," *Educational Gerontology* 13 (1987): 325–37; Poon (1/4); Roberts (1/10).

26. Any mental skill—Turnure and Lane (5/11); P. L. Peterson and S. R. Swing, "Problems in Classroom Implementation of Cognitive Strategy Research," in Pressley and Levin (6/34), 267–87; E. C. Butterfield, "Toward Solving the Problem of Transfer," in Gruneberg et al. (1/12). J. R. Hayes, "Three Problems in Teaching General Skills," in Chipman et al. (4/6), 391–406. Therapy—Baddeley (5/20), 26.

27. S. J. Derry and D. A. Murphy, "Systems That Train Learning Ability: From Theory to Practice," *Review of Educational Research* 56 (1986): 1–39; Katz (7/24); M. Pressley, J. G Borkowski, and J. O'Sullivan, "Children's Metamemory and the Teaching of Memory Strategies," in *Metacognition, Cognition, and Human Performance: Theoretical Perspectives*, vol. 1, ed. D. L. Forrest-Pressley, G. E. MacKinnon, and T. G. Waller (Orlando, Fla.: Academic Press, 1985), 111–53; Pressley et al. (1/7).

28. Pauk (6/1), 111.

29. G. H. Bower, "Educational Applications of Mnemonic Devices," in *Interaction: Readings in Human Psychology*, ed. K. O. Doyle, Jr. (Lexington, Mass.: D. C. Heath & Co., 1973), 201–10. Quote is on page 209.

30. Numerous additional research references on these pseudo-limitations, in-

cluding sources of research studies and quotations referred to but not cited in this chapter, can be found in Higbee (7/12).

31. Loftus (2/3), 187.
32. Vocational, military uses—Turnure and Lane (5/11). Military training—R. Braby, J. P. Kincaid, and F. A. Aagard, *Use of Mnemonics in Training Materials: A Guide for Technical Writers* (TAEG Report no. 60, Orlando, Fla.: U.S. Navy Training Analysis and Evaluation Group, July 1978); D. Griffith, *A Review of the Literature on Memory Enhancement: The Potential and Relevance of Mnemotechnics for Military Training* (Technical Report no. 436, Fort Hood, Tex.: U.S. Army Research Institute for the Behavioral and Social Sciences, December 1979). Prose—Denis (4/27); C. McCormick and J. R. Levin, "Mnemonic Prose-Learning Strategies," in McDaniel and Pressley (3/10); 392-406.
33. Wilson and Moffat (1/4); Wilson (6/45).
34. Potential value of imagery techniques—Wittrock (4/31). Research on mental elaboration in instruction—Levin (7/33); Levin and Pressley (7/29); J. R. Levin and M. Pressley, "Mnemonic Vocabulary Instruction: What's Fact, What's Fiction," in *Individual Differences in Cognition*, vol. 2, ed. R. F. Dillon (Orlando, Fla.: Academic Press, 1985), 145-72.
35. Problem solving—G. Kaufman and T. Helstrup, "Mental Imagery and Problem Solving: Implications for the Educational Process," in Sheikh and Sheikh (4/25), 113-44.
36. H. H. Kendler, *Basic Psychology: Brief Version*, 3d ed. (Menlo Park, Calif.: W. A. Benjamin, 1977), 205.
37. Clawson et al. (7/32); T. Lowe, K. J. Scoresby, and K. L. Higbee, "The Role of Effort in Using a Visual Mnemonic" (paper presented at the meeting of the Western Psychological Association, San Jose, Calif., April 1985).
38. Sentences—J. D. Bransford and B. S. Stein, *The Ideal Problem Solver* (San Francisco: W. H. Freeman, 1984), 54-58. Facts—G. L. Bradshaw and J. R. Anderson, "Elaborative Encoding As an Explanation of Levels of Processing," *Journal of Verbal Learning and Verbal Behavior* 21 (1982): 165-74; see also Horton and Mills (2/22), 247-75.
39. Bellezza (7/2); Levin and Pressley (8/34).
40. Hunter (8/4), 70.
41. *Psychology Today: An Introduction*, 2d ed. (Del Mar, Calif.: CRM Books, 1972), 97.
42. Bellezza (7/2).

第9章

1. Third difference—Bugelski (8/6, 1974). Fourth difference—L. W. Barsalou and D. R. Sewell, "Contrasting the Representation of Scripts and Categories," *Journal of Memory and Language* 24 (1985): 646-65.
2. D. L. Foth, "Mnemonic Technique Effectiveness as a Function of Word Abstractness and Mediation Instruction," *Journal of Verbal Learning and Verbal Behavior* 12 (1973): 239-45.
3. K. L. Higbee, "Mnemonic Systems in Memory: Are They Worth the Effort?" (paper presented at the meeting of the Rocky Mountain Psychological Association, Phoenix, Ariz., May 1976); Griffith (8/32).
4. First finding—Bellezza (7/14). Second finding—Bellezza (7/22). Third finding—F. S. Bellezza, "The Spatial-Arrangement Mnemonic," *Journal of Educational*

Psychology 75 (1983): 830–37. Fourth finding—H. L. Roediger III, "The Effectiveness of Four Mnemonics in Ordering Recall," *Journal of Experimental Psychology: Human Learning and Memory* 6 (1980): 558–67. Fifth finding—B. R. Bugelski, "The Association of Images," in *Images, Perception, and Knowledge*, ed. J. M. Nichols (Boston: D. Reidel, 1977), 37–46.
    5. Clawson et al. (7/32).
    6. Studies of effectiveness—Snowman (6/2). Five lists—F. S. Bellezza, "A Mnemonic Based on Arranging Words on Visual Patterns," *Journal of Educational Psychology* 78 (1986): 217–24. Long list—F. S. Bellezza, D. L. Richards, and R. Geiselman, "Semantic Processing and Organization in Free Recall," *Memory & Cognition* 4 (1976): 415–21; F. S. Bellezza, F. L. Chessman II, and B. G. Reddy, "Organization and Semantic Elaboration in Free Recall," *Journal of Experimental Psychology: Human Learning and Memory* 3 (1977): 539–50; G. Gamst and J. S. Freund, "Effects of Subject-generated Stories on Recall," *Bulletin of the Psychonomic Society* 12 (1978): 185–88.
    7. India—S. K. Gupta, "Associative Memory: Role of Mnemonics in Information Processing and Ordering Recall," *Psycho-Lingua* 15 (1985), 89–94. Amnesiac patients—R. Kovner, S. Mattis, and R. Pass, "Some Patients Can Freely Recall Large Amounts of Information in New Contexts," *Journal of Clinical and Experimental Neuropsychology* 7 (1985): 395–411. Brain-damaged patients—Wilson (6/45).
    8. G. H. Bower, "How to ... uh ... Remember!" *Psychology Today*, October 1973, 63–70. Quote is on page 63.
    9. D. Carnegie, *Public Speaking and Influencing Men in Business* (New York: Association Press, 1926), 60.
    10. D. W. Matheson, *Introductory Psychology: The Modern View* (Hinsdale, Ill.: The Dryden Press, 1975), 233.
    11. T. B. Woodbury, "Be-attitudes in Business," in *Successful Leadership*, ed. M. L. Waters (Salt Lake City: Deseret Book, 1961), 236–50. Quote is on page 236.
    12. Hanks and Belliston (8/18), 135.
    13. Several examples of how to do this are provided in B. Furst, *Stop Forgetting*, chap. 10, rev. L. Furst and G. Storm (Garden City, N.Y.: Doubleday & Co., 1979).
    14. C. V. Young, *The Magic of a Mighty Memory* (West Nyack, N.Y.: Parker Publishing Co., 1971), 67.
    15. Some examples are T. Buzan, *Speed Memory* (London: Sphere Books Ltd., 1971); D. Hersey, *How to Cash in on Your Hidden Memory Power* (Englewood Cliffs, N.J.: Prentice-Hall, 1963); Lorayne and Lucas (7/27); T. G. Madsen, *How to Stop Forgetting and Start Remembering* (Provo, Utah: Brigham Young University Press, 1970); M. N. Young and W. B. Gibson, *How to Develop an Exceptional Memory* (North Hollywood, Calif.: Wilshire Book Co., 1974).

第 10 章

    1. Yates (7/1).
    2. G. H. Bower, "Analysis of a Mnemonic Device," *American Scientist* 58 (1970): 496–510; C. Cornoldi and R. De Beni, "Imagery and the 'Loci' Mnemonic," *International Imagery Bulletin* 2 (1984): 10–13; C. Cornoldi and R. De Beni, "Retrieval Times in the Use of Concrete and Abstract Mnemonic Cues Associated to Loci," in *Imagery 2*, ed. D. F. Marks and D. G. Russell (Dunedin, New Zealand: Human Performance Associates, in press); G. Lea, "Chronometric Analysis of the Method of Loci," *Journal of Experimental Psychology: Human Perception and Performance* 104 (1975): 95–104; Turnure and Lane (5/11).

3. I. Begg and D. Sikich, "Imagery and Contextual Organization," *Memory & Cognition* 12 (1984): 52–59.
4. Bugelski (8/6, 1974).
5. Luria (3/17), 31–33.
6. Higbee (9/3).
7. Several studies on locations—Johnson and Hasher (1/2). Positively related—R. De Beni and C. Cornoldi, "Effects of the Mnemotechnique of Loci in the Memorization of Concrete Words," *Acta Psychologica* 59 (1985): 1–14.
8. R. N. Haber, "The Power of Visual Perceiving," *Journal of Mental Imagery* 5 (1981): 1–16; E. A. Lovelace and S. D. Southall, "Memory for Words in Prose and Their Locations on the Page," *Memory & Cognition* 11 (1983), 429–34; Rothkopf et al. (6/8), 50–54.
9. Remembering pictures versus words—Park et al. (3/12). Landmarks—G. W. Evans, P. L. Brennan, M. A. Skorpanich, and D. Held, "Cognitive Mapping and Elderly Adults: Verbal and Location Memory for Urban Landmarks," *Journal of Gerontology* 39 (1984): 452–57; Link system—Turnure and Lane (5/11).
10. Lovelace and Southall (10/8).
11. Effects of Different patterns on learning—Bellezza (7/14); Bellezza (9/6). Learning and note-taking strategies—C. D. Holley and D. F. Dansereau, eds., *Spatial Learning Strategies: Techniques, Applications, and Related Issues* (Orlando, Fla.: Academic Press, 1984). Fourth graders—R. D. Abbott and R. E. Hughes, "Effect of Verbal-Graphic Note-Taking Strategies on Writing" (paper presented at the meeting of the American Educational Research Association, San Francisco, April 1986).
12. R. E. Rawles, "The Past and Present of Mnemotechny," in Gruneberg (4/17), 164–71.
13. Provinces and capitals—A. I. Schulman, "Maps and Memorability," in *The Acquisition of Symbolic Skills*, ed. D. Rogers and J. A. Sloboda (New York: Plenum Press, 1982), 359–67. Imaginary island—N. H. Schwartz and R. W. Kulhavy, "Map Features and the Recall of Discourse," *Contemporary Educational Psychology* 6 (1981): 151–58. Creating maplike representation—R. S. Dean and R. W. Kulhavy, "Influence of Spatial Organization in Prose Learning," *Journal of Educational Psychology* 73 (1981): 57–64.
14. Word lists—De Beni and Cornoldi (10/7); R. De Beni and C. Cornoldi, "The Effects of Imaginal Mnemonics on Congenitally Total Blind and on Normal Subjects," in *Imagery 1*, ed. D. F. Marks and D. G. Russell (Dunedin, New Zealand: Human Performance Associates, 1983), 54–59; Roediger (9/4), 558–67; Snowman (6/2); Wilson (6/45). Visible loci—S. Kemp and C. D. van der Krogt, "Effect of Visibility of the Loci on Recall Using the Method of Loci," *Bulletin of the Psychonomic Society* 23 (1985): 202–04. Prose Remembering—J. Snowman, E. V. Krebs, and L. Lockhart, "Improving Recall of Information from Prose in High-risk Students through Learning Strategy Training," *Journal of Instructional Psychology* 7 (1980): 35–40; also see Snowman (7/15); and R. De Beni, "The Aid Given By the 'Loci' Memory Technique in the Memorization of Passages," in Gruneberg et al. (1/12).
15. C. E. Weinstein, W. E. Cubberly, F. W. Wicker, V. L. Underwood, L. K. Roney, and D. C. Duty, "Training Versus Instruction in the Acquisition of Cognitive Learning Strategies," *Contemporary Educational Psychology* 6 (1981): 159–66.
16. Elderly—J. A. Yesavage and T. L. Rose, "Semantic Elaboration and the Method of Loci: A New Trip for Old Learners," *Experimental Aging Research* 10 (1984): 155–60; L. Anschutz, C. J. Camp, R. P. Markley, and J. J. Kramer, "Maintenance and Generalization of Mnemonics for Grocery Shopping by Older Adults," *Experimental Aging Research* 11 (1985): 157–60. Blind Adults—P. A. Raia,

"Cognitive Skill Training of Adventitiously Blinded Elderly Women: The Effects of Training in the Method of Loci on Free Recall Performance" (Ph.D. diss., University of Maryland–College Park, 1979); De Beni and Cornoldi (10/14). Brain-damaged Patients—Wilson (6/45).

17. De Beni and Cornoldi (10/7); G. H. Bower and J. S. Reitman, "Mnemonic Elaboration in Multilist Learning," *Journal of Verbal Learning and Verbal Behavior* 11 (1972): 478–85; A. L. Brown, "Progressive Elaboration and Memory for Order in Children," *Journal of Experimental Child Psychology* 19 (1975): 383–400.

18. H. F. Crovitz, *Galton's Walk* (New York: Harper & Row, 1970), 44.

第 11 章

1. Paivio (3/18), 173.
2. Bower and Reitman (10/17), 478–85; Bellezza (7/2).
3. Miller et al. (8/1), 135–36.
4. These findings have been summarized by Higbee (9/3) and by Griffith (8/32).
5. Additional studies on effectiveness—F. S. Bellezza and G. H. Bower, "Remembering Script-Based Text," *Poetics* 11 (1982): 1–23; Roediger (9/4); Wood and Pratt (8/25). Categories interfere with pegwords—B. G. Reddy and F. S. Bellezza, "Interference Between Mnemonic and Categorical Organization in Memory," *Bulletin of the Psychonomic Society* 24 (1986): 169–71.
6. J. L. Elliot and J. R. Gentile, "The Efficacy of a Mnemonic Technique for Learning Disabled and Nondisabled Adolescents," *Journal of Learning Disabilities* 19 (1986): 237–41.
7. Remembering concepts—Dyer and Meyer (7/30). College students—Higbee and Millard (7/30); Markham et al. (4/6); Wood and Pratt (8/25); Effort—Lowe, Scoresby, and Higbee (8/37). Children—T. P. Asay, K. L. Higbee, and R. K. Morgan, "Effects of a Visual Mnemonic on Children's Memory for Sayings" (paper presented at the meeting of the Rocky Mountain Psychological Association, Albuquerque, N.M., April 1982). Adults—Pratt and Higbee (8/25); Wood and Pratt (8/25).
8. Pratt and Higbee (8/25, study 1).
9. Pauk (6/1), 107.
10. Mastropieri et al. (8/19).
11. J. R. Levin, C. B. McCormick, and B. J. Dretzke, "A Combined Pictorial Mnemonic Strategy for Ordered Information," *Educational Communication and Technology Journal* 29 (1981): 219–25.
12. Snowman (7/15). D. T. Veit, T. E. Scruggs, and M. A. Mastropieri, "Extended Mnemonic Instruction With Learning Disabled Students," *Journal of Educational Psychology* 78 (1986): 300–08.
13. J. A. Glover and A. L. Harvey, "Remembering Written Instructions: Tab A Goes into Slot C, or Does It?" (paper presented at the meeting of the American Educational Research Association, San Francisco, April 1986); V. Timme, D. Deyloff, M. Rogers, D. Dinnel, and J. A. Glover, "Oral Directions; Remembering What to Do When" (paper presented at the meeting of the American Educational Research Association, San Francisco, April 1986).
14. Amnesiac patients—C. D. Evans, *Rehabilitation of the Head Injured* (London: Churchill Livingstone, 1981), 72–73. Training Program—B. A. Wilson and N. Moffat (7/7).
15. K. L. Higbee, "Can Young Children Use Mnemonics?" *Psychological Reports* 38 (1976): 18.
16. B. R. Bugelski, "Images as Mediators in One-Trial Paired-Associate Learn-

ing. II: Self-timing in Successive Lists," *Journal of Experimental Psychology* 77 (1968): 328–34.
   17. Bower and Reitman (10/17).
   18. Braby et al. (8/32), 60–71.

第 12 章

   1. R. Grey, *Memoria Technica: or, a New Method of Artificial Memory*, 2d ed. (London: Charles King, 1732).
   2. M. G. von Feinaigle, *The New Art of Memory*, 2d ed. (London: Sherwood, Neely, & Jones, 1813).
   3. F. Fauvel-Gouraud, *Phreno-Mnemonotechnic Dictionary: A Philosophical Classification of all the Homophonic Words of the English Language*, part first (New York: Houel & Macay, 1844); James (1/15), 669; A. Loisette, *Assimilative Memory, or How to Attend and Never Forget* (New York: Funk & Wagnalls, Inc., 1899); 66–108.
   4. Furst (9/13); Buzan (9/15); Hersey (9/15).
   5. The research up to the mid-1970s is summarized by Higbee (9/3) and by Griffith (8/32).
   6. Metric equivalences—D. Bruce and M. Cleamons, "A Test of the Effectiveness of the Phonetic (Number-Consonant) Mnemonic System," *Human Learning* 1 (1982): 83–93. Second study—P. E. Morris and P. J. Greer, "The Effectiveness of the Phonetic Mnemonic System," *Human Learning* 3 (1984): 137–42. Third study—G. W. R. Patton and P. D. Lantzy, "Testing the Limits of the Phonetic Mnemonic System," *Applied Cognitive Psychology* (in press). See also G. W. R. Patton, "The Effect of the Phonetic Mnemonic System on Memory for Numerical Material," *Human Learning* 5 (1986): 21–28.
   7. T. E. Gordon, P. Gordon, E. Valentine, and J. Wilding, "One Man's Memory: A Study of a Mnemonist," *British Journal of Psychology* 72 (1984): 1–14. (3/19), 1–14. Scoresby et al. (3/20). Six students—mental calculation—Wells (3/19), 49–54/59–61.
   8. S. Slak, "Long-Term Retention of Random Sequence Digital Information with the Aid of Phonemic Recoding: A Case Report," *Perceptual and Motor Skills* 33 (1971): 455–60.
   9. Paivio, "Strategies in Language Learning" in Pressley and Levin (6/34), 189–210; Paivio (3/14), 254–55.
   10. Dickel (7/13); S. Slak, "On Phonetic and Phonemic Systems: A Reply to M. J. Dickel," *Perceptual and Motor Skills* 61 (1985): 727–33.
   11. Loisette (12/3), 73–74.
   12. F. S. Hamilton, *Mastering Your Memory* (New York: Gramercy Publishing Co., 1947); see also the sources cited in note 15 of chapter 9.
   13. The book is available from Ernest Weckbaugh, 1718 Rogers Place #1A, Burbank, Calif. 91504.
   14. See the sources cited in note 15 of chapter 9.

第 13 章

   1. Elderly—E. M. Zelinski, M. J. Gilewski, and L. W. Thompson, "Do Laboratory Tests Relate to Self-assessment of Memory Ability in the Young and Old?" in Poon et al. (1/12), 519–44. Patients—B. Wilson, "Memory Therapy in Practice," in Wilson and Moffat (1/4), 89–111.
   2. V. P.—Hunt and Love (3/18), 255. Barker—*Family Weekly*, September 1975.

Luce—Brothers and Eagan (5/2), 104.
    3. Memory for faces—Bahrick (2/20); G. Davies, H. Ellis, and J. Shepherd, *Perceiving and Remembering Faces* (London: Academic Press, 1981): Eyewitness testimony—S. J. Ceci, M. P. Toglia, and D. F. Ross, ed., *Children's Eyewitness Testimony* (New York: Springer-Verlag, 1987); J. W. Shepherd, H. D. Ellis, and G. M. Davies, *Identification Evidence: A Psychological Evaluation* (Aberdeen, Scotland: Aberdeen University Press, 1982); G. L. Wells and E. F. Loftus, eds., *Eyewitness Testimony: Psychological Perspectives* (New York: Cambridge University Press, 1984); S. Lloyd-Bostock and B. R. Clifford, ed., *Evaluating Witness Evidence* (Chicester, England: Wiley, 1982).
    4. S. Parry and K. L. Higbee, "Remembering People: Research on Memory for Names and Faces" (paper presented at the meeting of The Rocky Mountain Psychological Association, Las Vegas, April 1984).
    5. Horton and Mills (2/22).
    6. Reed (2/23).
    7. Difference among people—Bahrick et al.(2/18). College students—Bahrick (2/20). Housewives—Baddeley (2/3), 124. Sex differences—Behrick (2/20); K. A. Deffenbacher, E. L. Brown, and W. Sturgill, "Some Predictors of Eyewitness Accuracy," in Gruneberg et al. (4/17), 219–26; S. J. McKelvie, "Sex Differences in Facial Memory," in Gruneberg et al. (4/17), 263–69.
    8. Women—J. C. Bartlett and J. E. Leslie, "Aging and Memory for Faces Versus Single Views of Faces," *Memory & Cognition* 14 (1986): 371–81. Professors—Bahrick (2/20). Changes—J. C. Bartlett, J. Leslie, and A. Tubbs, "Aging and Memory For Pictures of Faces" (Paper presented at the meeting of the Psychonomic Society, Seattle, November 1987).
    9. 96 percent—K. Deffenbacher, E. Brown, and W. Sturgill, "Memory for Faces and the Circumstances of Their Encounter" (paper presented at the meeting of the Psychonomic Society, Denver, November 1975). 75 percent recognition of high school classmates—Bahrick et al. (2/18).
    10. R. J. Phillips, "Recognition, Recall, and Imagery of Faces," in Gruneberg, Morris, and Sykes, (4/17), 270–77.
    11. H. Ellis, J. Shepherd, and G. Davies, "An Investigation of the Use of Photo-Fit Technique for Recalling Faces," *British Journal of Psychology* 66 (1975): 29–37.
    12. First study—J. D. Read and R. G. Wilbur II, "Availability of Faces and Names in Recall," *Perceptual and Motor Skills* 41 (1975): 263–70. Second study—H. M. Clarke, "Recall and Recognition for Faces and Names," *Journal of Applied Psychology* 18 (1934): 757–63.
    13. Professors—Bahrick (2/20). Classmates—Bahrick et al. (2/18). Name recognition faster—A. Paivio and I. Begg, "Pictures and Words in Visual Search," *Memory & Cognition* 2 (1974): 515–21.
    14. Tip of The Tongue—Burke (2/26). Objective frequency—J. F. Hall, "Memory for Surnames," *Bulletin of the Psychonomic Society* 19 (1982): 320–22.
    15. Recalling names of classmates—Williams and Hollan (4/21). Recalling famous person's name—Yarmey (2/25). Object—J. E. May and K. N. Clayton, "Imaginal Processes During the Attempt to Recall Names," *Journal of Verbal Learning and Verbal Behavior* 12 (1973): 683–88. Recognition memory and context—A. Goldstein and J. Chance, "Laboratory Studies of Face Recognition," in Shepherd et al. (13.3), 81–104; Horton and Mills (2/22).
    16. S. D. Cox and R. H. Hopkins, "Priming Treatments and Long-term Memory" (paper presented at the meeting of the Psychonomic Society, Phoenix, Ariz., November 1979).

17. S. J. Brant, "Name Recall as a Function of Introduction Time," *Psychological Reports* 50 (1982): 377-78.
18. H. Lorayne, *Remembering People: The Key to Success* (New York: Stein & Day, 1975).
19. A list of memory-training books is given in note 15 of chapter 9. Research with elderly people, for example, has found practice to be a very important factor in improving name-face memory, see Poon (1/4), 449.
20. "I know the face but not the name"—Reed (2/23). Self-conscious—C. E. Kimble and H. D. Zehr, "Self-Consciousness, Information Load, Self-Presentation, and Memory in a Social Situation," *Journal of Social Psychology* 118 (1982): 39-46.
21. B. M. Gadzella and D. A. Whitehead, "Effects of Auditory and Visual Modalities in Recall of Words," *Perceptual and Motor Skills* 40 (1975): 255-60.
22. D. L. McCarty, "Investigation of a Visual Imagery Mnemonic Device for Acquiring Face-Name Associations," *Journal of Experimental Psychology: Human Learning and Memory* 6 (1980): 145-55.
23. Lorayne (13/18).
24. Several studies—R. S. Malpass, "Training in Face Recognition," in Davies et al. (13/3), 271-84; Winograd and Simon (7/17). Distinctive feature—E. Winograd, "Encoding Operations Which Facilitate Memory for Faces Across the Life Span," in Gruneberg et al. (4/17), 255-62. Told to remember faces—P. G. Devine and R. S. Malpass, "Orienting Strategies in Differential Face Recognition," *Personality and Social Psychology Bulletin* 11 (1985): 33-40.
25. K. Laughery, B. Rhodes, and G. Batten, "Computer-Guided Recognition and Retrieval of Facial Images," in Shepherd et al. (13/3), 251-70.
26. Attractiveness—J. W. Shepherd and H. D. Ellis, "The Effect of Attractiveness on Recognition Memory for Faces," *American Journal of Psychology* 86 (1973): 627-33. Race—J. W. Shepherd, J. B. Deregowski, and H. D. Ellis, "A Cross-Cultural Study of Recognition Memory for Faces," *International Journal of Psychology* 9 (1974?): 205-12. Smile—R. E. Galper and J. Hochberg, "Recognition Memory for Photographs of Faces," *American Journal of Psychology* 84 (1971): 351-54.
27. J. Shepherd, G. Davies, and H. Ellis, "Studies of Cue Saliency," in Shepherd, et al. (13/3), 105-32; K. Pezdek and J. K. Reynolds, "Facial Recognition Memory" (paper presented at the meeting of the Psychonomic Society, Seattle, November 1987).
28. P. N. Shapiro and S. Penrod, "Meta-Analysis of Facial Identification Studies," *Psychological Bulletin* 100 (1986): 139-56.
29. Lorayne (13/18), 201.
30. Loftus (2/3), 186.
31. Landauer and Bjork (6/39).
32. A. D. Yarmey, "Proactive Interference in Short-Term Retention of Human Faces," *Canadian Journal of Psychology* 28 (1974): 333-38.
33. Same principles as other mnemonics—Turnure and Lane (5/11). Exception to lack of practicality—Loftus (2/3), 187.
34. First study—P. E. Morris, S. Jones, and P. Hampson, "An Imagery Mnemonic for the Learning of People's Names," *British Journal of Psychology* 69 (1978): 335-36. Second study—McCarty (13/22).
35. Elderly—J. A. Yesavage, T. L. Rose, and G. H. Bower, "Interactive Imagery and Affective Judgments Improve Face-Name Learning in the Elderly," *Journal of Gerontology* 38 (1983): 197-203; J. A. Yesavage and R. Jacob, "Effects of Relaxation and Mnemonics on Memory, Attention, and Anxiety in the Elderly," *Experimental Aging Research* 10 (1984): 211-14. Brain-damaged patients—Richardson

et al. (8.19); Moffat, "Strategies of Memory Therapy," in Wilson & Moffat (1/4), 63–88; Wilson (6/45); R. D. Hill, K. D. Evankovich, J. I. Sheikh, and J. A. Yesavage, "Imagery Mnemonic Training in a Patient with Primary Degenerative Dementia," *Psychology & Aging*, 2 (1987), 204–05.
36. Lorayne (13/18).
37. S. S. Smith, "A Method for Teaching Name Mnemonics," *Teaching of Psychology* 12 (1985): 156–58; C. J. Walker, "An Instamatic Way of Learning Who Is in Your Large Classes: A Picture Is Worth a Thousand Names," *Teaching of Psychology* 7 (1980): 62–63.

第14章

1. Harris and Morris (2/20); Reason and Mycielska (2/24).
2. Reason and Mycielska (2/24), 243.
3. Baddeley (2/3); Poon (1/4).
4. Cavanaugh et al. (5/9).
5. Bracken (7/3), 115.
6. Cavanaugh et al. (5/9), 113–22.
7. Elderly—Poon (1/4); D. H. Kausler, "Episodic Memory: Memorizing Performance," in *Aging and Human Performance*, ed. N. Charness (Chichester, England: Wiley, 1985), 101–41. Procrastination—C. H. Lay, "Procrastination and Everyday Memory," in Gruneberg et al. (1/12).
8. J. E. Harris, "Methods of Improving Memory," in Wilson and Moffat (1/4).
9. J. A. Mecham and J. A. Colombo, "External Retrieval Cues Facilitate Prospective Remembering in Children," *The Journal of Educational Research* 73 (1980): 299–301.
10. Richardson et al. (8/19).
11. Thought about doing it—R. E. Anderson, "Did I Do It or Did I Only Imagine Doing It?" *Journal of Experimental Psychology: General* 113 (1984): 594–613; A. Koriat and H. Ben-Zur, "Remembering That I Did It: Processes and Deficits in Output Monitoring," in Gruneberg et al. (1/12); Checkers—Reed (2/23).
12. Harris (7/7).
13. E. Tavon, "Tips to Trigger Memory," *Geriatric Nursing*, (Jan./Feb. 1984), 26–27.
14. *USA Weekend*, October 4–6, 1985.
15. The 1970s quotes are by Allan Paivio, Ernest Hilgard, Gordon Bower, and Laird Cermak can be found in Higbee (7/1). Book—T. G. Devine, *Teaching Study Skills: A Guide for Teachers* (Boston: Allyn and Bacon, 1981), 286. 10 reasons—Levin (7/33).
16. A large part of this research has been done by Joel Levin and Michael Pressley and their associates, and much of it has been cited in chapters 7 and 8. Additional relevant research has been summarized by Higbee (7/1); N. S. Suzuki, "Imagery Research with Children: Implications for Education," in Sheikh and Sheikh (4/25), 179–98; and J. R. Levin, "Educational Applications of Mnemonic Pictures: Possibilities Beyond Your Wildest Imagination," in Sheikh and Sheikh (4/25), 63–87.
17. H. Lorayne, *Good Memory—Good Student* (New York: Stein & Day, 1976); H. Lorayne, *Good Memory—Successful Student* (New York: Stein & Day, 1976); M. Herold, *Memorizing Made Easy* (Chicago: Contemporary Books, 1982).
18. Good students—Levin (14/16). Gifted students—T. E. Scruggs, M. A. Mastropieri, J. Monson, and C. Jorgensen, "Maximizing What Gifted Students Can Learn: Recent Findings of Learning Strategy Research," *Gifted Child Quarterly* 29

(1985): 181–85; T. E. Scruggs and M. A. Mastropieri, "How Gifted Students Learn: Implications from Recent Research," *Roeper Review* 6 (1984): 183–85.
   19. U.S. Department of Education, *What Works* (4/20), 37. Teachers' perspective—Devine (14/15), 285–86; C. E. Weinstein and R. E. Mayer, "The Teaching of Learning Strategies," in Wittrock (4/31), 315–27; Wittrock (4/31).
   20. The Japanese mnemonics and U.S. fraction mnemonics are described in more detail in K. L. Higbee, "Process Mnemonics: Principles, Prospects, and Problems," in McDaniel and Pressley (3/10), 407–27; and K. L. Higbee and S. Kunihira, "Cross-Cultural Applications of Yodai Mnemonics," *Educational Psychologist* 20 (1985): 57–64. See also K. Machida, "The Effects of a Verbal Mediation Strategy on Mathematics Problem Solving." (Ph.D. diss., University of California at Riverside, 1987). The other mnemonics are also described in K. L. Higbee, "Applied Mnemonics Research Applied" (paper presented at the meeting of the 21st International Congress of Applied Psychology, Jerusalem, July 1986); and K. L. Higbee, "Practical Aspects of Mnemonics," in Gruneberg et al. (1/12). For more information on language-skills mnemonics, contact Leland Michael, MKM, 809 Kansas City Street, Rapid City, S. Dak. 57701; and Nancy Stevenson, Stevenson Language Skills, 85 Upland Road, Attleboro, Mass. 02703. For more information on basic math mnemonics, contact Jan Semple at Stevenson Language Skills.
   21. Chipman and Segal (6/2).
   22. Texas Christian University—Dansereau (6/28). Texas—Weinstein and Underwood (5/13). Similar programs—Weinstein and Mayer (14/19).
   23. Weinstein and Mayer (14/19).
   24. Peterson and Swing (8/26); R. M. Plant, "Reading Research: Its Influence on Classroom Practice," *Educational Research* 28 (1986), 126–31.
   25. Levin and Pressley (8/34), 168.
   26. For example, see J. Kilpatrick, "Doing Mathematics Without Understanding It: A Commentary on Higbee and Kunihira," *Educational Psychologist* 20 (1985): 65–68. Compare K. L. Higbee and S. Kunihira, "Some Questions (and a Few Answers) About Yodai Mnemonics: A Reply to Kilpatrick, Pressley, and Levin," *Educational Psychologist* 20 (1985): 77–81.
   27. W. D. Rohwer, Jr., and F. N. Dempster, "Memory Development and Educational Processes," in *Perspectives on the Development of Memory and Cognition*, ed. R. V. Kail, Jr., and J. W. Hagen (Hillsdale, N.J.: Erlbaum, 1977), 407–35.
   28. School tasks—Weinstein and Mayer (14/19), 325. Presidents—Lorayne, *Successful Student* (14/17), 14. Loftier educational goals—Bower (9/8), 70.
   29. Goals of education—Chipman and Segal (6/2). Process of education—Shuell (4/3).
   30. Review of memory research—M. J. A. Howe and S. J. Ceci, "Educational Implications of Memory Research," in *Applied Problems in Memory*, ed. M. M. Gruneberg and P. E. Morris (New York: Academic Press, 1979), 59. Memorization as a precursor to understanding—B. Hayes-Roth and C. Walker, "Configural Effects in Human Memory: The Superiority of Memory Over External Information Sources as a Basis for Inference Verification," *Cognitive Science* 3 (1979): 119–40. Inferences—T. E. Scruggs, M. A. Mostropieri, B. B. McLoone, and J. R. Levin, "Mnemonic Facilitation of Learning Disabled Students' Memory for Expository Prose," *Journal of Educational Psychology* 79 (1987): 27–34.
   31. Reasoning and understanding—T. Trabasso, "The Role of Memory as a System in Making Transitive Inferences," in Kail and Hagen (14/27), 333–66. Computer program—M. Lebowitz, "Using Memory in Text Understanding," in *Experience, Memory, and Reasoning*, ed. J. L. Kolodner and C. K. Reisbeck (Hillsdale, N.J.:

Erlbaum, 1986). Concepts—Dyer and Meyer (7/30). Clear thinking—R. Flesch, *The Art of Clear Thinking* (New York: Barnes & Noble, 1973), 8.

32. Important role of memory—Stern (2/3), chap. 11; J. L. Kolodner and R. L. Simpson, "Problem Solving and Dynamic Memory," in Kolodner and Riesbeck (14/31). Studies of problem solving—J. Bransford, R. Sherwood, N. Vye, and J. Rieser, "Teaching Thinking and Problem Solving: Research Foundations," *American Psychologist* 41 (1986): 1078–89. Problem-solving techniques—Bransford and Stein (8/38, chap. 3); see also J. B. Belmont, L. Freesman, and D. Mitchell, "Problem Solving and Memory," in Gruneberg et al. (1/12).

33. U.S. Department of Education, *What Works* (4/20), 37.